大学公共课程教材

生态文明建设导论

张修玉　应光国　主编

中国环境出版集团·北京

图书在版编目（CIP）数据

生态文明建设导论 / 张修玉，应光国主编. -- 北京：
中国环境出版集团，2025.5. -- （大学公共课程教材）.
ISBN 978-7-5111-6270-0

Ⅰ. X321.2

中国国家版本馆 CIP 数据核字第 2025FU4436 号

责任编辑　易　萌
封面设计　宋　瑞

出版发行　**中国环境出版集团**
　　　　　（100062　北京市东城区广渠门内大街 16 号）
　　　　　网　　　址：http://www.cesp.com.cn
　　　　　电子邮箱：bjgl@cesp.com.cn
　　　　　联系电话：010-67112765（编辑管理部）
　　　　　　　　　　010-67112739（第三分社）
　　　　　发行热线：010-67125803，010-67113405（传真）
印　　刷　北京建宏印刷有限公司
经　　销　各地新华书店
版　　次　2025 年 5 月第 1 版
印　　次　2025 年 5 月第 1 次印刷
开　　本　787×1092　1/16
印　　张　14.25
字　　数　295 千字
定　　价　68.00 元

中国环境出版集团郑重承诺：
中国环境出版集团合作的印刷单位、材料单位均具有中国环境标志产品认证。

编委会

目　录

第一章

生态文明概论

一、生态文明缘起背景

党的十八大强调全面、协调、可持续的科学发展观，并提出要把生态文明建设放在突出地位，融入经济建设、政治建设、文化建设、社会建设各方面和全过程。这是在对我国当前经济社会发展及生态环境形势全面分析的基础上作出的英明决策，既顺应世界发展潮流，更符合我国国情，对我国全面建成小康社会、改善人民生活、保护地球生态有着重要意义。

党的十九大把"坚持人与自然和谐共生"作为新时代坚持和发展中国特色社会主义基本方略的重要组成部分，进一步明确了建设生态文明、建设美丽中国的总体要求，集中体现了习近平新时代中国特色社会主义思想的生态文明观。人与自然是生命共同体，人类必须尊重自然、顺应自然、保护自然。既要创造更多物质财富和精神财富以满足人民日益增长的美好生活需要，也要提供更多优质生态产品以满足人民日益增长的优美生态环境需要。

党的二十大全面系统总结了新时代十年我国生态文明建设取得的举世瞩目的重大成就、重大变革，深刻阐述了中国式现代化是人与自然和谐共生的现代化，对推动绿色发展、促进人与自然和谐共生作出重大战略部署，为推进生态文明、建设美丽中国指明了前进方向、提供了根本遵循。尊重自然、顺应自然、保护自然，是全面建设社会主义现代化国家的内在要求。在全面建设社会主义现代化国家新征程上，我们要推进美丽中国建设，坚持山水林田湖草沙一体化保护和系统治理，统筹产业结构调整、污染治理、生态保护、应对气候变化，协同推进降碳、减污、扩绿、增长，推进生态优先、节约集约、绿色低碳发展。

全国生态环境保护大会于 2023 年 7 月 17 日至 18 日在北京召开，习近平总书记在大会上全面总结了生态文明建设取得的举世瞩目巨大成就，特别是历史性、转折性、全局性变化，系统提出了当前生态文明建设的"4561"战略体系，即"四个重大转变、五个重大关系、六项重大任务与一个重大要求"。

党的二十大与全国生态环境保护大会系统部署了全面推进美丽中国建设的战略任务和重大举措，为美丽中国建设擘画了宏伟蓝图。2023 年 12 月，《中共中央 国务院关于全面推进美丽中国建设的意见》印发实施，明确提出要坚持全领域转型、全方位提升、全地域建设、全社会行动，打造美丽中国建设示范样板，加快形成以实现人与自然和谐共生的现代化为导向的美丽中国建设新格局。2025 年 1 月 12 日，国务院办公厅转发生态环境部《关于建设美丽中国先行区的实施意见》，全面部署分级分类建设美丽中国先行区，为全面推进美丽中国建设积累经验、树立标杆。为贯彻落实《中共中央 国务院关于全面推进美丽中国建设的意见》，扎实推进美丽中国先行区建设，2025 年 1 月 14 日，生态环境部联合中央宣传部等 11 部门印发《关于印发〈美丽城市建设实施方案〉的通知》（环综合〔2025〕1 号），扎实推进美丽中国先行区建设，深入践行人民城市理念，建设绿色低碳、环境优美、生态宜居、安全健康、智慧高效的美丽城市；同日，生态环境部会同农业农村部等 9 部门发布《关于印发〈美丽乡村建设实施方案〉的通知》（环土壤〔2025〕5 号），全面加强农业农村生态环境保护，推进美丽乡村建设。

（一）人类世与行星边界

人类世（anthropocene）是一个广泛使用的术语，来源于对人类活动对地球系统和生态系统产生深远影响的观察和研究。其目的是描述工业革命以来工业化和人口增长对地球环境的持久性全球影响。Paul Crutzen 和 Eugene Stoermer 于 2000 年提出了这一术语，指出人类活动已经深刻改变了地球上许多条件和过程。工业化和人口增长加剧了地球环境的影响，打破了地球气候稳定性和生态系统韧性，增加了发生不可逆转变化的风险。

Johan Rockström 提出的行星边界理论是指地球系统中关键的生态系统功能和过程的范围，这些边界决定了地球生态系统的长期稳定性，包括气候变化、生物多样性丧失、氮磷循环、土地利用变化及化学污染等方面。破坏这些边界可能导致生态系统崩溃和地球环境无法挽回的变化。行星边界理论旨在警示人们保护地球，维持地球生态系统的健康。2009 年，《自然》杂志发表了瑞典斯德哥尔摩复原力中心（Stockholm Resilience Centre）的论文《人类的安全运行空间》（*A safe operating space for humanity*），列出了九大威胁人类生存的地球环境问题，即九大地球边界（图 1-1）：①生物多样性丧失；②氮磷循环（生物化学流边界）；③气候变化；④平流层臭氧损耗；⑤海洋酸化；⑥全球淡水利用；⑦土地利用变化；⑧化学污染（尚未量化）；⑨大气气溶胶负载（尚未量化）。

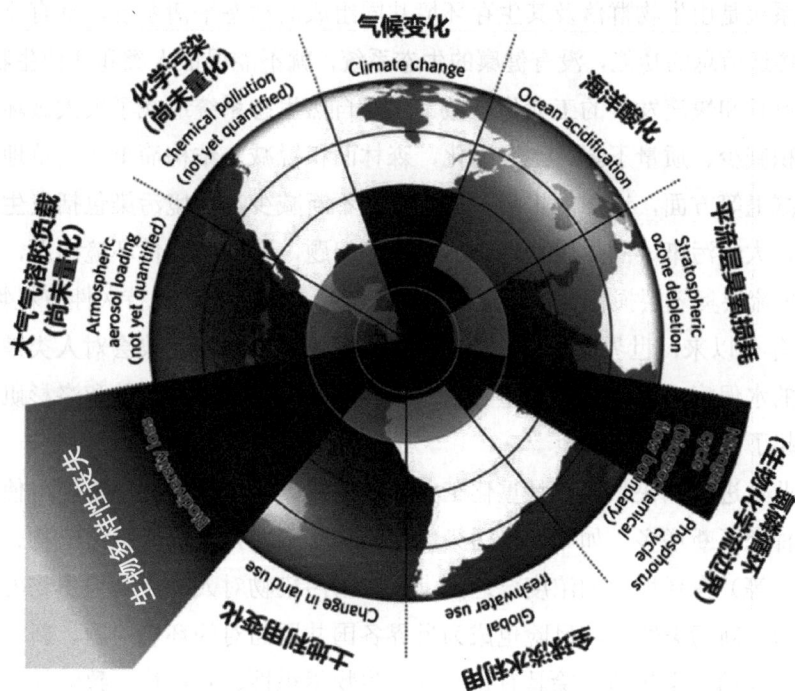

图 1-1　《人类的安全运行空间》列出的九大地球边界[1]

（二）工业革命带来的资源、环境和生态问题

工业革命使世界发生了翻天覆地的变化，每个人都深有体会。科学技术的迅猛发展使人类具备了前所未有的能力，创造了大量新产品，极大地丰富了物质生活，彻底改变了人们的衣、食、住、行。但与此同时，工业革命也带来了很多问题，造成了很多矛盾。主要问题是消耗了大量自然资源，造成了严重的环境污染，破坏了自然生态系统，威胁着人类的生存和地球的命运。

自然资源是人类生存和发展的必要条件，包括水、土地、能源、矿产资源等。随着人口的增长、工业化和城市化的快速发展，世界各国都面临着资源短缺的巨大压力。能源的使用与全球气候变化直接相关，因此已经成为世界各国关注的焦点。我国由于人口众多，人均资源拥有量小于世界人均资源拥有量，水和耕地面积的人均拥有量都因人口增长连续下降，很多矿产资源，包括油气能源的储量都不足，不得不依赖进口，已成为保障人民生活和可持续发展的一大瓶颈。

自然生态系统是指自然界中能为人类提供生产与生活所需物质和能量的各类要素的

---

[1] Rockström J，Steffen W，Noone K，et al. A safe operating space for humanity[J]. Nature，2009，461：472-475.

总和。生态系统是由生物群落及其生存环境共同组成的动态平衡系统，具有物质循环、能量流动和传递信息的功能，没有健康的生态系统，就不能保证人类和其他生物的健康。地球人口的增长和快速发展的工业化、城市化对自然生态系统造成了很大破坏，具体表现在耕地面积减少、质量下降，土壤退化，森林面积锐减、结构简单化，草地湿地面积减小、功能减退等方面，地球的生物多样性正在不断减少。环境污染包括发生在我们身边的水污染、大气污染、固体废物污染和酸雨等问题，还有全球性环境问题，如生物多样性丧失、平流层臭氧层损耗、气候变化，以及国际上广泛关注的持久性有机物污染等。20 世纪 50 年代以来，世界工业发达国家开始发现严重的环境污染会对人类健康造成危害，如著名的水俣病、痛痛病都是重金属污染造成的，伦敦烟雾事件和洛杉矶光化学烟雾事件也引起了世人的关注。

随着工业化进程加快，尤其是重化工业的快速发展，化学品的不断使用使环境中污染物的存在种类不断增多。如今，新污染物（如抗生素、持久性有机污染物、内分泌干扰物和微塑料等）在环境中的浓度已达到上限。新污染物对人类及其他生物的健康安全存在潜在威胁，新污染物环境风险也成为世界各国共同面对的环境问题。新污染物主要来源于人工合成的化学物质，除具有持久性、生物累积性、致癌性、致畸性等多种生物毒性外，部分新污染物还具有远距离迁移的潜力，可随着空气、水或迁徙物种等做跨国家边界的迁移并沉积在远离其排放点的地区，造成世界性环境污染问题。

工业发展带来的资源、生态和环境问题，是人类在欢庆科学技术进步和经济飞速发展所带来的好生活时，受到的"当头一棒"。其使人类惊醒，激发了人类的思考，经过长期、反复的争论和研究，促使了可持续发展战略和生态文明的诞生。

（三）可持续发展战略的诞生和意义

面对日益严重的生态环境问题，早在 20 世纪 50 年代人类就进行了严肃的思考，其中具有代表性的大事包括 1962 年美国科普作家蕾切尔·卡逊的著作《寂静的春天》出版、1972 年成员德内拉·梅多斯等人合著出版了研究报告《增长的极限》、1972 年联合国召开联合国人类环境会议、1987 年世界资源与发展委员会发表研究报告《我们共同的未来》、1992 年联合国环境与发展大会和 2015 年联合国可持续发展峰会在纽约召开等。

蕾切尔·卡逊注意到了化学农药的使用对农村产生的影响，虽然化学农药减轻了病虫害，保障了农作物的产量，但化学农药造成的污染危害了人和生物的健康甚至生命，她在书中写道："神秘莫测的疾病袭击了成群的小鸟，牛羊病倒和死亡，不仅在成人中，而且在孩子们中也出现了突然的、不可解释的死亡现象""一种奇怪的寂静笼罩了这个地方，这儿的清晨曾经荡漾着鸟鸣的声浪，而现在只有一片寂静覆盖着田野、树木和沼泽"。她还十分敏锐地觉察到，这不仅是农药的问题，更关系到经济发展模式，她说：

"我们长期以来行驶的道路，容易被人误认为是一条可以高速前进的平坦、舒适的超级公路，但实际上，这条路的终点潜伏着灾难，而另外的道路则为我们提供了保护地球的最后的和唯一的机会。"

《寂静的春天》问世以后，受到了以美国化工界科学家、工程师、企业家为中心的社会力量的谩骂和抨击。但这一著作也唤醒了不少人，当时的美国总统肯尼迪就十分重视，曾指示对化学农药造成的健康危害进行调查，并在政府层面发布了相关规定。受《寂静的春天》的影响，来自 10 个国家的 30 位科学家、教育家、经济学家和实业家于 1968 年成立了"罗马俱乐部"，他们一起关注、探讨人类面临的共同问题。在 1972 年出版的《增长的极限》中，他们提出："地球的支撑力将会由于人口增长、粮食短缺、资源消耗和环境污染等因素在某个时期达到极限，使经济发生不可控制的衰退；为了避免超越地球资源极限而导致的世界崩溃，最好的方法是限制增长。"可想而知，《增长的极限》一书的出版引起了强烈的反响和尖锐的论争，该书对人类前途的忧虑促使人们密切关注人口、资源和环境问题，但该书反对增长的观点也受到了尖锐的批评和责难。

在罗马俱乐部和《增长的极限》的影响下，一批以保护环境为己任的非政府组织兴起并开展了有益的活动，他们喊出"人类只有一个地球，这个地球不是我们从上代人手里继承下来的，而是我们从下代人手里借来的"的口号，充满了对地球的感情，也富有对人类应负责任的哲理性的分析。罗马俱乐部和《增长的极限》还催生了联合国第一次有关环境问题的大会——人类环境会议。

1972 年，联合国在瑞典斯德哥尔摩召开人类环境会议，发表了《人类环境宣言》（以下简称《宣言》），向全球发出呼吁："已经到了这样的历史时刻，在决定世界各地的行动时，必须更加审慎地考虑它们对环境产生的后果。"《宣言》还指出："人类必须运用知识与自然取得协调，为当代和子孙改善环境，这与和平和发展的目标完全一致；每个公民、机关、团体和企业都负有责任，各国中央和地方政府负有特别重大的责任；对于区域性和全球性的环境问题，应由各国合作解决。"大会号召各国政府和人民都要关注环境、保护环境，要求进一步研究经济发展与环境保护的关系，寻求正确的出路。

1984 年 5 月，世界环境与发展委员会成立，1987 年发表了题为《我们共同的未来》的报告。报告的主要观点有环境危机、能源危机和发展危机不能分割；地球的资源和能源远不能满足人类发展的需要；必须为当代人和下代人的利益改变发展模式等。其中，它还首次提出解决发展与环境问题的正确道路就是可持续发展的道路。

2015 年 9 月 25 日，联合国可持续发展峰会在纽约总部召开，联合国 193 个成员国在峰会上正式通过 17 个可持续发展目标。

联合国可持续发展目标如图 1-2 所示。

图 1-2　联合国可持续发展目标

（四）生态文明是可持续发展战略的理论基础

人类经历了原始时代、农业时代、工业时代，不同历史时代的特点都鲜明地反映在人类与自然的关系上。

在原始时代，自然力异常强大，人类的生存和生活完全依赖自然，因此人类崇拜自然、畏惧自然，形成图腾文化。在农业时代，人类发明了一些农耕工具，有了一定的力量改变自然，但由于农业的收成依赖土地和气候条件，人类依然十分注意与自然的协调。到了工业时代，科学技术得到快速发展，人类改造自然的能力空前提高，因此出现"人类中心主义"，人与自然的矛盾日益尖锐，人对自然的破坏日益严重。当很多生态环境问题影响人类的健康和生存时，人类才开始意识到必须协调人与自然的关系，生态文明便应运而生。

历史表明，过去人对自然有两种片面观点：一种是过分强调人类征服自然的力量，被称为生态唯意志主义；另一种是认为人只能被动地适应自然，主张返回自然，被称为生态唯自然主义。

工业革命以来，生态唯意志主义也就是人类中心主义占了上风，至今仍有很大的影响。以下一些名人和话语可以代表人类中心主义的主要观点：著名哲学家、科学家笛卡尔说"我思故我在"，事实上，任何人没有自然的呵护和抚养，是不可能在世上存在的。近代科学革命创导人培根提出"知识就是力量"，曾影响了几代人努力学习、不断创造，发挥了十分积极的作用。但培根忽略了分析不同知识和技术对自然的不同作用，化学农药的发明和使用就是一个实例，这说明新知识、新技术可能对自然和人类产生破坏作用。

与人类中心主义相反，生态文明提倡的是人与自然的和谐，其中心思想就是人必须尊重自然，包括自然界的一切生物和自然生态系统的和谐与稳定；人类也应该遵循自然生态系统的规律进行生产活动和消费活动；一切破坏自然生态系统的行为最终都将危害人类自己和人类生存的地球，必须坚决摒弃。

早在19世纪中叶，就已经出现了"生态学""植物生态学""动物生态学"等学科，这些学科表明了人类对地球上其他生物与生态环境的关怀，但主要研究的是生物以及它们与自然环境的关系。20世纪60年代以后，人们才从工业革命造成的资源短缺、环境污染和生态破坏的反思中激发了对生态文明的思考和追求，开始将生态学的理念和规律引入对工业生产和经济活动的研究。

党的十八大要求大力推进生态文明建设，并提出"必须树立尊重自然、顺应自然、保护自然的生态文明理念""把生态文明建设放在突出地位，融入经济建设、政治建设、文化建设、社会建设各方面和全过程"。2013年5月24日，习近平总书记在中共中央政治局第六次集体学习时强调"决不以牺牲环境为代价换取一时的经济增长""保护生态环境就是保护生产力，改善生态环境就是发展生产力"。

从此，生态文明建设上升到国家发展战略的高度，这是中国走向光明的、可持续发展的保障，也将是人类走向光明未来的必由之路。

对比生态文明建设的诞生过程和可持续发展战略的诞生过程，我们不无惊讶地发现，两者竟是相得益彰的，它们发生在相同的历史阶段，针对的是相同的资源、环境、生态危机，目标又都是人类和地球的可持续发展。可以明确的是，生态文明建设正是可持续发展的思想基础，而可持续发展战略的实施必须依靠生态文明建设。

在生态文明建设的过程中，我们必须继承和发扬我国优良的传统文化。"天人合一"是中国古代哲学中的重要思想，强调人与自然和谐统一。如孔子曾说"天地之性，人为贵"。王阳明说"大人者，以天地万物为一体者也""其心之仁本若是，其与天地万物而为一也"。庄子则说："天地与我并生，而万物与我为一。"几位先人都把能否与天人合为一体看作做人的根本，是衡量人的标准。荀子提倡变革自然须兼得天时、地利与人和，他说："若是，则万物得宜，事变得应，上得天时，下得地利，中得人和，则财货浑浑如泉涌，汸汸如河海，暴暴如丘山，不时焚烧，无所臧之，夫天下何患乎不足也。若是，则万物失宜，事变失应，上失天时，下失地利，中失人和，天下敖然，若烧若焦。"荀子已经预见到违背自然规律的发展将会造成灾难，兼得天时、地利和人和的发展才是可持续发展。荀子还说："草木荣华滋硕之时，则斧斤不入山林，不夭其生，不绝其长也；鼋鼍、鱼鳖、鳅鳝孕别之时，罔罟毒药不入泽，不夭其生，不绝其长也。"这段话的意思是，不能乱砍滥伐、乱捕滥猎，要尊重和保护生物多样性。汉代思想家董仲舒论述"天人合一"指出："天地人，万物之本也。天生之，地养之，人成之。天生之以孝悌，地养之以衣食，人成之以礼乐。三者相为手足，合以成体，不可一无也。"我们应该为这些先人的先知先觉感到骄傲，更应该努力去践行"天人合一"的理念，推进生态文明建设，实施可持续发展战略。

思考与探索

1. 如何理解《寂静的春天》和《增长的极限》对全球环境保护产生的启蒙作用？
2. 结合自己的理解谈谈中国传统文化"天人合一"思想中蕴含的生态智慧。

二、人类文明发展历程

人类文明发展经历了以下几个阶段：一是自然原始的采猎文明；二是过度开垦的农业文明；三是污染严重的工业文明；四是正在萌芽与壮大的生态文明。

（一）采猎文明

采猎文明时期人类社会的生产力水平十分低下，人类只是自发地将自己融入自然界，人的生存状态和其他生物并没有明显区别。人们只能依靠自然界现成的资源来维持生活，如采集果实、狩猎等。

采猎文明时期人类的精神生活水平同样低下，人类把自然界视为无穷力量的主宰，崇拜自然、依赖自然。那时的人们还没有学会制造生产工具，产生的废物也基本上能够被自然系统自行消纳。人类活动对自然环境的破坏和影响微乎其微，人与自然处于原始和谐的关系。

（二）农业文明

农业文明时期，人类社会的生产力水平有所提高，人们开始有意识地开辟农田，驯化可食用的动物。进入农业文明时期，人类的食物在很大程度上得到了保障，人类逐步结束了漂泊不定的游猎生活。由于农耕极大地提高了社会生产力，社会缓慢地出现了阶级分化和村落、城市、国家。

然而农业文明的到来，使人类与自然界出现了既对立又统一的新的矛盾关系。人类为了自身的生存与发展就必须有意识地对大自然进行开发与改造，为扩展农业用地，生产可食用植物，就必须对森林、土地进行大面积开垦。在"杖耕火种""刀耕火种"过程中，人类是以不断破坏森林而获得谷物的。然而，这一时期人们对自然的改造和变革还处于幼稚阶段，虽然造成了水土流失、植被破坏、森林砍伐等生态失衡影响，不足以显著影响自然资源再生与能量循环。在这一时期人类更多的是模仿自然、改造自然，人类生产和生活对自然界的影响较小，破坏的范围也有局部性，人与自然保持着基本的平衡关系。

（三）工业文明

1. 前工业文明——机器革命

相较于采猎文明与农耕文明，工业文明是最富活力和创造性的文明。工业社会是唯一一个依赖持续的经济增长而生存的社会。以蒸汽机的广泛运用为标志的第一次工业革命和以电力的广泛利用为标志的第二次工业革命极大地增强了人类征服自然、驾驭自然的能力。

在工业文明的过程中，人站在了自然界的对立面，人与自然环境的关系表现为征服与被征服、索取与被索取。自然界的强力报复也使人类突然发现自己正面临着集人口危机、环境危机、粮食危机、能源危机等于一体的全球性危机。人与自然的关系日渐失衡，人类陷入了全球性生态危机的深层困境中。

2. 后工业文明——信息革命

后工业文明时期的信息革命对人类文明产生了重大影响。在纵向的历时态上，它将人类社会推进到继农业文明、前工业文明之后的信息文明时代。在横向的共时态上，它将人类推进到社会文明、物质文明、精神文明、政治文明全面协调和可持续发展的新阶段。

自 1946 年计算机问世以来，在全世界范围内兴起的第一次信息革命对人类社会产生了空前的影响，人类迈向信息社会。到 20 世纪 90 年代初期，美国每年应用计算机完成的工作量相当于 4 000 亿人一年的工作量。著名美国未来学家阿尔文·托夫勒在其《力量转移》一书中指出，以信息为基础创造财富体系的崛起是当代经济方面最重要的事情，知识已成为军事和经济中最重要的因素。

（四）生态文明

生态文明是继采猎文明、农业文明、工业文明之后的一种全新的文明形态，是人类对传统工业文明作出理性反思后的产物。生态文明是指人类在物质生产和精神生产的过程中，充分发挥人的主观能动性，按照自然环境系统和社会环境系统运转的客观规律，建立起人与自然、人与社会的良性运行机制，和谐协调发展的文明形态。生态文明的基本理念可以从生态文明自然观、生态文明价值观和生态文明道德观三个维度论述。

生态文明自然观是以系统论、生态学等现代科学为基础，在生态文明价值观的影响下形成的，进一步丰富了马克思主义的辩证自然观。生态文明自然观认为，地球的资源能源和自身容量都是有限的，任何超过环境承受能力的物质、能量的消耗都会导致整体的变化以致某方面功能的消失。生态文明自然观主张人是自然的一部分，是自然界中平等的一员，自然界本身也有发展权。人类必须尊重自然，人类活动必须考虑自然成本。

生态文明价值观可以从四个方面进行论述。首先，人的存在要对自然界的一切生命以及生命赖以生存的环境负责，这样才能体现人的价值的全面性。其次，自然界中的一切生命种群对于其他生命以及生命赖以生存的环境都有其不可忽视的存在价值。我们要树立起一种新的生态文明价值观，即人是自然的一部分，人与自然的利益和命运休戚与共。再次，要努力转变经济发展模式，积极发展生态产业。我国传统的经济模式属于高投入、高消耗和低产出、低效益的发展模式，经济的增长是以资源的浪费和环境的恶化为代价的。生态文明则是要按照生态化的要求发展科学技术，实现由资源型经济向效益型经济转化、污染型生产向清洁型生产转化。最后，要建立起符合生态文明的社会制度。从政治、经济、法律、教育等方面规范和约束人们的行为，建立起有利于维护生态平衡的法规与机构，加强国家对资源开发和环境保护的宏观调控作用。

生态文明道德观认为，人们在生存和发展过程中，要把道德认知从人与人、人与社会的关系扩展到人与人、人与社会、人与自然的关系。在充分认识自然的存在价值和生存权利的基础上，增强人们对自然、对人类代内关系和代际关系的责任感和义务感，达到三者共生共荣、共同发展。与此同时，人类必须从全球生态系统的视角来提高人类整体环境意识，建立具有权威性的国际性组织和协调机构，以解决当前人类面临的共同生存困境。

思考与探索

1. 在人类文明发展的过程中，人类对自然的认识经历了哪些变化？
2. 从工业文明引发全球性生态危机以来，人类文明经历了怎样的生态转向？

三、生态文明理念内涵

（一）生态文明理念

生态文明是人类为保护和建设美好生态环境而取得的物质成果、精神成果和制度成果的总和，是贯穿经济建设、政治建设、文化建设、社会建设全过程和各方面的系统工程，反映了一个社会的文明进步状态。这种状态是人类主动改变经济社会发展的模式和行为方式，以自身的文明与进步不断拟合生态环境平衡的规律而逐步形成的，是人类由必然王国走向自由王国的标志。"建设生态文明"更是党领导全国人民向全人类所作出的郑重承诺：中国在和平崛起和现代化建设中，绝不以损害人类共同家园为代价；中华民族将在世界民族中努力探索一条同时实现物质丰富、社会稳定、政治平等、文化繁荣、生态文明的中国特色社会主义的新型文明之路。

习近平生态文明思想的确立，是中国共产党人以马列主义、毛泽东思想为指导，以历史唯物论全面深入剖析人类发展历史的基本规律，以唯物辩证法剖析人类发展新阶段的特征，以邓小平理论和"三个代表"重要思想为破解新难题的指导，深入贯彻落实科学发展观，坚持实事求是，面对现实、面向未来，坚持与时俱进，以理论创新解决发展中的环境短板、突出难题的重大决策。生态文明作为人类文明理念发展的新阶段，不但要求我们统筹有关环境保护各方面的工作，还需要全面推进国土空间布局、国际合作、生产方式、生活方式与价值观念以及制度完善等方面的变革，进而持续促进社会形态、政治状况、精神面貌、财富结构等方面的重大进步。生态文明的建设将通过多种渠道对人类社会的生存和发展进行全面的引导和调整，从而不断地充实与完善具有中国特色的科学发展道路，建设美丽中国。

（二）生态文明目标

党的二十大报告明确提出，中国式现代化是人与自然和谐共生的现代化，并将"推动绿色发展，促进人与自然和谐共生"作为中国式现代化的本质要求之一，强调尊重自然、顺应自然、保护自然是全面建设社会主义现代化国家的内在要求。必须牢固树立和践行"绿水青山就是金山银山"的理念，站在人与自然和谐共生的高度谋划发展。要推进美丽中国建设，坚持山水林田湖草沙一体化保护和系统治理，统筹产业结构调整、污染治理、生态保护、应对气候变化，协同推进降碳、减污、扩绿、增长，推进生态优先、节约集约、绿色低碳发展。

2023 年 12 月，《中共中央 国务院关于全面推进美丽中国建设的意见》发布，作为新时代指导生态文明建设的纲领性文件，其核心目标与生态文明建设的总体方向高度一致，明确提出了分阶段推进的目标：

——到 2027 年，绿色低碳发展深入推进，主要污染物排放总量持续减少，生态环境质量持续提升，国土空间开发保护格局得到优化，生态系统服务功能不断增强，城乡人居环境明显改善，国家生态安全有效保障，生态环境治理体系更加健全，形成一批实践样板，美丽中国建设成效显著。

——到 2035 年，广泛形成绿色生产生活方式，碳排放达峰后稳中有降，生态环境根本好转，国土空间开发保护新格局全面形成，生态系统多样性稳定性持续性显著提升，国家生态安全更加稳固，生态环境治理体系和治理能力现代化基本实现，美丽中国目标基本实现。

——展望本世纪中叶，生态文明全面提升，绿色发展方式和生活方式全面形成，重点领域实现深度脱碳，生态环境健康优美，生态环境治理体系和治理能力现代化全面实现，美丽中国全面建成。

（三）生态文明内涵

1. 人与自然关系进入和谐新时期

在哲学的意义上，人与自然的关系是地球作为宇宙中特殊的天体演变发展过程中的一段。人类源于自然、对抗自然、驾驭自然，最终必然融合回归自然。人类与自然之间的关系贯穿人类由必然王国走向自由王国的全过程，这全过程包括奴隶、对抗及和谐三个发展时期。

在人与自然对抗时期，人类经历了四个阶段的抗争，即使用工具猎采的"操戈抗争"、农耕文明的"守阵抗争"、工业文明全面开发自然资源的"掠夺抗争"，以及城市化以来人类不得不在自己建设的家园内与自己造成的污染对抗的"同城抗争"。显然，这种人类社会发展的势态预示着工业化在全球的扩展与普及将推动人与自然对抗走向末期。如何进入人与自然关系的和谐新时期是人类社会面对的共同话题，更是居后而上、高速发展中的中国必须优先探索的课题。

2. 人类必须与自然和谐相处

虽然现代人已经能登月潜海，然而与浩瀚的宇宙相比，人类活动的范围还是有限的。在讨论人与自然的关系时，为更切合实际，我们可将人类活动所能直接或间接涉及的自然范围定义为生态环境，即涉及人与其他生物的自然环境。事实上，生态文明所追求的只能是经济社会发展与生态环境平衡处于可持续发展的协调状态。这种状态是人类主动改变经济社会发展的模式，以自身的文明与进步不断拟合生态环境平衡的规律而逐步形成的。

经济社会发展作为地球人类自身最具活力的现象，也奠定了人类在已知宇宙中独一无二的特殊地位，但是生态环境平衡及其循环演变依然只服从于自然规律。虽然人们已经认识并利用了大量的自然规律为自身的发展服务，但是，在相当长时期内，人类还面对着更多未知的生态环境平衡规律需要探索和认识，没有能力去彻底改变生态环境平衡的根本规律。因此，人类若干个世纪内的发展，仍然只能是不断深化认识生态环境平衡的规律，更巧妙地利用这些规律走向不断改变人类生活的自由。

在地球生物进化的漫长历史中，人类长期以来是大自然的奴隶。在数百万年前，尽管人类的祖先已学会使用工具，进入狩猎文明时代，但这只增强了人类对抗其他物种、维持生存的能力；而经历近 1 万年的农耕文明，虽然人类的经济活动与社会结构的发展使人彻底区别于动物，形成了人类社会与生态环境二元结构，但人对自然仍然只能是顶礼膜拜。只是近 200 年来，人类进入了工业文明，经济社会的活动能力呈几何级增长，以至于已能够干扰到地球生态平衡过程，于是人类千方百计要挣脱受奴役于自然的境地。

而且，人类以对抗的形式对待自然，将其视为外部事物，将其摆在人类经济社会的对立面，对自然资源进行掠夺式的开发，对生态环境以自己的意愿为中心进行改造，将经济社会活动产生的废物随意抛回环境。

近几十年来，人类终于逐步意识到这种企图以主人公姿态控制生态环境的发展模式的有限性，人不能控制自然，前人对自然的每次"胜利"，确实都引起了自然不同形式的变化；当然，人也不可能愿意再接受自然的控制。人与人和谐共存、人与自然和谐共存是唯一的选择。在人与自然的关系中，人是主动方面，是主要矛盾，和谐关系只能由人类创造。自然环境既是包括了人类和社会本身的主体，又是人类经济社会作用的客体；人类活跃的经济社会活动作用于自然环境，既体现为人对主体的索取，又体现为对客体的服务。因此，人类是自然的公仆，生态环境是人与自然相互作用的公共平台。

因此，生态文明的提出是人类由与自然对抗主动走向与自然和谐发展的历史性理念转变，生态文明将是继原始文明、农业文明、工业文明之后人类文明发展的一个新时期。生态文明以人与自然协调发展作为人类活动的行为准则，在改造客观物质世界的同时不断改变人的主观世界，从而不断减少经济社会活动对生态环境的负面效应，积极改善和优化人与自然的关系，逐步建立有序的生态运行机制，实现经济、社会、生态环境的可持续发展。同时，人与自然生态保持和谐、共生的协调状态。

（四）习近平生态文明思想

2018 年 5 月 18 日至 19 日，全国生态环境保护大会上正式确立了习近平生态文明思想。习近平生态文明思想传承中华民族传统文化、顺应时代潮流和人民意愿，站在坚持和发展中国特色社会主义、实现中华民族伟大复兴中国梦的战略高度，深刻回答了为什么建设生态文明、建设什么样的生态文明、怎样建设生态文明等重大理论和实践问题。

2022 年，中共中央宣传部与生态环境部组织编写了《习近平生态文明思想学习纲要》，总体确立了习近平生态文明思想的"十个坚持"，包括坚持党对生态文明建设的全面领导、坚持生态兴则文明兴、坚持人与自然和谐共生、坚持绿水青山就是金山银山、坚持良好生态环境是最普惠的民生福祉、坚持绿色发展是发展观的深刻革命、坚持统筹山水林田湖草沙系统治理、坚持用最严格制度最严密法治保护生态环境、坚持把建设美丽中国转化为全体人民自觉行动、坚持共谋全球生态文明建设之路。

1. 牢固树立生态文明新领导观

"坚持党对生态文明建设的全面领导"是生态文明建设的根本保证。党的二十大报告指出，"以中国式现代化全面推进中华民族伟大复兴"是中国共产党在新时代踏上新征程的使命，必须始终坚持中国共产党对生态文明建设的全面领导。党的十八大以来，以习近平同志为核心的党中央深刻把握生态文明建设在新时代中国特色社会主义事业中的重要地位和战略意义，对生态文明建设作出了一系列重大战略部署，明确"五位一体"总体布局，生态文明建设被放在突出地位，这既体现了党的百年奋斗历史经验，也是全面系统推进生态文明建设、实现美丽中国目标的必然要求。从党的十八大把生态文明建设纳入"五位一体"总体布局，到党的十九大明确坚持人与自然和谐共生是新时代坚持和发展中国特色社会主义基本方略之一，再到党的二十大强调促进人与自然和谐共生是中国式现代化的本质要求，生态文明在中国共产党治国理政实践中的地位越来越突出。坚持党对生态文明建设的全面领导超越了西方环境理论中政府、企业、公民三个主体分离的体制机制，充分体现了中国的体制优势和制度优势，极大地增强了生态文明建设的凝聚力。

建设美丽中国，其核心在于构建人与自然和谐共生的社会形态，由此满足人民日益增长的优美生态环境需求。这要求我们必须坚持和加强党对生态文明建设的全面领导，不断提高政治判断力、政治领悟力、政治执行力，心怀"国之大者"，把生态文明建设摆在全局工作的突出位置，确保党中央关于生态文明建设的各项决策部署落地见效。在社会主义现代化建设"五位一体"总体布局中，经济建设是基础，政治建设是保障，文化建设是载体，社会建设是条件，在党对生态文明建设的全面领导下，生态文明建设贯穿并深深融入上述四个文明建设的全过程。

2．牢固树立生态文明新历史观

"坚持生态兴则文明兴"是生态文明建设的历史依据。"绿水青山就是金山银山"是站在人类整体利益、共同利益、长远利益上共谋全球永续发展的生态价值观，创新发展了马克思主义生态观。"保护生态环境就是保护生产力，改善生态环境就是发展生产力"，把生态环境作为重要的生产力要素来认识，使生态环境成为经济社会发展的内生变量，创新发展了马克思主义生产力观。"良好生态环境是最普惠的民生福祉"，坚持生态惠民、生态利民、生态为民，使环境成为民生的重要领域。

建设生态文明是关系中华民族永续发展的根本大计，功在当代、利在千秋。生态文明建设关系人民福祉，关乎民族未来，事关"两个一百年"奋斗目标和中华民族伟大复兴中国梦的实现。"生态治国，文明理政"已成为当今中国特色社会主义伟大事业的主旋律。新时代背景下，习近平生态文明思想是美丽中国永续发展的必然选择，也是实现伟大中国梦的必由之路，必须尽快推动形成"生态兴文明兴"的人与自然和谐共生新格局。

3．牢固树立生态文明新生态观

"坚持人与自然和谐共生"是生态文明建设的基本原则。党的二十大报告指出："尊重自然、顺应自然、保护自然，是全面建设社会主义现代化国家的内在要求。必须牢固树立和践行绿水青山就是金山银山的理念，站在人与自然和谐共生的高度谋划发展。"

生态文明建设的核心问题就是要协调处理好人与自然的关系。习近平生态文明思想的提出，是中国共产党人以马克思主义为指导，以历史唯物论全面深入剖析人类发展历史的基本规律，以唯物辩证法剖析人类发展新阶段的特征，坚持实事求是，坚持与时俱进，以理论创新解决发展中的环境短板、突出难题的重大生态决策。习近平生态文明思想作为人类文明理念发展的新阶段，需要将生态理念全面融入国土空间布局、产业发展、生活方式、价值观念以及制度完善等方面的变革。

习近平生态文明思想通过多种渠道对人类社会的生存和发展进行全面的引导和调整，从而不断充实与完善具有中国特色的科学发展道路。保护自然就是保护人类，建设生态文明就是造福人类。必须尊重自然、顺应自然、保护自然，像保护眼睛一样保护生态环境，像对待生命一样对待生态环境，开展退耕还林、防治荒漠化、保护湿地、拯救物种、应对气候变化，还自然以宁静、和谐、美丽。

4．牢固树立生态文明新辩证观

"坚持绿水青山就是金山银山"是生态文明建设的核心理念。自2005年8月习近平总书记在浙江省安吉县首次提出"绿水青山就是金山银山"理念以来，"绿水青山就是金山银山"理念已经成为习近平生态文明思想的核心理论基石，阐释了社会经济发展和生态环境保护之间的辩证关系，揭示了"保护生态环境就是保护生产力、改善生态环境就是发展生产力"的道理。"绿水青山"指的是良好的生态环境与自然资源资产，"金山银山"指的是经济发展与物质财富，两者绝不是对立矛盾的，而是辩证统一的。"绿水青山就是金山银山"理念的本质就是指环境与经济的协调发展。"绿水青山就是金山银山"理念为绿色发展提出了方针原则，作出了战略决策，明确了顶层设计，厘清了发展思路，指明了前进方向，体现了对人类发展意义的深刻思考，彰显了当代中国共产党人高度的文明自觉和生态自觉。

正确处理好生态环境保护和发展的关系，是实现可持续发展的内在要求，也是推进中国式现代化建设的重大原则。如何让绿水青山带来金山银山，基本思路就是实现循环经济与生态经济的统一协调发展，一是在粗放式工业化走在前头的发达地区大力发展以"减量化、再利用、资源化"为原则的循环经济，有效减少消耗、降低污染、治理环境，努力建设资源节约型和环境友好型社会，恢复绿水青山，又不失金山银山。二是对有绿水青山的欠发达地区，大力发展主要由生态农业、生态工业和生态旅游业构成的生态经济体系，把这些生态环境优势转化为经济优势，推动绿水青山变成金山银山。

5．牢固树立生态文明新福祉观

"坚持良好生态环境是最普惠的民生福祉"是生态文明建设的宗旨要求。中国自古以来就重视人类社会福祉的创造，《韩诗外传》记载"是以德泽洋乎海内，福祉归乎王公"；唐朝李翱在《祭福建独孤中丞文》中说"丰盈角犀，气茂神全，当臻上寿，福祉昌延"。

近年来，世界经济在为发达国家营造全球市场、转移低端制造业的过程中，也将人类对自然资源的利用及对生态环境的污染与破坏推入了全球性阶段。

党的二十大报告多次强调坚持人民至上、坚持以人民为中心的发展思想，再次强调了"人民日益增长的美好生活需要"全面涵盖了人民对经济、政治、文化、社会、生态文明发展的期望。习近平生态文明思想力求创造"绿色低碳的生活环境、健康祥和的社会环境、自由持续的发展环境"，环境就是民生，青山就是美丽，蓝天也是幸福。必须坚持以人民为中心，重点解决损害群众健康的突出环境问题，提供更多优质生态产品，才能满足人民日益增长的美好生活需要。良好的生态环境是最公平的公共产品，也是最普惠的民生福祉。要提供良好的生态产品，必须做好以下重点工作：一是提升生态功能，加强生态保护与修复；二是强化污染防治，持续改善环境质量；三是综合整治农村人居环境，全面建设美丽乡村。

6. 牢固树立生态文明新发展观

"坚持绿色发展是发展观的深刻革命"是生态文明建设的战略路径。党的二十大报告对"推动绿色发展、促进人与自然和谐共生"作出重大安排部署，报告明确了新时代必须完整、准确、全面贯彻新发展理念，通过建设现代化产业体系推动产业结构的调整优化，构建一批包括生物技术、新能源、新材料、绿色环保等在内的新增长引擎，发展战略性新兴产业集群，从而加快发展方式的绿色转型。推动经济社会绿色发展是实现高质量发展的关键环节。绿色高质量发展与科学发展观是一脉相承的理论体系，是贯彻新发展理念的重要组成部分，是促进经济社会全面绿色转型的必由之路。坚持绿色发展是发展观的一场深刻革命，要从转变经济发展方式、环境污染综合治理、自然生态保护修复、资源节约集约利用、完善生态文明制度体系等方面采取超常举措，全方位、全地域、全过程开展生态环境保护。

要坚持"绿水青山就是金山银山"的理念，把经济活动和人类行为限制在自然资源和生态环境阈值之内，将绿色发展内化于社会主义现代化远景目标之中。一是推进产业升级，实现发展转型，创新经济的发展模式，着力构建以资源节约型和环境友好型产业为主的现代产业发展体系，实现经济绿色转型。二是规范产业园区管理，以"双碳"工作为抓手实现节能减排，走科技含量高、经济效益好、资源消耗低、环境污染少、人力资源优势得到充分发挥的新型工业化道路。三是注重科技创新，发展特色产业，支持绿色物流业、绿色生活服务业以及新兴绿色服务业的发展，为产业发展增添活力和创新力。

7. 牢固树立生态文明新系统观

"坚持山水林田湖草沙系统治理"是生态文明建设的统筹观念。从党的十九大"统筹山水林田湖草系统治理"到党的二十大"坚持山水林田湖草沙一体化保护和系统治理"，五年的发展实践又一次深化了习近平生态文明思想对生命共同体的思想认识。习近平总书记用"命脉"把人与山水林田湖连在一起，生动形象地阐述了人与自然唇齿相依的一体性关系，揭示了山水林田湖草沙之间的合理配置和统筹优化对人类健康生存与永续发展的意义。习近平总书记就开展山水林田湖草沙冰生态保护修复多次作出明确部署，要求加快山水林田湖草沙冰生态保护修复，实现格局优化、系统稳定、功能提升。开展山水林田湖草沙冰整体生态保护修复作为生态文明建设的系统抓手，关系生态文明建设和美丽中国建设进程，关系国家生态安全和中华民族永续发展。开展山水林田湖草沙冰生态保护修复是贯彻绿色发展理念的有力举措，是破解生态环境难题的必然要求。

一是全面摸清生态环境突出问题，从"山水林田湖草沙冰生命共同体"的理念着手，真正摸清生态系统状况与变化趋势，为生态保护修复和管理提供可靠的支撑。二是划定生态保护与修复部署片区，依据区域突出生态环境问题与主要生态功能定位，确定生态保护与修复工程部署区域。三是制定生态保护与修复工程，统筹山水林田湖草沙冰各种生态要素，对工程进行全面部署。四是从组织领导、干部绩效考核、资金筹措与投入等方面建立健全工程实施保障制度措施。

8. 牢固树立生态文明新法治观

"坚持用最严格制度最严密法治保护生态环境"是生态文明建设的制度保障。习近平法治思想是依法治国的科学遵循，习近平生态文明思想是建设美丽中国的指导方针，两者相辅相成、互成体系。保护生态环境需要完善生态文明制度体系，健全生态制度是生态文明治理体系的系统保障，习近平总书记强调，"要深化生态文明体制改革，把生态文明建设纳入制度化、法治化轨道"。其包括"自然资源资产产权制度、国土开发保护制度、空间规划体系、资源总量管理和节约制度、资源有偿使用和补偿制度、生态环境治理制度、环境治理与生态保护市场体系、生态文明绩效考核和责任追究"制度体系。

同时，新时代必须持续纵深推进《中华人民共和国环境保护法》（以下简称《环境保护法》）。《环境保护法》明确提出和规定了环境保护的基本制度、遵循的基本原则，规定了地方政府、企业事业单位、公民环境保护的权利、责任与义务。《环境保护法》在环境保护的法律法规体系中处于最重要的基础地位，相当于环境领域的"母法"，即上位法，其他环境保护的单项法律在修订和执行中都应遵循并服从于《环境保护法》。因此，《环境保护法》是环境法律体系的龙头和"纲"，必须"纲举目张"。《环境保护法》是生态文明建设的基石，也是生态环境保护的法制保障。

9. 牢固树立生态文明新实践观

"坚持把建设美丽中国转化为全体人民自觉行动"是生态文明建设的社会力量。美丽中国是人民群众共同参与、共同建设、共同享有的事业。一是深化生态创建，夯实生态文明基础。按照生态文明建设阶段目标要求，深入开展国家生态文明建设示范区与"绿水青山就是金山银山"实践创新基地等系列创建活动和绿色细胞工程建设，不断巩固和深化建设成果，为生态文明建设的阶段目标打下坚实基础。二是加强宣传教育，营造全民参与氛围。通过构建多层次、全范围的生态文明宣教体系，深入开展生态文明建设宣传教育活动，不断提升生态文明理念的认知水平，营造全民参与生态文明建设的良好氛围。

美丽中国还要更好地发挥群众和社会组织的作用，充分体现政府、公民、企业和其他社会组织共同参与生态文明建设的过程。要大力宣传生态文明理念和环境保护知识，提高全民的环境意识。强化环境信息公开，保障公众环境知情权、参与权和监督权。加强环境标志认证，倡导绿色消费。畅通环保信访、环保热线、各级环保政府网络邮箱等信访投诉渠道，实行有奖举报，鼓励环境公益诉讼。建立政府相关部门协作机制，完善政府、企业和社团组织的生态文明参与互动机制。

10. 牢固树立生态文明新世界观

"坚持共谋全球生态文明建设之路"是生态文明建设的全球倡议。党的二十大报告指出，尊重世界文明多样性，以文明交流超越文明隔阂、文明互鉴超越文明冲突、文明共存超越文明优越。共同应对各种全球性挑战。中国历来主张"世界大同，天下一家"。中国人民不仅希望自己过得好，也希望各国人民过得好。当前，战乱和贫困饥饿依然困扰着很多国家和地区，疾病和灾害也时时侵袭着众多百姓。国际社会应携起手来，秉持人类命运共同体的理念，把我们这个星球建设得更加和平、更加繁荣。习近平总书记强调，让和平的薪火代代相传，让发展的动力源源不断，让文明的光芒熠熠生辉，是各国人民的期待，也是我们这一代人应有的担当。中国方案是构建人类命运共同体，建设美丽清洁的星球。

生态文明作为人类文明发展的一个新的阶段，是现代工业文明之后的后现代文明形态，是人类遵循人、自然、社会和谐发展这一客观规律而取得的物质与精神成果的总和，是以人与自然、人与人、人与社会和谐共生、良性循环、全面发展、持续繁荣为基本宗旨的人类社会与自然环境集成的伦理形态。"建设生态文明"是中国共产党领导的中国人民向全人类所作出的郑重承诺，中华民族将努力探索一条实现物质丰富、社会稳定、政治平等、文化繁荣、生态文明的全球共赢之路。

思考与探索

1. 习近平生态文明思想最核心的内容是什么？

2. 举例说明《习近平生态文明思想学习纲要》的"十个坚持"对你的个人生活行为有何指导意义。

四、生态文明实践历程

（一）生态文明早期探索阶段（1949—1977 年）

中华人民共和国成立初期，我国工业化水平还很低，生态环境问题主要表现在自然资源的保护利用、自然灾害的防治等方面，这一阶段对生态文明建设的实践探索主要集中在如何保障农业生产顺利进行以及保障人民物质生活方面，生态文明建设的实践处在早期探索阶段。

1. 强调植树造林

1949 年 10 月 1 日中华人民共和国成立，当时我国绿化面积锐减，植树造林这一环保措施成为当时的重要任务。

1950 年 5 月，中央人民政府政务院发布《政务院关于全国林业工作的指示》，提出"当前林业工作的方针，应以普遍护林为主，严格禁止一切破坏森林的行为"。

1955 年，毛泽东向全国发出在 12 年内"绿化祖国"的号召，并要求积极地、有准备地实行"大地园林化"。据统计，1950—1957 年，我国共造林 23 596.4 万亩[①]。

1958 年，中共中央、国务院发布了《关于在全国大规模造林的指示》。

2. 强调资源节约

以毛泽东为核心的党中央领导集体注重资源节约、保护与综合利用。

1951 年，中共中央作出了《关于实行精兵简政、增产节约、反对贪污、反对浪费和反对官僚主义的决定》，开展"三反运动"，提出"反对浪费""增产节约""精兵简政"等号召。

1955 年，《中国农村的社会主义高潮》一书的按语中强调，勤俭节约是社会主义经济的基本原则之一。

1958 年，毛泽东视察农村沼气时指出：沼气能点灯，又能做饭，还能做肥料，要大力发展。一物多用，这些做法减轻了人们对自然资源需求量的压力。

1960 年，国家提出"变废为宝"的口号，重申"综合利用工业废物"的方针。截至1965 年，我国已建立了一批综合性自然资源保护区。

3. 推进环保立法

20 世纪 70 年代，受国家长期优先发展重工业经济战略的影响，各地出现了一系列严重破坏生态环境的事件。这一情况引起了党和政府的高度重视，开始从立法的角度解决生态环境保护问题。

---

① 1 亩≈666.67 平方米。

1973 年，第一次全国环境保护大会审议通过了"全面规划、合理布局、综合利用、化害为利、依靠群众、大家动手、保护环境、造福人民"的环境保护工作 32 字方针和我国第一个环境保护文件——《关于保护和改善环境的若干规定（试行草案）》，标志着我国环保立法工作的开始。

1974 年，国务院出台《环境保护机构及其有关部门的环境保护职责范围和工作要点》，决定设立国务院环境保护领导小组，从机构上提升了环境保护的可操作性。

4．参与国际环境保护合作

1972 年，我国作为代表参加了联合国在斯德哥尔摩召开的首次联合国人类环境会议。会议结束后，我国成立了国务院环境保护领导小组筹备办公室，推动开展环境保护工作。

1973 年，联合国成立了环境规划署（UNEP），我国成为首批理事会成员国。

（二）生态文明稳步推进阶段（1978—2002 年）

1978 年党的十一届三中全会开启了我国现代化的新进程。以此为起点，党和政府日益高度重视生态环境保护，开始把其纳入国民经济和社会发展的综合施策中，为我国生态文明建设奠定了坚实基础，逐渐探索出了一条适合中国国情的生态文明建设之路。

1．重视生态环境与经济发展的关系

1978 年，《环境保护工作汇报要点》提出："消除污染，保护环境，是进行社会主义建设，实现四个现代化的一个重要组成部分。"

1986 年，国家制定的《中国自然保护纲要》，明确要求将自然保护纳入国家经济社会发展计划。

1987 年，党的十三大提出，人口控制、环境保护和生态平衡是关系经济和社会发展全局的重要问题，要把经济效益、社会效益和环境效益很好地结合起来。

2．奠定法律基础并确立基本国策

1978 年，第五届全国人民代表大会第一次会议通过的《中华人民共和国宪法》中明确规定："国家保护环境和自然资源，防治污染和其他公害。"这是中华人民共和国历史上第一次在宪法中对环境保护作出明确的规定，为我国环境保护的法制建设发展奠定了基础。

1982 年，第五届全国人民代表大会第五次会议批准了《中华人民共和国国民经济和社会发展第六个五年计划》，将"加强环境保护，制止环境污染的进一步发展"列为"六五"期间的基本任务之一，这是我国首次将环境保护作为一个独立篇章纳入国民经济和社会发展五年计划。

1983 年，第二次全国环境保护大会正式把环境保护确定为我国的一项基本国策，并制定了"经济建设、城乡建设和环境建设要同步规划、同步实施、同步发展，做到经济效益、社会效益、环境效益相统一"的指导方针，明确了"预防为主、防治结合""谁污染、谁治理""强化环境管理"的环境保护三大政策。

1984 年，《国务院关于环境保护工作的决定》再次强调："保护和改善生活环境和生态环境，防止污染和自然生态环境破坏，是我国社会现代化建设中的一项基本国策。"

1989 年，第三次全国环境保护会议提出环境影响评价等八项管理制度。1989 年 12 月，第七届全国人民代表大会第十一次会议正式通过《中华人民共和国环境保护法》，这是我国环境立法的重大进展和突破。

1992 年，党的十四大报告《加快改革开放和现代化建设步伐 夺取有中国特色社会主义事业的更大胜利》指出："不断改善人民生活，严格控制人口增长，加强环境保护。"这项基本国策的确定，使环境保护意识深入人心，提高了人民群众的环境保护意识。人们认识到，自觉地保护生态环境是一项长期而艰巨的任务。

3. 可持续发展上升为国家战略

20 世纪 90 年代初，全球环境恶化、能源危机、生态失衡等问题日益严重，引起各国政府的高度重视。1992 年，联合国环境与发展会议之后，中国率先发布了《中国政府环境与发展十大对策介绍》，第一次明确提出转变传统发展模式，将可持续发展确立为国家战略。

1994 年，中国政府批准《中国 21 世纪议程》，确立了中国 21 世纪可持续发展的总体战略框架。国家在"九五"计划中提出转变经济增长方式，实施可持续发展战略。《中国 21 世纪议程》《中国环境保护行动计划》提出了我国可持续发展的总体战略、对策以及行动方案，确定了污染治理和生态保护重点，加大了执法力度，积极稳步推行各项环保管理制度和措施。

1996 年，第八届全国人民代表大会第四次会议审议通过了《中华人民共和国国民经济和社会发展"九五"计划和 2010 年远景目标纲要》，明确把可持续发展作为全面发展战略目标，使可持续发展战略得以实施。

1997 年，党的十五大报告《高举邓小平理论伟大旗帜，把建设有中国特色社会主义事业全面推向二十一世纪》提出，在现代化建设中必须实施可持续发展战略，把保护环境作为一项基本国策，正确处理经济发展同人口、资源、环境的关系。

2000 年，《中共中央关于制定国民经济和社会发展第十个五年计划的建议》将"重视生态建设和环境保护"作为 21 世纪实施可持续发展战略的新思路。

2002 年，党的十六大把"可持续发展能力不断增强，生态环境得到改善。资源利用效率显著提高，促进人与自然和谐，推动整个社会走向生产发展、生活富强、生态良好的文明发展道路"确定为全面建设小康社会的目标之一。

可持续发展战略

1972 年 6 月，"可持续发展"概念在联合国召开的人类环境会议上被正式提出。世界环境与发展委员会于 1987 年提交的报告《我们共同的未来》对可持续发展作了简要明确的定义——"在满足当代人需要的同时，不损害后代满足其自身需要的能力"，得到国际上的广泛认同。在此概念中，两大发展主体"当代人"和"后代人"不是绝对地分别存在于不同的时间与空间，而是在一定条件下的发展问题上存在一些矛盾，可持续发展则正是解决这种矛盾的动态性的优化过程。可持续发展要求以人与自然和人与人的关系不断优化为前提，建立以人为发展中心的"自然—经济—社会"三维复合系统，通过三者间的有机协调，最终达到社会发展的可持续。有限的自然资源要求发展与有限的自然承载力相适应，才能保证和保护生态的可持续性，从而实现最终的可持续发展。

---

4. 探索新型工业化道路

党的十四大之后，党中央不断深化对中国走新型工业化道路思想的认识，提出中国要走出一条新型工业化道路的战略任务。

2002 年，党的十六大提出："坚持以信息化带动工业化，以工业化促进信息化，走出一条科技含量高、经济效益好、资源消耗低、环境污染少、人力资源优势得到充分发挥的新型工业化路子。"

我国的新型工业化发展道路不同于其他发达国家的经济发展之路，它坚持以可持续发展战略为指导，不再走"先污染后治理"的传统老路，强调在实现工业化的同时注重节约资源和保护环境，真正做到可持续发展。

5. 发展循环经济

循环经济是以资源的有效利用为目标，凭借"减量化、再利用、再循环"的原则，实现污染物的低排放甚至零排放，在本质上是一种生态经济。

1980 年，党中央提出要努力转变经济增长方式，减少对劳动密集型和资源密集型产业的依赖。

1993 年，全国第二次工业污染防治工作会议提出污染控制并不局限于结果处理，也要向生产过程控制转变，要大力推进清洁生产。

自 2000 年起，我国借鉴德国、日本的循环经济发展经验，根据自身实际情况和特点，深入贯彻循环经济理念，重视试点工作，并逐步开始构建中国式循环经济发展模式。

（三）生态文明全面推动阶段（2003—2011 年）

党的十六大以来，党中央高度重视生态文明建设，提出了科学发展观，认为经济增长与人口、资源、环境之间存在有机的联系，人与自然之间必须和谐相处。自 2003 年起，我国生态文明建设进入全面推动阶段。

1. 实现人与自然和谐相处

2003 年，党的十六届三中全会上，胡锦涛正式提出科学发展观。要统筹城乡发展、统筹区域发展、统筹经济社会发展、统筹人与自然和谐发展、统筹国内发展和对外开放。

2004 年 3 月，胡锦涛在中央人口资源环境工作座谈会上强调，自然界是包括人类在内的一切生物的摇篮，是人类赖以生存和发展的基本条件。保护自然就是保护人类，建设自然就是造福人类。要加倍爱护和保护自然，尊重自然规律。

2005 年，国务院发布《国务院关于落实科学发展观　加强环境保护的决定》，要求倡导生态文明，建立长效机制，建设资源节约型和环境友好型社会。

2010 年 6 月，胡锦涛在中国科学院第十五次院士大会、中国工程院第十次院士大会上对"绿色发展"这一概念进行了科学阐释，指出："绿色发展，就是要发展环境友好型产业，降低能耗和物耗，保护和修复生态环境，发展循环经济和低碳技术，使经济社会发展与自然相协调。"

科学发展观

胡锦涛在 2003 年 7 月 28 日的讲话中提出"坚持以人为本，树立全面、协调、可持续的发展观，促进经济社会和人的全面发展"，按照"统筹城乡发展、统筹区域发展、统筹经济社会发展、统筹人与自然和谐发展、统筹国内发展对外开放"的要求推进各项事业的改革和发展的方法论——科学发展观，这也是中国共产党的重大战略思想。

党的十七大把科学发展观写入党章，党的十八大把科学发展观列入党的指导思想。

---

2. 推进循环经济发展，建设"两型"社会

2005 年，党的十六届五中全会提出，要加快建设资源节约型、环境友好型社会。《中共中央关于制定国民经济和社会发展第十一个五年规划的建议》中，也将"建设资源节约型、环境友好型社会"（以下简称"两型"）作为基本国策，建设"两型"社会被提到了前所未有的高度。

2007 年，党的十七大提出："建设生态文明，基本形成节约能源资源和保护生态环境的产业结构、增长方式、消费模式。循环经济形成较大规模，可再生能源比重显著上升。主要污染物排放得到有效控制，生态环境质量明显改善。生态文明观念在全社会牢固树立。"同年 12 月，国家批准武汉城市圈、长株潭城市群成为全国资源节约型、环境友好型社会建设综合配套改革试验区。

2010 年，党的十七届五中全会提出，要把建设资源节约型、环境友好型社会作为加快转变经济发展方式的重要着力点，把改革开放作为加快转变经济发展方式的强大动力，提高发展的全面性、协调性、可持续性，实现经济社会又好又快发展。

2011 年，第十一届全国人大第四次会议批准《中华人民共和国国民经济和社会发展第十二个五年规划纲要》，明确把"提高生态文明水平"作为"十二五"时期的重要战略任务。提出绿色发展，建设资源节约型、环境友好型社会。

3. 生态文明建设上升为执政理念

2003 年，《中共中央　国务院关于加快林业发展的决定》提出，要建设山川秀美的生态文明社会。

2005 年 3 月，胡锦涛在第九次中央人口资源环境工作座谈会上强调"在全社会大力进行生态文明教育"。"生态文明"这一科学概念正式确立。

2007 年 10 月，党的十七大首次提出"建设生态文明"这一重要课题，并将其上升到执政理念的高度。建设生态文明就是要基本形成节约能源资源和保护生态环境的产业结构、增长方式、消费模式，就是要大力发展循环经济，彻底转变粗放型经济增长方式和消费模式，有效控制污染，生态环境质量明显改善。

2008 年 10 月，党的十七届三中全会通过《中共中央关于推进农村改革发展若干重大问题的决定》，对农业生产和发展方式提出了可持续化和生态化的要求。

2009 年 9 月，党的十七届四中全会把生态文明建设提升到与经济建设、政治建设、社会建设、文化建设并列的战略高度，作为中国特色社会主义事业的一个重要支撑点。

（四）生态文明深化发展阶段（2012 年至今）

党的十八大以来，我国把生态文明建设提升到关系中国特色社会主义成败的战略高度，生态文明建设进入快车道。2012 年，党的十八大把生态文明建设列入中国特色社会主义建设总体布局，强调"全面落实经济建设、政治建设、文化建设、社会建设、生态文明建设五位一体总体布局"。在"五位一体"总体布局下，我国更加注重经济发展与环境保护有机结合，生态文明建设取得了举世瞩目的成就。

1. 生态文明体制改革稳步推进

2013 年，党的十八届三中全会提出，建立系统完整的生态文明制度体系，实行最严格的源头保护制度、损害赔偿制度、责任追究制度，完善环境治理和生态修复制度，用制度保护生态环境。

2014 年，党的十八届四中全会通过《中共中央关于全面推进依法治国若干重大问题的决定》，进一步要求加快建立生态文明法律制度，用严格的法律制度保护生态环境。

2015 年，中共中央、国务院印发《中共中央　国务院关于加快推进生态文明建设的意见》《生态文明体制改革总体方案》；党的十八届五中全会首次把"绿色"作为五大发展理念之一，将生态环境质量总体改善列入全面建成小康社会的新目标。

目前，我国基本形成生态文明"四梁八柱"性质的制度体系。建立健全生态文明建设目标评价考核制度，河湖长制，排污许可制度，生态保护红线制度，生态环境保护"党政同责""一岗双责"等制度。《中华人民共和国宪法修正案（2018）》将生态文明写入《中华人民共和国宪法》，《中华人民共和国刑法修正案（十一）》完善"污染环境罪"等相关规定。形成由 1 部基础性、综合性的《中华人民共和国环境保护法》，若干部专门法律，《长江保护法》《黄河保护法》《黑土地保护法》《青藏高原生态保护法》等 4 部特殊区域法律组成的"1+N+4"中国特色社会主义生态环境保护法律制度体系。

2．提出建设美丽中国的宏伟目标

2012 年，党的十八大指出，要把生态文明建设纳入经济社会发展的全过程，并提出了努力建设美丽中国的宏伟目标。"美丽中国"既包括生态文明的自然之美，也包括科学发展的和谐之美。美丽中国首次作为执政目标被提出。

2017 年，党的十九大将美丽中国写入社会主义现代化强国目标，要求到 2035 年，生态环境实现根本好转，美丽中国目标基本实现。

2021 年，党的十九届六中全会指出："在生态文明建设上，党中央以前所未有的力度抓生态文明建设，美丽中国建设迈出重大步伐。"强调要站在新的历史高度，开启美丽中国建设新征程。

2022 年，党的二十大再次强调，要推进美丽中国建设，促进人与自然和谐共生的现代化。

2023 年 7 月，习近平总书记在全国生态环境保护大会上强调，今后五年是美丽中国建设的重要时期，要深入贯彻新时代中国特色社会主义生态文明思想，坚持以人民为中心，牢固树立和践行"绿水青山就是金山银山"的理念，把建设美丽中国摆在强国建设、民族复兴的突出位置，推动城乡人居环境明显改善、美丽中国建设取得显著成效，以高品质生态环境支撑高质量发展，加快推进人与自然和谐共生的现代化。

3．生态环境质量持续改善

在深化改革开放的实践中，党始终把生态环境保护放在治国理政的突出位置，通过优化国土空间布局、强化自然保护区建设和管理、推出治理环境污染三大行动计划、启动大规模国土绿化行动等系列扎实举措，我国生态环境质量得以持续改善，极大地推动了生态文明建设历史进程。

截至 2022 年，全国地级及以上城市细颗粒物（$PM_{2.5}$）平均浓度历史性下降到 29 微克/米^3，重点城市平均浓度下降 57%、重污染天数下降 93%，成为全球空气质量改善最快的国家。全国地表水优良水体比例达到 87.9%，接近发达国家水平，地级及以上城市黑臭水体基本消除。长江干流连续三年全线达到 Ⅱ 类水质，黄河干流首次全线达到 Ⅱ 类水质。全国近岸海域水质优良比例提高 17.6 个百分点。土壤环境风险得到有效管控，如期实现固体废物"零进口"目标，累计减少固体废物进口 1 亿吨。

2012—2022 年，我国累计完成造林 10.2 亿亩，森林覆盖率提高到 24.02%，成为全球森林资源增长最多、最快和人工造林面积最大的国家；防沙治沙 2.78 亿亩，种草改良 6 亿亩，在世界上率先实现荒漠化土地和沙化土地面积"双减少"；设立首批 5 个国家公园，建成首个国家植物园、种子库；300 多种珍稀濒危野生动植物野外种群数量稳中有升。

思考与探索

1. 结合我国生态文明建设的政策导向与实践进展，探讨习近平生态文明思想在理论创新、价值目标、生态治理模式等方面相较于西方生态文明理论的独特之处及其对中国乃至全球生态环境治理的意义。

2. 在构建美丽中国的进程中，如何确保经济发展与生态文明建设的协调统一？

参考文献

[1] 潘岳. 生态文明的前夜[J]. 瞭望，2007（43）：38-39.

[2] 姬振海. 生态文明论[M]. 北京：人民出版社，2007.

[3] 陈家宽，李琴. 生态文明：人类历史发展的必然选择[M]. 重庆：重庆出版社，2014.

[4] 张运君，杜裕禄. 大学生生态文明教育读本[M]. 武汉：湖北科学技术出版社，2014.

[5] 刘湘溶，朱翔，等. 生态文明——人类可持续发展的必由之路[M]. 长沙：湖南师范大学出版社，2003.

[6] 德内拉·梅多斯，乔根·兰德斯，丹尼斯·梅多斯. 增长的极限[M]. 李涛，王智勇，译. 北京：机械工业出版社，2013.

[7] 胡锦涛. 坚定不移沿着中国特色社会主义道路前进，为全面建成小康社会而奋斗——在中国共产党第十八次全国代表大会上的报告，2012.

[8] 中共中央文献编辑委员会. 胡胡锦涛文选：第二卷[M]. 北京：人民出版社，2016.

[9] 钱易，何建坤，卢风. 生态文明十五讲[M]. 北京：科学出版社，2015.

[10] 李远，张修玉，等. 新时期广东生态文明建设[M]. 广州：广东人民出版社，2013.

[11] 张修玉. 科学领会习近平生态文明思想 [J]. 绿叶，2022（9）：15-19.

[12] 布朗. B 模式 4.0：起来，拯救文明[M]. 林自新，胡晓梅，李康民，译. 上海：上海科技教育出版社，2010.

[13] 刘国华. 中国化马克思主义生态观研究[M]. 南京：东南大学出版社，2014.

[14] 赵凌云，张连辉，易杏花，等. 中国特色生态文明建设道路[M]. 北京：中国财政经济出版社，2014.

[15] 中华人民共和国国民经济和社会发展第十二个五年规划纲要[N]. 人民日报，2011-03-16.

[16] 中共中央宣传部，生态环境部. 习近平生态文明思想学习纲要[M]. 北京：学习出版社，人民出版社，2022.

[17] 乐伟. 循环经济：迫在眉睫的生态问题[M]. 王吉会，范晓虹，译. 上海：上海科技教育出版社，2012.

[18] 李世东，林震，杨冰之. 信息革命与生态文明[M]. 北京：科学出版社，2013.

[19] 李军，等. 走向生态文明新时代的科学指南：学习习近平同志生态文明建设重要论述[M]. 北京：中国人民大学出版社，2015.

[20] 袁继池. 生态文明教育简明读本[M]. 武汉：华中科技大学出版社，2015.

第二章

生态文明建设战略

一、战略意义

党的十八大对生态文明建设作出了全面部署，形成了中国特色社会主义"五位一体"总体布局并写入党章。这在世界政党发展史和执政史上还是第一次。这一认识上的重大飞跃、理论上的重大创新、实践上的重大举措，树立了人类建设生态文明的里程碑，开启了中华民族永续发展的新征程，对于推动中国特色社会主义事业、实现中华民族伟大复兴，具有重大的现实意义和深远的历史意义。

（一）建设生态文明是实现中华民族伟大复兴的根本保障

一部人类文明的发展史，就是一部人与自然的关系史。自然生态的变迁决定着人类文明的兴衰。生态兴则文明兴，生态衰则文明衰。中华文明五千多年的先贤先哲都把丰茂的林草作为国势兴旺的标志，把栽种树木作为治国安邦的大计，黄帝陵中有黄帝手植柏，孔庙中有孔子手植树。《国语》曾记载，单襄公借道陈国去楚国，当看到陈国"道无列树，垦田若艺"时，他由此断言"陈国必亡"，三年后陈国果然衰落灭亡。历史的教训告诉我们，一个国家、一个民族的崛起必须有良好的自然生态做保障。随着生态问题的日趋严峻，生存与生态从来没有像今天这样联系紧密。大力推进生态文明建设，实现人与自然和谐发展，已成为中华民族伟大复兴的基本支撑和根本保障。

（二）建设生态文明是发展中国特色社会主义的战略选择

中国特色社会主义经过了不断丰富发展的过程。党的十一届三中全会确立了以经济建设为中心的指导思想。随后，党的十二大确立了社会主义物质文明建设和精神文明建设"两位一体"的总体布局，党的十五大确立了经济建设、政治建设、文化建设"三位一体"的总体布局，党的十七大确立了经济建设、政治建设、文化建设、社会建设"四位一体"的总体布局。面对生态问题日益突出的严峻形势，党的十八大把生态文明建设提到与经济建设、政治建设、文化建设、社会建设并列的位置，形成了中国特色社会主义"五位一体"总体布局。这标志着我国开始走向社会主义生态文明新时代，也标志着中国特色社会主义理论体系更加成熟，中国特色社会主义事业总体布局更加完善，中国特色社会主义道路更加宽广。

（三）建设生态文明是推动经济社会科学发展的必由之路

随着我国经济快速发展，资源约束趋紧、环境污染严重、生态系统退化的现象日益严峻，经济发展不平衡、不协调、不可持续的问题日益突出，要求我们必须树立尊重自然、顺应自然、保护自然的生态文明理念。把生态文明建设融合贯穿到经济、政治、文化、社会建设的各方面和全过程，大力保护和修复自然生态系统，建立科学合理的生态补偿机制，形成节约资源和保护环境的空间格局、产业结构、生产方式、生活方式，从源头扭转生态环境恶化的趋势，全面改善生态状况，提高生态承载力，推动我国经济社会科学发展。

（四）建设生态文明是顺应人民群众新期待的迫切需要

习近平总书记强调："人民对美好生活的向往，就是我们的奋斗目标。"随着生活质量的不断提升，人们不仅期待安居、乐业、增收，更期待天蓝、地绿、水净；不仅期待殷实富庶的幸福生活，更期待山清水秀的美好家园。生态文明发展理念，强调尊重自然、顺应自然、保护自然；生态文明发展模式，注重绿色发展、循环发展、低碳发展。大力推进生态文明建设，正是为顺应人民群众新期待而作出的战略决策，也为子孙后代永享优美宜居的生活空间、山清水秀的生态空间提供了科学的世界观和方法论，顺应时代潮流，契合人民期待。

二、战略框架与体系

（一）战略框架

党的十八大将生态文明建设四大任务表述为"优化国土空间开发格局、全面促进资源节约、加大自然生态系统和环境保护力度、加强生态文明制度建设"。党的十九大将生态文明四大任务表述为"推进绿色发展、着力解决突出环境问题、加大生态系统保护力度、改革生态环境监管体制"。党的二十大提出要推动绿色发展，促进人与自然和谐共生。在系统分析资源禀赋、经济社会发展与生态环境压力的基础上，从加快绿色发展转型、深入推进污染防治、提升生态系统质量与稳妥推进"双碳"工作等层面，应建立生态文明建设战略框架，如图 2-1 所示。在战略框架中，加快绿色发展转型是生态文明建设的规划图；深入推进污染防治是生态文明建设的施工图；提升生态系统质量是生态文明建设的运行图；稳妥推进"双碳"工作是生态文明建设的保障图。作为一个战略行动框架体系，框架中的各个战略方向都是相互联系、相互依存、协同作用的。

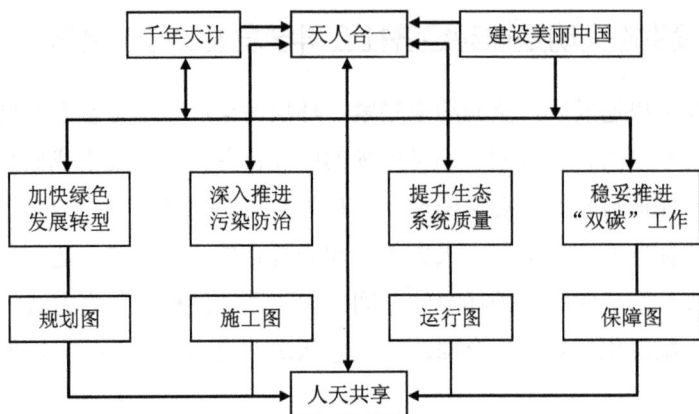

图 2-1　生态文明建设战略框架

（二）战略体系

生态文明建设的"4561"战略体系，即"四个重大转变、五个重大关系、六项重大任务与一个重大要求"。"4561"战略体系是对习近平生态文明思想"十个坚持"的理论继承与实践发展，是习近平生态文明思想的内涵丰富与智慧创新，对马克思主义在生态文明建设与环境保护领域中国化的发展具有深远的历史意义。

1. 四个重大转变

"四个重大转变"是对新时代生态文明建设取得的举世瞩目巨大成就的全面总结。党的十八大以来，我国生态文明建设实现了由重点整治到系统治理、由被动应对到主动作为、由全球环境治理参与者到引领者、由实践探索到科学理论指导的重大转变，应该说取得了巨大成就，也成为新时代党和国家事业取得历史性成就、发生历史性变革的显著标志。这既是习近平生态文明思想指导的结果，又丰富和发展了习近平生态文明思想，充分彰显了"两个确立"的决定性意义。

2. 五个重大关系

"五个重大关系"标志着我们党对生态文明建设的规律性认识又有了进一步的深化和发展，新阶段、新形势、新任务，我们要持续推进生态文明建设，必须处理好高质量发展与高水平保护、重点攻坚与协同治理、自然恢复与人工修复、外部约束与内生动力、"双碳"承诺与自主行动这五大关系。这五大关系既是实践经验的总结，又是理论概括，蕴含着丰富的价值观和方法论，也充满了深刻的道理、学理、哲理，为以美丽中国建设推进人与自然和谐共生的现代化提供了有力思想武器。

3. 六项重大任务

"六项重大任务"是对生态文明和美丽中国建设的全面战略部署。未来五年是美丽中国建设的关键时期，我们要持续深入打好污染防治攻坚战，加快推动发展方式的绿色低碳转型，着力提升生态系统的多样性、稳定性、持续性，积极稳妥推进碳达峰碳中和，守牢美丽中国建设安全底线，健全美丽中国建设保障体系。这"六项重大任务"是贯彻落实党的二十大重大战略部署，瞄准今后五年和到2035年美丽中国建设目标所作出的重大战略安排。

打好污染防治攻坚战。持续深入打好蓝天、碧水、净土保卫战。加强污染物协同控制，基本消除重污染天气。统筹水资源、水环境、水生态治理，推动重要江河湖库生态保护治理，基本消除城市黑臭水体。加强土壤污染源头防控，开展新污染物治理。提升环境基础设施建设水平，推进城乡人居环境整治。

加快推动发展方式绿色低碳转型。加快推动产业结构、能源结构、交通运输结构等调整优化。实施全面节约战略，推进各类资源节约集约利用，加快构建废弃物循环利用体系。完善支持绿色发展的财税、金融、投资、价格政策和标准体系，发展绿色低碳产业，健全资源环境要素市场化配置体系，加快节能降碳先进技术研发和推广应用，倡导绿色消费，推动形成绿色低碳的生产方式和生活方式。

提升生态系统的多样性、稳定性、持续性。加快实施重要生态系统保护和修复重大工程。推进以国家公园为主体的自然保护地体系建设。实施生物多样性保护重大工程。科学开展大规模国土绿化行动。深化集体林权制度改革。推行草原、森林、河流、湖泊、湿地休养生息，实施好长江十年禁渔，健全耕地休耕轮作制度。建立生态产品价值实现机制，完善生态保护补偿制度。加强生物安全管理，防治外来物种侵害。

积极稳妥推进碳达峰碳中和。立足我国能源资源禀赋，坚持先立后破，有计划、分步骤实施碳达峰行动。完善能源消耗总量和强度调控，重点控制化石能源消费，逐步转向碳排放总量和强度"双控"制度。深入推进能源革命，加强煤炭清洁高效利用，加大油气资源勘探开发和增储上产力度，加快规划建设新型能源体系，统筹水电开发和生态保护，积极安全有序地发展核电，加强能源产供储销体系建设，确保能源安全。完善碳排放统计核算制度，健全碳排放权市场交易制度。提升生态系统碳汇能力。积极参与应对气候变化全球治理。

守牢美丽中国建设安全底线。贯彻总体国家安全观，积极有效应对各种风险挑战，切实维护生态安全、核与辐射安全等，保障我们赖以生存发展的自然环境和条件不受威胁和破坏。

健全美丽中国建设保障体系。强化生态环境和资源能源法治保障，完善绿色低碳发展经济政策，实施生态环境科技创新重大行动，加强科技支撑，打好法治、市场、科技、政策"组合拳"，为美丽中国建设提供基础支撑和有力保障。

4．一个重大要求

"一个重大要求"是强调坚持和加强党对生态文明建设的全面领导。过去的实践表明，党的领导是生态环境保护和生态文明建设取得长足进步的根本保障。面对新征程上生态文明建设的新形势、新问题、新挑战，我们必须继续加强党对生态文明建设的全面领导，坚决扛起生态环境保护的政治责任。

思考与探索

1．请结合你对生态文明战略的理解，分析为什么生态文明建设被视为实现中华民族伟大复兴的根本保障？这一理念在新时代中国特色社会主义中具有怎样的理论与实践创新意义？

2．"四个重大转变、五个重大关系、六项重大任务与一个重大要求"构成了当前我国生态文明建设的"4561"战略体系。请从中选择其中一个"重大关系"或"重大任务"，结合现实案例，谈谈其在推动绿色发展和美丽中国建设中的具体作用及挑战。

三、"双碳"目标与生态文明建设

（一）中国提出"双碳"目标的历史背景

1992 年，我国成为最早签署《联合国气候变化框架公约》（以下简称公约）的缔约方之一。之后，我国不仅成立了国家气候变化对策协调机构，而且根据国家可持续发展战略的要求，采取了一系列与应对气候变化相关的政策措施，为减缓和适应气候变化作出了积极贡献。在应对气候变化问题上，我国坚持共同但有区别的责任原则、公平原则和各自能力原则，坚决捍卫包括我国在内的广大发展中国家的权利。2002 年，我国政府核准了《京都议定书》。2007 年，我国政府制定了《中国应对气候变化国家方案》，并明确 2010 年中国应对气候变化的具体目标、基本原则、重点领域及政策措施，要求 2010 年单位国内生产总值能耗比 2005 年下降 20%。2007 年，科技部、国家发展改革委等 14 个部门共同制定和发布了《中国应对气候变化科技专项行动》，提出到 2020 年应对气候变化领域科技发展和自主创新能力提升的目标、重点任务和保障措施。

2013 年 11 月，我国发布第一部专门针对适应气候变化的战略规划——《国家适应气候变化战略》，使应对气候变化的各项制度、政策更加系统化。2015 年 6 月，中国政府向联合国气候变化公约秘书处提交了《强化应对气候变化行动——中国国家自主贡献》，确定了中国到 2030 年的应对气候变化自主行动目标：二氧化碳排放 2030 年前后达到峰值并争取尽早达峰；单位国内生产总值二氧化碳排放比 2005 年下降 60%～65%，非化石能源占一次能源消费比重达到 20%左右，森林蓄积量比 2005 年增加 45 亿立方米左右；中国还将继续主动适应气候变化，在农业、林业、水资源等重点领域和城市、沿海、生态脆弱地区形成有效抵御气候变化风险的机制和能力，逐步完善预测预警和防灾减灾体系。

2015 年《联合国气候变化框架公约》近 200 个缔约方在巴黎气候变化大会上达成了应对气候变化的《巴黎协定》，我国在自主贡献、资金筹措、技术支持、透明度等方面为发展中国家争取了最大利益。2016 年，我国率先签署《巴黎协定》并积极推动落实。到 2019 年年底，我国提前超额完成 2020 年气候行动目标，树立了信守承诺的大国形象。通过积极发展绿色低碳能源，我国的风能、光伏和电动车产业迅速发展壮大，为全球提供了性价比最高的可再生能源产品，让人类看到可再生能源大规模应用的"未来已来"，从根本上提振了全球实现能源绿色低碳发展和应对气候变化的信心。

2020 年 9 月，习近平主席在第 75 届联合国大会一般性辩论上阐明，应对气候变化《巴黎协定》代表了全球绿色低碳转型的大方向，是保护地球家园需要采取的最低限度行动，各国必须迈出决定性步伐。同时宣布，中国将提高国家自主贡献力度，采取更加有力的政策和措施，二氧化碳排放力争于 2030 年前达到峰值，努力争取 2060 年前实现碳中和。中国的这一庄严承诺，在全球引起巨大反响，赢得国际社会的广泛积极评价。在此后的多个重大国际场合，习近平主席反复重申了中国的"双碳"目标，并强调要坚决落实。特别是在 2020 年 12 月举行的气候雄心峰会上，习近平主席进一步宣布，到 2030 年，中国单位国内生产总值二氧化碳排放将比 2005 年下降 65%以上，非化石能源占一次能源消费比重将达到 25%左右，森林蓄积量将比 2005 年增加 60 亿立方米，风电、太阳能发电总装机容量将达到 12 亿千瓦及以上。习近平主席还强调，中国历来重信守诺，将以新发展理念为引领，在推动高质量发展中促进经济社会发展全面绿色转型，脚踏实地地落实上述目标，为全球应对气候变化作出更大贡献。

"双碳"目标是我国基于推动构建人类命运共同体的责任担当和实现可持续发展的内在要求而作出的重大战略决策，展示了我国为应对全球气候变化作出的新努力和新贡献，体现了对多边主义的坚定支持，为国际社会全面有效落实《巴黎协定》注入强大动力，重振全球气候行动的信心与希望，彰显了中国积极应对气候变化、走绿色低碳发展道路、推动全人类共同发展的坚定决心。这向全世界展示了应对气候变化的中国雄心和大国担当，使我国从应对气候变化的积极参与者、努力贡献者，逐步成为关键引领者。

（二）"双碳"目标的科学内涵与目标

为承担解决气候变化问题中的大国责任、推动我国生态文明建设与高质量发展，2020年9月22日，习近平主席在第75届联合国大会上向世界作出"3060双碳"目标的庄严承诺，提出"二氧化碳排放力争于2030年前达到峰值，努力争取2060年前实现碳中和"，指明我国面对气候变化问题要实现的"双碳"目标。"双碳"目标是中国政府为应对全球气候变化、推动绿色可持续发展而提出的重大国家战略，其核心内容包括两个阶段性目标。

碳达峰（Peak Carbon Dioxide Emissions）是指一个国家或地区在其经济社会发展过程中，年度二氧化碳排放量达到历史最高值后，进入持续下降的过程。这一峰值标志着该经济体的碳排放由增长转为下降，预示着其能源结构、产业结构、生活方式等开始发生根本性的低碳转型。中国承诺到2030年前实现碳排放达峰，这意味着在此之前，我国的碳排放总量将不再持续上升，而是逐渐趋于稳定，并最终开始下降。

碳中和（Carbon Neutrality）是指一个国家、地区、组织或企业在一定时期（通常指一年）内，通过直接减排、碳汇增加以及使用碳补偿机制等方式，使其人为产生的温室气体排放总量与通过各种方式消除的二氧化碳排放总量相抵消，达到净排放为零的状态。我国设定的碳中和目标是到2060年实现全社会碳中和，意味着届时中国将实现碳排放与碳清除的完全平衡，实现温室气体的净零排放。

总的来说，碳达峰是碳排放量由增转降的转折点，标志着减排工作的重心从增速控制转向绝对量削减；碳中和则更进一步，要求在实现碳排放大幅减少的基础上，通过各种手段彻底抵消净排放，达到人与自然在碳循环上的和谐共生。二者共同构成了应对全球气候变化、推动绿色可持续发展的长期战略框架。

（三）"双碳"目标是加快生态文明建设的重要举措

经过多年探索，中国共产党逐步深化对现代化与资源环境关系的认识，最终形成了新时代统筹推进经济建设、政治建设、文化建设、社会建设和生态文明建设"五位一体"总体布局，使"建设人与自然和谐共生的现代化"成为中国特色社会主义现代化事业的显著特征。探索过程中形成的习近平生态文明思想，是习近平新时代中国特色社会主义思想的重要内容。正是从中国现代化建设的全局高度出发，习近平总书记多次强调，应对气候变化不是别人要我们做，而是我们自己要做，是我国可持续发展的内在要求。

基于工业革命以来现代化发展正反两个方面的经验教训，基于对人与自然关系的科学认知，人们逐步认识到依靠以化石能源为主的高碳增长模式，已经改变了人类赖以生存的大气环境，日益频繁的极端气候事件已开始影响人们的生产生活，现有的发展方式日益显示出不可持续的态势。为了永续发展，人类必须走绿色低碳的发展道路。虽然发达国家应该对人类绿色低碳转型承担更大的责任，但作为最大的发展中国家，我国不能置身事外。我国仍然处于工业化、现代化关键时期，工业结构偏重、能源结构偏煤、能源利用效率偏低，使我国传统污染物排放和二氧化碳排放都处于高位，严重影响绿色低碳发展和生态文明建设，进而影响提升人民福祉的现代化建设。

2021年3月，习近平总书记在中央财经委员会第九次会议上强调，实现碳达峰、碳中和是一场广泛而深刻的经济社会系统性变革，要把碳达峰、碳中和纳入生态文明建设整体布局，拿出抓铁有痕的劲头，如期实现2030年前碳达峰、2060年前碳中和的目标。这是习近平生态文明思想指导我国生态文明建设的最新要求，体现了我国走绿色低碳发展道路的内在逻辑。我们要坚定不移贯彻新发展理念，坚持系统观念，处理好发展和减排、整体和局部、短期和中长期的关系，以经济社会发展全面绿色转型为引领，以能源绿色低碳发展为关键，加快形成节约资源和保护环境的产业结构、生产方式、生活方式、空间格局，坚定不移走生态优先、绿色低碳的高质量发展道路。

"双碳"目标对我国绿色低碳发展具有引领性、系统性，可以带来环境质量改善和产业发展的多重效应。着眼于降低碳排放，有利于推动经济结构绿色转型，加快形成绿色生产方式，助推高质量发展。突出降低碳排放，有利于传统污染物和温室气体排放的协同治理，使环境质量改善与温室气体控制产生显著的协同增效作用。强调降低碳排放人人有责，有利于推动形成绿色简约的生活方式，降低物质产品消耗和浪费，实现节能减污降碳。加快降低碳排放步伐，有利于引导绿色技术创新，加快绿色低碳产业发展，在可再生能源、绿色制造、碳捕集利用与封存等领域形成新增长点，提高产业和经济的全球竞争力。从长远来看，实现降低碳排放目标，有利于通过全球共同努力减缓气候变化带来的不利影响，减少对经济社会造成的损失，使人与自然回归和平与安宁。

《中共中央关于制定国民经济和社会发展第十四个五年规划和二〇三五年远景目标的建议》明确将"碳排放达峰后稳中有降"列入我国2035年远景目标。2020年中央经济工作会议把"做好碳达峰、碳中和工作"列为2021年重点任务之一，对应对气候变化工作作出明确部署。2021年全国两会通过的"十四五"规划纲要，进一步明确要制订2030年前碳达峰的行动计划。在中央财经委员会第九次会议和中央政治局第二十九次集体学习时，习近平总书记围绕碳达峰碳中和、生态文明建设发表了重要讲话，对当前和今后一个时期乃至21世纪中叶的应对气候变化工作、绿色低碳发展和生态文明建设提出更高要求，有利于促进经济结构、能源结构、产业结构转型升级，有利于推进生态文明建设和生态环境保护、持续改善生态环境质量，对于加快形成以国内大循环为主体、国内国际双循环相互促进的新发展格局，推动高质量发展，建设美丽中国，具有重要的促进作用。

碳中和路径如图 2-2 所示。

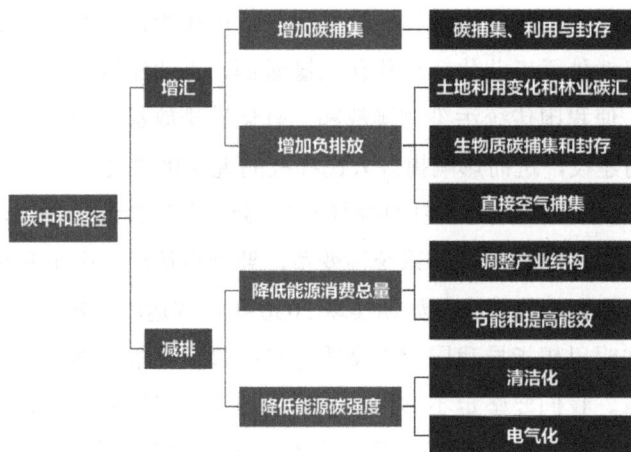

图 2-2　碳中和路径

（四）我国落实"双碳"行动的部署要求

我国将积极应对气候变化作为实现自身可持续发展的内在要求及推动构建人类命运共同体的责任担当，作出一系列新部署、新要求。党的二十大报告将应对气候变化作为促进人与自然和谐共生的现代化的重要内容，要求统筹产业结构调整、污染治理、生态保护、应对气候变化，协同推进降碳、减污、扩绿、增长，推进生态优先、节约集约、绿色低碳发展。2023 年 7 月召开的全国生态环境保护大会要求处理好高质量发展和高水平保护、重点攻坚和协同治理、自然恢复和人工修复、外部约束和内生动力、"双碳"承诺和自主行动的关系，并将积极稳妥推进碳达峰碳中和作为美丽中国建设的一项重点任务。

加强统筹协调。国家应对气候变化及节能减排工作领导小组统筹协调应对气候变化各项工作，把系统观念贯穿"双碳"工作全过程，处理好发展和减排、整体和局部、长远目标和短期目标、政府和市场等关系。坚持减缓气候变化与适应并重。生态环境部印发《中国适应气候变化进展报告（2023）》。

加快发展方式绿色低碳转型。坚持把绿色低碳发展作为解决生态环境问题的治本之策，加快推动产业结构、能源结构、交通运输结构等调整优化。实施全面节约战略，推进各类资源节约集约利用，加快构建废弃物循环利用体系。完善支持绿色发展的财税、金融、投资、价格政策和标准体系，发展绿色低碳产业，健全资源环境要素市场化配置体系，加快节能降碳先进技术研发和推广应用，倡导绿色消费，推动形成绿色低碳的生产方式和生活方式。

积极稳妥推进碳达峰碳中和。坚持全国统筹、节约优先、双轮驱动、内外畅通、防范风险的原则，落实好碳达峰碳中和"1+N"政策体系，逐步转向碳排放总量和强度"双控"。构建清洁低碳安全高效的能源体系，加快构建新型电力系统，提升国家油气安全保障能力。完善碳排放统计核算制度，健全碳排放权市场交易制度。巩固提升生态系统碳汇能力。

积极参与应对气候变化全球治理。秉持人类命运共同体理念，践行共商共建共享的全球治理观，坚持真正的多边主义，坚持共同但有区别的责任和各自能力原则，正确处理好碳达峰碳中和承诺和自主行动的关系，积极参与应对气候变化全球治理。

思考与探索

1. 列举并简要解释我国已出台的对实现"双碳"目标具有关键影响的几项政策。
2. 针对你所关注或熟悉的地区，查阅资料，研究其地方性"双碳"相关政策。

四、美丽中国与生态文明建设

（一）美丽中国建设的意义

"美丽中国"是中国共产党在推进国家发展战略中提出的一个重要概念，这一概念首次在党的十八大上被明确提出。建设美丽中国，就是要把生态文明建设放在突出地位，融入经济建设、政治建设、文化建设、社会建设各方面和全过程，实现中华民族永续发展。

美丽中国与生态文明建设内涵一脉相承，美丽中国是对中华传统文化朴素自然观思想、马克思主义人与自然关系理论和习近平生态文明思想的继承和发展，是实现 2030 年可持续发展目标的有效途径。它包含了环境—社会—经济复合系统的外"美"内"丽"属性，应重点体现绿色发展、生态环境优美，最终实现人与自然和谐共生。美丽中国建设可为其他国家从工业文明到生态文明提供中国智慧。美丽中国的含义包括但不限于以下几个方面。

（1）生态文明建设：强调在发展过程中必须充分尊重自然、顺应自然、保护自然，以解决资源约束趋紧、环境污染严重、生态系统退化等紧迫问题，致力于构建和谐的人与自然关系。

（2）绿色发展模式：推动经济结构的合理优化，在促进经济总量持续扩大的同时，经济增长的质量和效益得到提高，支持生态产业的发展，倡导循环经济和低碳经济，减轻对生态环境的压力。

（3）民生改善：随着经济的发展，美丽中国还追求人均收入逐步增加，人民生活水平不断提升，以及更加公平、公正的社会环境。

（4）可持续发展：通过综合施策，确保经济社会发展与环境保护相协调，实现中华民族的永续发展。

（二）美丽中国建设的内涵与特征

1. 美丽中国建设内涵

以美丽中国建设全面推进人与自然和谐共生的现代化，是以美丽中国建设目标为指引，牢固树立和践行"绿水青山就是金山银山"的理念，站在人与自然和谐共生的高度谋划发展，坚定不移走生产发展、生活富裕、生态良好的文明发展之路。美丽中国建设旨在推动现有文明体系的整合与重塑，促使社会主义物质文明、精神文明、政治文明以及社会主义建设实现与生态文明要求相契合的生态化转型。这不仅为中国人民创造了更加美好的生活条件和环境，也为中国迈向更高层次的文明形态指明了方向。通过生态文明的引领，中国将在可持续发展的道路上实现经济、社会与自然的和谐共生，开创更加繁荣、绿色、包容的未来。目前，国内已有不同学者对"美丽中国"建设内涵进行了研究，美丽中国建设内涵研究进展总结见表2-1。

表2-1 美丽中国建设内涵研究进展总结

序号	美丽中国建设内涵	研究学者
1	资源节约保护、自然生态保育、环境质量改善、地球环境安全	王金南、蒋洪强、张惠远等
2	生态文明的自然之美、融入生态文明理念后的物质文明的科学发展之美、精神文明的人文化成之美、政治文明的民主法制之美、社会生活的和谐幸福之美	李建华、蔡尚伟
3	自然之美、生命之美、生活之美	秦书生
4	1个特征：社会主义现代化诗意的表达；2个关键方面：绿色发展和优美的生态环境；3个层次：标志美、内核美、支撑美	王金南
5	广义：形成山清水秀、强大富裕、人地和谐、文化传承、政体稳定的建设新格局；狭义：形成天蓝地绿、山清水秀、强大富裕、人地和谐的可持续发展新格局	方创琳、王振波、刘海猛
6	核心要义是实现人与自然和谐共生的现代化；表象为生态的清洁优美、本质为发展的高质量、内在机制为制度的现代化	万军、王金南、李新等
7	思想之美、民生之美、绿色发展之美、自然之美、生态善治之美、生态人文之美、文明智慧之美	钱勇
8	人与自然的关系、吸收中华优秀传统生态文化基础上形成的习近平生态文明思想、习近平生态文明思想"十个坚持"	秦昌波、苏洁琼等

2. 美丽中国的特征

建设美丽中国，不仅需要展现自然生态的独特魅力，还要实现城市宜居、乡村富裕、人民生活幸福、文化底蕴深厚的目标，同时体现城乡协调、陆海统筹、发展与保护并重的综合之美。其主要特征包括：

自然生态之美是美丽中国的根基。人类的发展离不开健康的自然环境，牺牲环境换取的增长难以持久。必须坚持尊重自然、顺应自然和保护自然的理念，通过生态修复和环境治理，实现人与自然的和谐共生。美丽中国就是要让人们"望得见青山、看得见碧水"，走进自然，感受"采菊东篱下，悠然见南山"的诗意境界。

城市宜居之美是美丽中国的核心。创新是推动社会进步的动力，也是国家繁荣的关键。建设宜居城市，需依托产业创新培育新动能，完善交通、基础设施和住房条件，同时注重节能减排，打造绿色低碳的宜居环境，提升城市资源承载力，推动经济社会可持续发展。宜居城市不仅要有丰富的物质条件，还要有自由平等的生活氛围和优美的生活环境。

乡村富裕之美是美丽中国的重要环节。美丽乡村是美丽中国的基础。建设美丽中国，需加快改善农村人居环境，创新农业发展模式，提升农民生活水平。美丽乡村建设应让群众广泛参与、检验和受益，增强农民的获得感和幸福感。美丽中国就是要让乡村既富又美，成为宜居宜业的幸福家园。

发展格局之美是美丽中国的关键支撑。城乡协调、陆海统筹、发展与保护并重，是美丽中国的重要特征。通过优化国土空间布局，推动区域协同发展，统筹陆海资源利用，实现经济发展与生态保护的双赢。美丽中国就是要构建人与自然和谐共生的现代化格局，展现高质量发展与可持续性。

文化与生活之美是美丽中国的深层内涵。文化是美丽中国的灵魂，生活之美是最终的落脚点。通过弘扬生态文明理念，传承优秀传统文化，倡导绿色生活方式，提升人民的生活品质和精神境界。美丽中国不仅要实现物质富足，还要追求精神丰盈，让人民在美好环境中享受幸福生活。

（三）美丽中国建设的路径

2024 年 1 月，中共中央、国务院印发了《中共中央　国务院关于全面推进美丽中国建设的意见》，提出了美丽中国建设的三个阶段和七个领域。

1. 美丽中国建设的三个阶段

美丽中国建设的三个阶段分别是到 2027 年美丽中国建设成效显著，到 2035 年美丽中国目标基本实现，到 21 世纪中叶美丽中国全面建成。主要目标：到 2027 年，绿色低碳发展深入推进，主要污染物排放总量持续减少，生态环境质量持续提升，国土空间开发保护格局得到优化。到 2035 年，广泛形成绿色生产生活方式，碳排放达峰后稳中有降，生态环境根本好转，国土空间开发保护新格局全面形成。展望 21 世纪中叶，生态文明全面提升，全面形成绿色发展方式和生活方式，重点领域实现深度脱碳，生态环境健康优美（图 2-3）。

领域	2025年	2030年	2035年	21世纪中叶
经济社会发展	稳步进入高收入行列	综合国力进一步提升	基本实现现代化	社会主义现代化强国
生态文明建设	实现新进步	实现新提升	生态文明体系全面建立	生态文明全面提升
绿色发展	生产生活方式绿色转型成效显著	总体形成绿色生产生活方式	广泛形成绿色生产生活方式	全面形成绿色发展方式和生活方式
能源结构	平煤、增油、增气	减煤、平油、增气	减煤、减油、平气	减煤、减油、减气
应对气候变化	碳排放强度持续下降	2023年前碳排放达到峰值	碳排放达峰后稳中有降	向碳中和愿景稳步迈进
生态环境	持续改善	全面改善	根本好转	宁静、和谐、美丽
治理体系和治理能力现代化	建立健全现代环境治理体系	持续提升	基本实现	全面实现
美丽中国建设目标	取得明显进展	成效显著	基本实现	全面建成

图 2-3　美丽中国推进时间表

2. 美丽中国建设的七个领域

（1）持续深入推进污染防治攻坚。保持力度、延伸深度、拓展广度，持续深入打好蓝天、碧水、净土保卫战。以京津冀及周边、长三角、汾渭平原等重点区域为主战场，以细颗粒物控制为主线，推进多污染物协同减排。统筹水资源、水环境、水生态治理，推进大江大河、重要湖泊、重点海域保护和综合治理。开展土壤污染源头防控行动。加快"无废城市"建设，实施新污染物治理行动。

（2）加快发展方式绿色转型。优化国土空间开发保护格局，完善生态环境分区管控体系。有计划、分步骤实施碳达峰行动，加快规划建设新型能源体系，开展多领域、多层次减污降碳协同创新试点，进一步发展全国碳市场。大力发展战略性新兴产业、高技术产业、绿色环保产业、现代服务业，推进"公转铁""公转水"，坚决遏制高耗能、高排放、低水平项目盲目上马。实施全面节约战略，全面提高资源利用效率。

（3）提升生态系统多样性、稳定性、持续性。全面推进以国家公园为主体的自然保护地体系建设，加快实施重要生态系统保护和修复重人工程、生物多样性保护重大工程。强化生态保护修复统一监管，开展生态状况监测评估和生态保护修复成效评估，健全生态产品价值实现机制，推进重点生态功能区、生态保护红线、重要生态系统等保护补偿。

（4）守牢美丽中国建设安全底线。着力提升国家生态安全风险研判评估、监测预警、应急应对和处置能力。建设与我国核事业发展相适应的现代化核安全监管体系，推动核安全高质量发展。加强生物安全管理。强化气候变化监测预测预警和影响风险评估。推进环境风险常态化管理，做好危险废物、尾矿库、重金属等重点领域环境隐患排查和风险防控。

（5）打造美丽中国建设示范样板。从区域、地方、社会三个层面，按照分阶段、分批次、滚动实施的原则，有序推进"美丽系列"建设行动。优先开展美丽中国先行区建设，聚焦京津冀、长江经济带、粤港澳大湾区、长三角地区、黄河流域等区域重大战略，先行先试形成一批示范样板。深入开展生态文明建设示范区和"绿水青山就是金山银山"实践创新基地创建，积极打造各美其美、美美与共的美丽城市、美丽乡村等。

（6）开展美丽中国建设全民行动。培育弘扬生态文化，倡导简约适度、绿色低碳、文明健康的生活方式和消费模式，让绿色出行、节水节电、"光盘行动"、垃圾分类等成为习惯。持续开展"美丽中国，我是行动者"系列活动，充分发挥行业协会/商会的桥梁纽带作用和群团组织作用，推动形成人人、事事、时时、处处崇尚生态文明的社会氛围。

（7）健全美丽中国建设保障体系。深化生态文明体制改革，实施最严格的生态环境治理制度。健全资源环境要素市场化配置体系，探索区域性环保建设项目金融支持模式。构建市场导向的绿色技术创新体系，支持科技成果转化和产业化推广。深化数字技术应用，构建美丽中国建设数字化治理体系。加快实施减污降碳协同、环境品质提升等工程。坚持人类命运共同体理念，共建清洁美丽世界。

美丽中国建设的重要领域如图 2-4 所示。

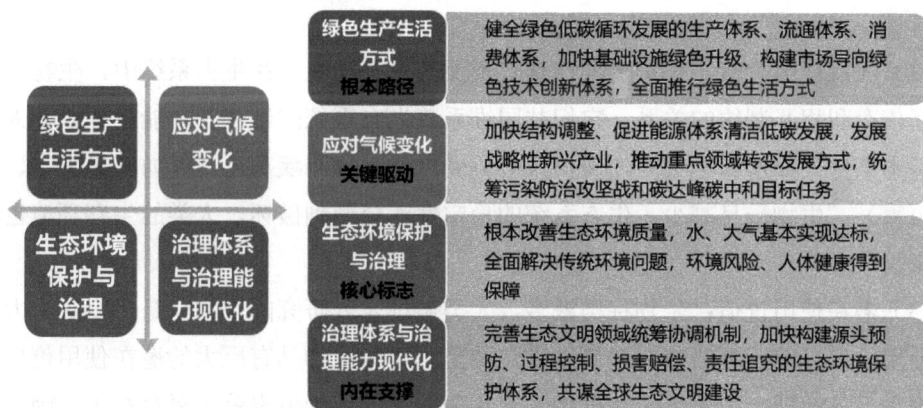

图 2-4 美丽中国建设的重要领域

思考与探索

1. 简述美丽中国建设与生态文明建设的关系。

2. 谈谈如何平衡经济发展与环境保护的关系。

五、生物多样性视角下的生态文明建设之路

（一）生物多样性的内涵与价值

自 18 世纪工业革命以来，人类社会在短短 200 多年的时间里取得了突飞猛进的发展。在享受科技进步带来的各种好处和便利的同时，人与自然的关系已陷入危机。目前全球范围内面临物种灭绝速度加快、生物多样性丧失和生态系统退化的严峻挑战。这些都不断警示人类，必须深刻反思人与自然的关系，需要"变革性措施"来应对生物多样性不断恶化的全球挑战。

生物多样性是生物（包括动物、植物、微生物）与环境形成的生态复合体以及与此相关的各种生态过程的总和，包括生态系统多样性、物种多样性和基因多样性三个层次。

生物多样性是地球生命的基础。生物多样性的重要社会经济伦理和文化价值无时无刻不在宗教、艺术、文学、兴趣爱好以及社会各界对生物多样性保护的理解与支持等方面反映出来。它们在维持气候、保护水源与土壤和维护正常的生态学过程方面对整个人类作出的贡献更加巨大。生物多样性的意义主要体现在其价值。对于人类来说，生物多样性具有直接使用价值、间接使用价值和潜在使用价值。

（1）直接使用价值：生物为人类提供了食物、纤维、建筑和家具材料及其他生活生产原料。

（2）间接使用价值：生物多样性具有重要的生态功能。在生态系统中，生物之间具有相互依存和相互制约的关系，它们共同维系着生态系统的结构和功能；提供了人类生存的基本条件（如水和空气），保护人类免受自然灾害和疾病之苦（如气候灾害、洪水和病虫害）。生物一旦减少，生态系统的稳定性就会遭到破坏，人类的生存环境也就要受到影响。

（3）潜在使用价值：生物种类繁多，人类做过充分研究的生物只是极少数，大量生物的使用价值目前还不清楚。但可以肯定的是，这些生物具有巨大的潜在使用价值。一种生物一旦从地球上消失就无法再生，其各种潜在使用价值也就不复存在了。因此，对于目前尚不清楚其潜在使用价值的生物，同样应当珍惜和保护。

（二）生物多样性的发展历程

20 世纪 80 年代以后，人们在开展自然保护的实践中逐渐认识到，自然界中各个物种之间、生物与周围环境之间都存在着十分密切的联系，自然保护仅仅着眼于对物种本身进行保护是远远不够的，往往也是难以取得理想的效果的。要拯救濒危珍稀物种，不仅

要对所涉及的物种的野生种群进行重点保护，而且要保护好它们的栖息地。或者说，需要对物种所在的整个生态系统进行有效保护。在这样的背景下，完备的生物多样性的概念应运而生。

1968 年，美国野生生物学家和保育学家雷蒙德首先使用"生物多样性"一词，是 Biology 和 Diversity 的组合，即 Biologicaldiversity。但此后的十多年，这个词并没有得到广泛的认可和传播。

"生物多样性"（biodiversity）的缩写形式由罗森（W.G.Rosen）在 1985 年第一次使用，指的是生物及其所在生态复合体的种类丰富度和相互间差异性。由此，"生物多样性"才在科学和环境领域得到广泛传播和使用。

1992 年，由各国首脑参加的联合国环境与发展大会在巴西里约热内卢召开，这次峰会签署了一系列具有历史意义的协议，联合国《生物多样性公约》也由此诞生，并迅速获得广泛接纳，中国也在这一年签署加入该公约。生物多样性保护意识也随着该公约的诞生及在各国的深入推进而不断提升。

2010 年 10 月，《生物多样性公约》缔约方大会第 10 次会议在日本名古屋召开，会议上通过的"爱知生物多样性保护目标"是被认可的全球第一个以 10 年为期的生物多样性保护目标。

2021 年 10 月 8 日，中华人民共和国国务院新闻办公室发表《中国的生物多样性保护》白皮书。

2021 年 10 月 12 日，中国国家主席习近平以视频方式出席在昆明举行的《生物多样性公约》第十五次缔约方大会（COP15）领导人峰会并发表主旨讲话。习近平主席指出，生物多样性使地球充满生机，也是人类生存和发展的基础。保护生物多样性有助于维护地球家园，促进人类可持续发展。

2022 年 12 月 7 日，COP15 第二阶段会议在加拿大蒙特利尔开幕。中国作为 COP15 主席国，将尽最大努力推动和协调各方达成最大共识，在第二阶段会议上通过"2020 年后全球生物多样性框架"。

2024 年 1 月 18 日，生态环境部发布《中国生物多样性保护战略与行动计划（2023—2030 年）》，明确了我国新时期生物多样性保护工作的方向和重点任务，该文件是我国履行《生物多样性公约》的核心工具，是切实推进落实"昆明—蒙特利尔全球生物多样性框架"的国家行动，也是贯彻落实党中央、国务院对生物多样性保护工作决策部署的重要举措。

（三）生物多样性的丧失与保护

在漫长的地质年代中，地球上共发生过 5 次生物集群灭绝，分别是：44 亿年前的奥

陶纪生物大灭绝，导致 85% 左右的物种绝灭；3.65 亿年前鱼类时代的泥盆纪大灭绝；2.5
亿年前的二叠纪大灭绝，这是有史以来最严重的灭绝事件，地球上约有 96% 的物种灭绝，
其中包括 90% 的海洋生物和 70% 的陆地脊椎动物；2 亿年前的三叠纪大灭绝，造成了 75%
左右的物种消失，其中主要为海洋生物；6 500 万年前的白垩纪大灭绝，这次灭绝事件造
成了恐龙家族整体覆灭，同时地球上有 80% 左右的物种灭绝。科学家研究认为，这些集
群灭绝事件的引发原因包括小行星撞击、超级火山爆发、宇宙射线爆发、全球气候变化、
海平面下降、海洋盐度变化、地磁翻转等。

生物种类消失的速度加快了千倍以上，地球被认为正在进入第 6 次大灭绝时期。专
家指出，我们正在经历的生物灭绝比地球生命史上其他灭绝事件更为恶劣。物种灭绝的
背景速率极为缓慢，鸟类平均 300 年灭绝 1 种，兽类平均 8 000 年灭绝 1 种。到了 17 世
纪，每 10 年灭绝 1 种动物；1850—1950 年，鸟兽的平均灭绝速度为 1 年 1 种，且这种灭
绝还在加速。联合国环境规划署的报告显示，目前世界上每分钟有 1 种植物灭绝，每
天有 1 种动物灭绝。世界自然基金会发布的《地球生命力报告 2020》显示，从 1970 年
到 2016 年，基金会监测到的哺乳类、鸟类、两栖类、爬行类和鱼类种群规模平均下降了
68%。另外，2019 年联合国在巴黎发布的《生物多样性和生态系统服务全球评估报告》
也发出警告：“在地球上大约 800 万种动植物物种中，有多达 100 万种物种面临灭绝的
威胁。其中，许多物种将在未来数十年内灭绝。”

（四）中国的生物多样性现状

中国地域辽阔，地貌类型复杂，横跨热带到寒温带等多个气候带，拥有海平面到青
藏高原的巨大高差，孕育了丰富而独特的生物多样性，是同纬度生物多样性最丰富的国
家，是全球生物多样性最丰富的 12 个国家之一。

在生态系统多样性方面，中国拥有森林、草地、荒漠、湿地、海岛、海湾、红树林、
珊瑚礁、海草床、河口和上升流等多种类型自然生态系统，有农田、城市等人工、半人
工生态系统。

在物种多样性方面，中国拥有高等植物 34 984 种，居世界第三位；脊椎动物 6 445
种，占世界总种数的 13.7%；已查明真菌种类 1 万多种，占世界总种数的 14%。在遗传
多样性方面，中国生物遗传资源丰富，是水稻、大豆等重要农作物的起源地，也是野生
和栽培果树的主要起源中心。据不完全统计，中国有栽培作物 1 339 种，其中野生近缘种
达 1 930 个，果树种类居世界第一位。此外，中国还是世界上家养动物品种最丰富的国家
之一，有家养动物品种 576 个。

在遗传多样性方面，中国是全球农作物主要起源中心之一，也是稻、亚麻、茄子、
香蕉、甜橙等作物的原生起源地之一，最早驯化栽培了大豆、粟、李、桃、杏等作物。

据不完全统计，中国有栽培作物 455 类 1 339 种，其野生近缘植物 1 930 种；有中药资源种类 12 807 种，3 500 多种药用植物为中国特有种；有经济树种 1 000 种以上，原产观赏植物种类达 7 000 种。中国是世界重要的畜禽遗传资源中心和驯化起源中心，948 个畜禽地方品种、培育品种、引入品种被《国家畜禽遗传资源品种名录》收录。

（五）生物多样性的保护目标与任务措施

新时期中国生物多样性保护的目标设定：到 2030 年，生物多样性保护相关政策、法规、制度、标准和监测体系基本建立，生物多样性丧失趋势得到有效缓解，生物多样性保护与管理水平显著提升，至少 30% 的陆地、内陆水域、沿海和海洋退化生态系统得到有效恢复，以及利用遗传资源和数字化序列信息及其相关传统知识所产生的惠益得到公正和公平分享等。到 2035 年，形成统一有序、结构连通、动态调整的全国生物多样性保护空间格局，生物遗传资源获取与惠益分享、可持续利用机制全面建立，保护生物多样性成为公民自觉行动。到 2050 年，全面形成绿色发展方式和生活方式，建成人与自然和谐共生的美丽中国，实现人与自然和谐共生的美好愿景。

新时期中国生物多样性保护的任务措施：

（1）构建生物多样性保护社会行动体系。完善生物多样性相关政策法规体系，明确生物多样性保护与管理的标准规范及工作程序，理顺各部门、地方政府生物多样性工作的体制机制，将生物多样性保护纳入国民经济和社会发展规划及相关行业领域发展规划或计划，进一步发挥政府主导、企业响应、全民参与的行动共同体作用。

（2）完善生物多样性保护空间网络。推进以国家公园为主体的自然保护地体系建设，严守生态保护红线。完善国家重点生态功能区、生物多样性保护优先区域保护指引，遏制资源过度开发和生产生活对生物多样性的不利影响。优化建设各级各类抢救性迁地保护设施。加快建设生态廊道，填补重要区域和重要物种保护空缺。

（3）提升生态系统多样性、稳定性、持续性。推进山水林田湖草沙一体化保护和系统治理，全面实施《全国重要生态系统保护和修复重大工程总体规划（2021—2035 年）》及有关专项规划。持续开展生物多样性调查、监测与评估，实施生物多样性保护重大工程，恢复重要自然生态系统和野生动植物自然生境，强化监督管理。增强生物多样性与气候变化协同治理，持续改善生态环境质量。

（4）推进生物多样性可持续利用与绿色发展。规范野生物种资源的可持续利用，推动特色生物资源、生态旅游、康养、自然教育等生态产业发展和农林牧渔等相关行业可持续管理，推进生态产品价值实现，传承发展生物多样性相关传统知识，促进生产生活方式向生物多样性友好型转变，增进人类福祉。

（5）加强生物安全管理与风险防控。强化国家生物安全工作协调机制，完善生物技术环境风险评估与监管技术支撑体系，提高生物安全风险识别和分析能力，建立生物安全风险监测预警机制，联防联控外来入侵物种和有害生物。推动生物遗传资源获取与惠益分享，防范遗传资源流失风险。

（6）强化生物多样性治理能力保障。完善重要科研基础设施、监测网络体系和相关平台建设，加强生物多样性科学研究和人才培养，探索建立市场化、社会化投融资机制。积极履行生物多样性相关国际公约并促进公约间协同增效，积极落实"昆明—蒙特利尔全球生物多样性框架"，坚持开展双（多）边合作，发挥昆明生物多样性基金积极引导作用，向其他发展中国家提供力所能及的帮助，展现负责任大国形象。

思考与探索

1. 探讨一个特定物种灭绝可能带来的具体生态后果，并分析这些后果如何逐步影响人类社会的经济、健康以及文化等方面。

2. 如何在经济发展、资源利用与生物多样性保护之间找到一个可持续的平衡点？请结合实际案例，探讨不同的保护策略。

参考文献

[1] 朱庚申. 环境管理（第二版）[M]. 北京：中国环境科学出版社，2007.

[2] CHANGBO Q，QIANG X，JIAWEI Z，et al. A beautiful china initiative towards the harmony between humanity and the nature[J]. Frontiers of Environmental Science & Engineering，2024，18（6）.

[3] 生物多样性的概念和意义[J]. 环境教育，2012（6）：86.

[4] 丁祖年. 我国生物多样性保护的立法历程[N]. 上海法治报，2021-12-24（B6）.

[5] 朱红苏，邱杰. 生物多样性保护[M]. 贵阳：贵州科技出版社，2016.

[6] 世界资源研究所，等. 全球生物多样性策略[M]. 马克平，等译. 北京：中国标准出版社，1993.

[7] 周晋峰. 生态文明时代的生物多样性保护理念变革[J]. 学术前沿，2022（4）：16-23.

[8] 习近平. 共同构建地球生命共同体[N]. 人民日报，2021-10-13.

[9] 为全球生物多样性治理擘画新蓝图[N]. 人民日报，2022-12-21.

[10] 中华人民共和国生态环境部. 2022 中国生态环境状况公报[EB/OL].（2023-5-29）. https://www. mee. gov. cn/hjzl/sthjzk/zghjzkgb/202305/P020230529570623593284. pdf.

[11] 中华人民共和国生态环境部. 生态环境部发布《中国生物多样性保护战略与行动计划（2023—2030 年）》[EB/OL].（2024-01-18）. https://www. mee. gov. cn/ywdt/hjywnews/202401/t20240118_1064111. shtml.

[12] 诸葛仁，俞益武，贺昭和，等. 绿色环球 21 可持续旅游标准体系[M]. 北京：科学出版社，2006.

第三章

优化国土空间格局

"三区三线"，是根据农业空间、生态空间、城镇空间三个区域，分别对应划定的耕地和永久基本农田保护红线、城镇开发边界、生态保护红线三条控制线。

生态保护红线、永久基本农田保护红线、城镇开发边界三条控制线划定工作是国土空间规划的重要内容，更是优化生态空间格局的核心保障。"三线"不仅是表现在规划空间上的三条引导线，更重要的是形成与之相配套的管理机制和实施政策，强调各项政策在空间上的综合性和协同性，这是对管理提出的更加精细化和高效的新要求。这三条控制线，旨在处理好生活、生产和生态的空间格局关系，着眼于推动经济和环境可持续与均衡发展，是美丽中国建设最根本的制度保障。

一、落实永久基本农田

（一）永久基本农田的理念内涵

耕地在广义上指维持人类生存及农业可持续发展的基本资源，在地理学上指种植农作物的土地，我国对于耕地概念的定义随着时代变化与时俱进。在 1984 年国家土地管理局发布的《土地利用现状调查规则》中，首次将耕地定义为"种植农作物的土地，包括新开荒地、休闲地、轮歇地、旱田轮作地；以种植农作物为主，间有零星果树、桑树或其他树木的土地；耕种三年以上的滩地和海涂"，其中耕地包含 5 个二级类地类：灌溉水田、望天田、水浇地、旱地、菜地。1984 年版《土地利用现状调查规则》确定了耕地概念的基调。后续规程在对耕地下定义时，都是在这一版本的基础上进行修改或补充。

2007 年，国家标准化委员会发布了《土地利用现状分类》（GB/T 21010—2007）（以下简称《分类》）。2007 年版《分类》结合同时期广泛开展的土地开发整理工作，将新开发整理地纳入了耕地范围，"将耕种三年以上的滩地和海涂"修改为"平均每年能保证收获一季的已垦滩地和海涂"，并将沟渠、田埂纳入耕地范围中。此次发布的规则中，最为突出的特点是将临时改变用途的土地纳入耕地的范围中，即由耕地转变为其他用途，但耕作层未被破坏或可复耕的土地，土地变更调查时仍作为耕地统计，全国第二次土地调查结果（以及后续的变更成果）都是依照这一定义统计耕地面积。

2020 年，在国土空间规划全面开展的大背景下，自然资源部印发了《国土空间调查、规划、用途管制用地用海分类指南》（以下简称《指南》），在《指南》中，对耕地的定义进行了修改补充："耕地指利用地表耕作层种植农作物为主，每年种植一季及以上（含以一年一季以上的耕种方式种植多年生作物）的土地，包括熟地，新开发、复垦、整理地，休闲地（含轮歇地、休耕地）；以及间有零星果树、桑树或其他树木的耕地；包括南方宽度＜1.0 米，北方宽度＜2.0 米固定的沟、渠、路和地坎（埂）；包括直接利用地表耕作层种植的温室、大棚、地膜等保温、保湿设施用地。"相较于 2007 年版《分类》，《指南》对耕地的概念进行了收缩，2007 年版《分类》中将具备耕作潜力的其他地类全部视为耕地，但按照 2020 年《指南》中的解释，必须是每年已实际种植农作物的土地才能算作耕地，同时，还剔除了《分类》中所纳入的各种临时用地，而将直接与耕作相关的农用设施用地纳入耕地的概念内。可以看出相较于以往，新的指南统计目标是现状已有的耕地，而非理论潜力上的耕地。

粮食安全关系国计民生，保障国家粮食安全的根本在于保护耕地。新形势下加强耕地保护工作的重要性和紧迫性毋庸置疑。然而随着经济的快速发展，城市边界的快速扩张，使得城市周边的耕地不可避免地被占用，在这样的时代背景下，严守耕地红线，严格保护永久基本农田，划定一条合理且具有可行性的永久基本农田保护红线，成为当前保护耕地工作的当务之急。在保护好耕地的前提下，如何在城市发展与保障粮食安全之间寻求平衡，当前显得尤为重要。

永久基本农田是一个具有"中国特色"的概念，指能保障一定时期人口及社会经济稳定发展的农产品需求，土地利用总体规划中确定的不得占用的耕地。永久基本农田作为耕地的精华，也是当前耕地保护的底线，指优质、连片、稳定、永久的耕地，一旦划定，实施永久保护，是粮食安全保障、绿色农业和精品农业发展的重要区域。1994 年国务院发布施行《基本农田保护条例》，开始提出划定永久基本农田保护区，并在 1998 年修订的《土地管理法》中以法律的形式确定了基本农田保护制度。国外虽然没有永久基本农田的概念，但是对于优质的耕地，各国都制定了相关法律对当地的耕地给予了极大的保护，以此限制建设用地的占用。如日本的《农地法》和《全国土地利用计划》、美国的《农地保护政策法》、韩国的《农地保护利用法》、法国的《农业指导法》、波兰的《农业与林业用地保护法》。

（二）永久基本农田保护政策制定历程

基本农田是粮食生产能力的重要保证，是我们的"口粮田"。对这些高产、稳产农田加以特殊的保护，进而确保粮食安全，是耕地保护工作中的一件大事。

1. 国外耕地保护政策与经验

耕地为人类提供粮食等基本物质，是整个人类社会发展的物质基础。伴随城市化与工业化水平的不断提高，城市面积不断扩大，城市发展对土地资源的"自然需求"与"人为需求"也日益增长，耕地非农化趋势进一步加快。"自然需求"使土地资源得到重新配置，而"人为需求"造成城市规模迅速扩大，耕地环境恶化，从而使耕地保护工作难度不断加大。世界各国的政治、经济、环境和自然资源不同，耕地保护政策也存在显著的区域化和国情化差异。

（1）美国：建立多层次的耕地保护体系

美国作为世界上耕地面积最大的国家，地广人稀，现代化农业技术和管理水平也一直处于领先水平。但在工业化和城镇化过程中，人地关系也曾一度激化，导致了粮食短缺和资源环境问题的产生。美国是世界上最先研究耕地保护的国家，其耕地保护效果明显，强调土地的社会职能和利益，实行集中垂直管理。美国政府在法律、行政、经济方面制定了耕地保护的综合措施，耕地保护目标涉及经济发展、就业、住房、交通等方面，建立了各层次的耕地保护体系，实行了许多行之有效的耕地保护手段。

在法律方面，耕地保护法律分为两个方面：一是根据联邦宪法指定的法律；二是地方各个州以及郡制定的法律法规。从州与地方到联邦政府，各项法律法规相互协调、呼应，很少出现法律间的效力冲突。美国政府还通过设定在耕地上限制其用于非农业用途的他项权，即通过不同的方式将农地所固有的开发权依法一次性转让给他人，使农地永远失去用作城市建设的开发权，以此来保护特殊的土地资源。

在行政管理措施方面，税收偏好措施的运用，使得美国农业用地的成本降低、效率提高；政府通过制定行政法规划定城市建设边界、城市建设区域和农业区域，规定农业区域内的耕地不得用于非农业用途，规定区内仅能进行木材、谷物或相关植物的生产，达到农地农用的目的；为了保护景观的美学价值、野生生物和小流域生态等社会公共利益，政府征用私人土地来达到保护土地的目的；此外，美国政府广泛宣传土地节约集约利用，宣传生态环境的保护，使得人们的耕地保护与生态环境观念、资源危机意识不断增强，大量非营利、公益性的私人组织也成为保护农地的重要力量。

在经济手段方面，美国设立土地银行，发放长期低息贷款，帮助农民改良土地，对种植增进地力作物的农场给予补贴。通过综合考虑土壤质量、地块大小、交通和排水系统等因素，划定最值得保护的农地，确定保护范围，并制定相应的税收优惠措施，主要包括对农地保留农业用途的退税、减税等。通过优惠征税、递延征税、限制性协议等方式，阻止改变农地用途。

（2）日本：严格土地用途管制

日本作为一个国土面积狭小、耕地资源稀缺的国家，在人均国土资源极为有限的条件下，短时间内达到了较高的城市化水平，同时仅付出较小的用地代价。纵观日本的耕地保护与城市化发展历程，可以将其经验基本概括为耕地保护制度与农地经营制度不断完善，耕地保护、农地振兴与城市发展相互协调，综合协调的土地利用规划制度与健全的实施保障措施。

日本政府非常重视耕地农地的保护，于明治三十二年（1899 年）就制定了严格的耕地整理法并于明治三十三年（1900 年）开始实施。目前日本颁布的土地管理方面的法律共有 130 多部，涵盖了农地法、农业振兴地域法、农业经营基础强化促进法、土地改良法等。这些法律大都随着经济社会发展进行修正，逐渐形成了完善的体系。现行的制度在确保与改良农地、扩大农地流转的经营规模及促进农地有效利用方面都发挥了应有的作用，这些法律制度为农业经营打下了扎实基础。

现行的城市计划法将城市区域划分为城市化区域和城市化调整区域，而农业振兴地域法区别于城市计划法，指定有必要确保的土地作为农业振兴区域。城市化区域不包含在农业振兴区域内，而在城市化调整区域内可以指定农业振兴区域。由于日本城市区域与农村区域的指定范围存在一定的重复，日本政府针对重复部分制定了详细的土地利用调整规则，总体原则为土地利用向重视农地保护和生态保护的方向调整。随着日本经济高速增长，人口向城市集中，工商业迅速发展，综合而有计划地利用国土十分必要。日本的土地利用规划可分为国土利用规划、国土综合开发规划、土地利用基本规划及部门土地利用规划四个层次，各个层次规划之间相互协调，有效地促进了国土资源的综合利用。

日本土地管理的规划和实施一方面依靠中央和地方政府，另一方面广泛地动员公共团体、民间团体和居民参与。日本的土地产权明确，65%的土地为私有，35%的土地为国家和公共所有，故土地所有者十分重视其土地的保护和高效利用，也积极地对土地进行改良和基本建设投资，这对国土规划的实施、资源管理起到了重要作用。日本政府在制定、实施有关规划时，也强调依据法律手段保障规划工作的顺利开展。政府部门与民间部门密切合作进行地方圈建设，财政部门在金融、税收方面也给予优惠，以保障地方圈建设。国土管理部门则不断完善土地利用法律，不断协调四个层次规划之间的关系以保证规划的有效实施。

（3）英国：通过规划来协调城乡发展和实现农地保护

英国作为西欧人口密度较高、耕地面积所占比重最小的岛国，工业化时期城市的快速发展使得其土地区位发生变化，土地过度开发、环境污染和耕地流失现象较为严重。第二次世界大战（以下简称"二战"）以后，为了扭转农业发展衰落的局面，英国开始重视保护农用地的生产能力以保障国家粮食安全。主要体现在以土地立法为根本手段，用农业政策促进耕地保护，鼓励农场向大型化、规模化发展；同时英国政府重视土地调查和耕地的定级分类，将土地分类结果作为耕地管理的重要依据，建立农业土地分类系统，划分为 1 等、2 等、3A 等、3B 等、4 等、5 等多个级别。

从 20 世纪 80 年代开始，英国在进行农用地质量评价的基础上开始实行环保型农业政策以保护农田。耕地保护的目的也由保证食物生产转向提高农村环境质量与发展农村经济，致力于在保护乡村景观的同时促进城市结构的合理化，有效提供城市基础设施。自 2004 年以来，新规划体系（国家层、区域层和地方层）强调农业可持续发展的贯彻执行，更加重视政府效能的发挥和社会公众的参与，国家级规划政策文件涉及住房、交通、工商业、旅游、绿带等二十几个方面。目前，英国处于后工业化阶段，新增建设用地的压力相对较小，但由于可持续发展战略的实施，具有重要生态功能的耕地仍受到保护。

英国的耕地保护成就主要体现为乡村土地在政府倡导规划要考虑市场和开发商的利益的压力之下得以保留。英国城市规划的显著特点是"绿地"政策，通过绿带来提高城市基础设施利用率，保护乡村生态环境，并衍生出农地保护副产品。在城市绿带之外，在与中心城市保持一定距离的地区建立新镇，强调新镇的自给自足、自我平衡，以防止城市蔓延。基于城市农村计划法"所有开发都必须取得规划许可"的规定，城市、农村都置于城市农村计划法下管理，追求土地利用的整体效益，城市发展与周围的乡村保护相协调已逐渐成为社会准则渗透在整个规划体系之内。英国耕地保护还通过人们对乡村的深厚情感使大片农地免受城市扩展的影响。

2. 永久基本农田保护政策制定历程

1986 年年底，国家土地管理局成立后，提出了建立基本农田保护区的设想，"划定永久基本农田保护区，先把 15 亿～16 亿亩'保命田'圈起来"，并在一些地区部署试点。1988 年，针对全市耕地锐减、农业大市将面临农地短缺甚至农民无地可种局面的情况，湖北省荆州市在全国率先划定基本农田保护区，利用一年时间即划定了面积 1 182 万亩的基本农田保护区，占当时耕地面积的 85.15%。1989 年 6 月，国家土地管理局和农业部在湖北省荆州市召开了第一次全国基本农田保护会议，推动全国建立和落实基本农田保护制度。1994 年，国务院颁布了《基本农田保护条例》，标志着我国基本农田保护进入法制管理的轨道。1998 年新修订的《土地管理法》实施后，基本农田保护区被重新调整划定，总的原则是确保基本农田数量不减少、质量不降低、用途不改变。

2005 年 2 月，国土资源部 29 号文《关于加强和改进土地开发整理工作的通知》明确提出："当前和今后一个时期内，土地开发整理工作要以提高农业综合生产能力为出发点，大力开展基本农田整理。"同年 9 月，国土资源部、农业部、国家发展改革委、财政部、建设部、水利部、国家林业局等七部门联合下发《关于进一步做好基本农田保护有关工作的意见》，要求各地切实做好基本农田保护工作。10 月，全国基本农田保护工作会议在河北省石家庄市召开，明确提出以建设促保护的新思路，逐步实现"基本农田标准化、基础工作规范化、保护责任社会化、监督管理信息化"的要求。

2008 年，党的十七届三中全会正式提出划定永久基本农田，确保永久基本农田总量不减少、用途不改变、质量有提高。基本农田第一次加上"永久"界定。我国进入永久基本农田保护时代。2009—2019 年，永久基本农田保护制度进入强化阶段。2011 年，《基本农田保护条例》修订。2016 年《关于全面划定永久基本农田实行特殊保护的通知》提出，全国 15.46 亿亩基本农田保护目标任务落实到用途管制分区，落实到图斑地块。2018 年，《关于全面实行永久基本农田特殊保护的通知》提出，建立健全永久基本农田"划、建、管、补、护"长效机制，将永久基本农田控制线划定成果作为土地利用总体规划的规定内容。至此，我国建立起了基本完善的永久基本农田保护制度体系。

2019 年至今，永久基本农田保护制度处于收紧阶段。由于粮食种植不再"经济"，耕地"边际化"问题突出，不仅小农户动力不强，甚至平原区的种粮大户也有了转行转业的想法，导致"弃耕化"现象越发突出。而地方财政依然对土地出让高度依赖，有的地方出现永久基本农田保护越多、地方经济发展越慢、地方财政越紧张的局面。2019 年，《土地管理法》修订，明确永久基本农田是依法划定的优质耕地，要重点用于发展粮食生产，特别是保障稻谷、小麦、玉米三大谷物的种植面积。2020 年，国务院办公厅进一步明确永久基本农田的"禁止清单"。2021 年，自然资源部下发《关于加快推进永久基本农田核实整改补足和城镇开发边界划定工作的函》，提出到 2021 年 6 月底前，组织完成永久基本农田核实整改补足以及城镇开发边界划定成果上报。2022 年中央一号文件不仅再次重申永久基本农田重点用于粮食生产，而且明确要按照耕地和永久基本农田、生态保护红线、城镇开发边界的顺序，统筹划定落实三条控制线，将永久基本农田置于空间保障的首位。因此，如何再次构建起中央政府—地方政府—农民的保护合力，需要政策顶层设计的进一步优化和完善。

（三）永久基本农田的划定与保护

全面划定永久基本农田并实行特殊保护，加快建立粮食安全功能区和重要农产品生产保护区，实现耕地数量、质量、生态"三位一体"保护，为促进农业现代化、新型城镇化健康发展和生态文明建设提供坚实资源基础。

1. 划定原则

一要坚持依法依规、规范划定。根据《土地管理法》和《基本农田保护条例》的有关规定，按照规划调整完善确定的目标任务，规范有序开展全域永久基本农田划定工作。

二要坚持统筹规划、协调推进。城市周边和全域永久基本农田划定要充分衔接，划定成果要全部纳入规划调整方案，两项工作统一方案编制，同步完成。

三要坚持保护优先、优化布局。永久基本农田划定和规划调整完善要按照总体稳定、局部微调、应保尽保、量质并重的要求，与粮食生产功能区和重要农产品生产保护区建设布局相协调，优先确定永久基本农田布局，把城市周边"围住"、把公路沿线"包住"，优化国土空间开发格局。

四要坚持优进劣出、提升质量。落实国务院《土壤污染防治行动计划》，将重点地区、重点部位优先保护类和安全利用类耕地优先划入，将受重度污染的严格控制类耕地及其他质量低下耕地按照质量由低到高的顺序依次划出，提升耕地质量，保证农业生产环境安全。

五要坚持特殊保护、管住管好。加强和完善对永久基本农田管控性、建设性和激励约束性保护政策，严格落实永久基本农田保护责任，强化全面监测监管，建立健全"划、建、管、护"长效机制。

2. 划定流程

（1）基础数据收集整理。收集划定的永久基本农田、最新的土地利用变更调查、耕地质量等别评定、耕地地力调查与质量评价等成果数据。

（2）基本农田划出。市县根据国家、省级重点建设项目占用需求和生态退耕要求等进行基本农田划出。依据土地利用变更调查、耕地质量等别评定、耕地地力调查与质量评价等成果数据，统计分析划出基本农田的数量和质量情况。

（3）确定基本农田补划潜力。根据最新的土地利用变更调查数据，充分考虑水资源承载力约束因素，明确在已划定基本农田范围外、位于农业空间范围内的现状耕地，作为规划期永久基本农田保护红线的补划潜力空间。依据土地利用变更调查、耕地质量等别评定、耕地地力调查与质量评价等成果数据，明确补划潜力的数量和质量情况。

（4）形成划定方案。校核划出永久基本农田和可补划耕地的数量和质量情况，按照数量不减少、质量不降低要求，确定永久基本农田划定方案，最终形成市县永久基本农田划定情况表、市县永久基本农田调整补划情况表、永久基本农田调整补划分析图、永久基本农田数据库等划定成果。

3. 保护方针

全面规划：将永久基本农田控制线划定成果作为土地利用总体规划的规定内容，在规划批准前先进行核定并上图入库、落地到户，与生态保护红线、城镇开发边界等其他控制线充分衔接，形成统一的空间管控体系。

合理利用：坚持永久基本农田必须坚持农地农用，禁止任何单位和个人擅自占用或者改变其用途，严格控制非农建设占用永久基本农田；对利用永久基本农田进行农业结构调整的要合理引导，不得对耕作层造成破坏。

用养结合：落实质量兴农战略，加强农村土地综合整治和高标准农田建设，提升永久基本农田综合生产能力；推动土壤污染防治和修复，提高永久基本农田土壤质量；推进农业绿色发展，提高永久基本农田生态效益。

严格保护：强化永久基本农田保护主体责任，健全管控性、建设性和激励性保护机制，完善监管考核制度，实现永久基本农田保护权责统一；加强永久基本农田保护的宣传教育，提高全社会的保护意识和参与度。

（四）加强耕地保护监管的举措

1. 健全永久基本农田考核监管机制，切实落实保护责任

强化永久基本农田保护考核机制。落实地方各级政府保护耕地的主体责任，将永久基本农田保护情况作为省级政府耕地保护责任目标考核、粮食安全省长责任制考核、领导干部自然资源资产离任审计的重要内容，将永久基本农田特殊保护落实情况与安排年度土地利用计划、土地整治工作专项资金相挂钩。对永久基本农田保护情况考核中发现突出问题的，及时公开通报，要求限期整改，整改期间暂停所在省份相关市、县农用地转用和土地征收申请受理与审查。完善永久基本农田保护补偿机制。总结地方经验，积极推进中央和地方各类涉农资金整合，按照"谁保护、谁受益"的原则，探索耕地保护激励性补偿和跨区域资源性补偿。鼓励有条件的地区建立耕地保护基金，与整合有关涉农补贴政策、完善粮食主产区利益补偿机制相衔接，与生态补偿机制相联动，对承担永久基本农田保护任务的农村集体经济组织和农户给予奖补。

构建永久基本农田动态监管机制。将永久基本农田划定成果纳入国土资源遥感监测"一张图"和综合监管平台，作为土地审批、卫片执法、土地督察的重要依据。建立永久基本农田监测监管系统，完善永久基本农田数据库更新机制。结合土地督察、全天候遥感监测、土地卫片执法检查等对永久基本农田数量和质量变化情况进行全程跟踪，实现永久基本农田全面动态管理。切实落实永久基本农田保护责任。强化地方各级政府永久基本农田保护主体责任，严格考核审计，实现省级政府耕地保护责任目标考核和粮食安全省长责任制考核联动，推动地方政府建立健全领导干部耕地保护离任审计制度，考核审计结果作为对领导班子和领导干部综合考核评价的参考依据。坚持党政同责，严格执行《党政领导干部生态环境损害责任追究办法（试行）》。严肃执法监督，对违法违规占用、破坏永久基本农田的行为要严厉查处、重点问责。

2. 提高耕地保护意识，增强源头管控

提高政治站位和担当意识，加大国情、国策的主题宣传和舆论引导，守法合规也须主动作为，让社会各界充分认识土地资源取之有度、用之有节。科学合理利用耕地资源，树立用地严格保护思想：强化耕地保护工作，坚持以新发展理念为指导，倡导土地节约集约利用，强化红线意识，将耕地保护红线纳入地方考核指标体系，严格落实"谁用谁

补、耕保自担"源头严防的属地监管，从纵向和横向上形成各级政府和自然资源主管部门主动保护和内在不松懈的耕地保护局面，将预防原则深深地植入监管制度中。切实做好耕地保护宣传，强化规划管控的监管管控"关口前移"，营造守土人人有责的良好氛围，将节约集约用地转化为自觉行动。与此同时，监管需要于法有据，加快《耕地保护法》《国土空间开发保护法》等法律体系建设的步伐，强化依法用地和违规处罚，保驾护航新发展阶段耕地保护依法监管的工作需要。

3. 构建耕地保护新机制，加强耕地系统保护

探索建立自然资源安全指标体系、标准体系和处置办法。保护耕地工作的有序开展要有完善的监管机制作为基础保障，坚决守住耕地保护红线，需要把管理实践中形成的有效经验转化为有力的监管制度和措施。要分析耕地需求趋势，统筹抓好耕地资源安全和要素保障，严格永久基本农田保护，完善耕地保护责任目标考核制度，建设与保护好补充耕地，更好地推进耕地保护监管创新和服务绿色发展目标。在政策制定过程中需要处理好防止耕地"非粮化"与耕地经营者自主经营权间及与一二三产业融合发展间的问题，进一步规范新型产业用地管理，紧系土地闸门，从分区分类管控和用途管制的角度切入，分类稳妥处置；及时跟进规范经营主体和社会资本发展特色产业的方向，在推进和发挥产业融合发展的作用机制下，进一步明确产业升级和融合的功能定位，开展耕地种粮监测，建立土地流转用途管制规则和信用承诺新机制，确保耕地流转后用途不改变，与农业空间布局相协同。

4. 科学建立预警机制，全面提升风险防范能力

一方面，建立资源高效利用制度，明确资源利用更加节约集约的发展目标和重点指标，必须坚持最严格的耕地保护制度，探索建立生态用地占补平衡制度，确保耕地保有量不减少，耕地质量不降低，切实维护粮食等重要农产品的供给保障能力；另一方面，积极构建自然资源节约集约大体系，包括建立全域全类型用途管制制度，严格落实和完善建设用地总量和强度"双控"制度，建立健全山水林田湖草沙冰整体保护和系统修复体系等，提升土地资源配置和利用的高效合理性。根据国内外环境变化和耕地保护监管的需要，做好趋势预判，把防范化解重大风险贯穿分析形势、研究问题、谋划工作、推动落实的全过程；对不确定性风险精准施策，予以防范或处置，切实加强风险预警监测能力，提高耕地资源保障能力和水平；针对各领域、各行业、各地区可能存在的风险隐患，超前谋划，因势利导，提出处理预案，并根据同期国家发展规划的战略安排，对规划蓝图中的目标任务和工程项目适时进行动态调整。

5. 厘清部门职责界限，构建协同监管体系

从我国耕地保护的长期实践看，确定统一的目标，落实好最严格的耕地保护制度，层层量化耕地保护责任目标，畅通机制，明确管护主体、管护责任和义务。耕地保护是一项系统性工作，保护制度的架构既需要垂直打通监管路径，也需要多方参与，明晰职责边界与监管目标，推进监管事项"优先责任清单"，建立全方位、多层次监管体系，压实不同部门的主体责任、监管责任、相关联动责任，加强部门监管协同工作机制，统筹协调与制度联动，完善土地执法监管体制机制。与时俱进，让技术赋能监管和防控，加强耕地保护信息共享和工作协调机制，推动耕地保护由传统的"制度约束性"向"信息化管控"趋势转变，实现"天上看""地上查""网上管"的有效监管平台，丰富监管手段，协同建立多维度数据管理体系，着力构建集事前预警、事中监控、事后分析于一体的智能化风控体系和监管约束机制。

6. 优化资源配置，完善差别化管理政策

完善各地用地指标设置和管控，优化用地结构，实行更加精准的差别化供地政策。以实际需求为导向，结合定量指标和定性指标，构建完善的评价体系；按照"要素跟着项目走"的原则，切实解决国家重大战略、区域协同发展、线性工程、新旧动能转换、脱贫攻坚民生工程，以及稳增长重点项目等建设用地保障的有效需求。建立补充耕地指标调剂机制，充分考虑各地资源禀赋及地方发展差异性，统筹使用增量、流量、存量指标的管理政策，建立耕地保护差别化管理制度，给予不同区域耕地占补平衡分解量和差别化补充耕地指标调整对应机制。创新新产业新业态用地保障政策，包括盘活利用现有用地、新产业新业态用地精细化管理、落实产业用地差别化政策、改进产业用地供应管理，严格用地准入和供后监管。落实"藏粮于地、藏粮于技"战略，在合理下达粮食生产和播种面积任务的同时，要统筹平衡粮食生产的地域差异，健全耕地保护制度的完备体系。

思考与探索

1. 目前，我国各类耕地"非农业"建设占用优质耕地的势头仍未得到有效控制，如何强化耕地保护责任、严格土地执法等制度政策和机制以遏制耕地"非农化"，守住耕地保护红线重要防线？

2. 随着国家的一些重大区域发展战略部署、乡村振兴战略的深入推进，不可避免地会占用耕地和基本农田，然而我国耕地后备资源不足，可补充耕地后备资源匮乏，耕地占补平衡压力大，如何落实占补平衡制度，达到"先补后占、占优补优、占水田补水田"的目的？

二、严守生态保护红线

（一）生态保护红线的理念内涵

在城市化快速发展、建设用地规模扩张的同时，不合理的土地利用和大量建设使土地利用的结构和土地的功能遭到较严重的破坏，如大地景观的破碎、自然水系统遭到破坏、生物栖息地以及迁徙廊道的消失等。尽管城市化及工业化引起的建设用地急剧扩张对生态环境的影响是不可避免的，但也必须认识到土地是一个有着一定结构的系统，是有着不同的空间构型和格局的有机体，具有各不相同的生态功能，因此，协调建设用地扩张和生态环境之间的关系，绝不是一个简单的量的问题，同时还必须认识到它们之间的空间格局以及质的关系。随着社会经济的迅速发展，对生态环境的破坏日趋剧烈，对资源过度开发利用表现最为明显，部分地区的开发利用对生态安全已经构成严重威胁，并有着加速恶化的趋势。因此，当代土地利用规划和管理工作的一个巨大挑战是，如何在有限的土地上科学合理地制定土地利用规划，保证区域生态安全不受威胁。

1. 国外生态空间管理理论溯源

欧美一些发达国家（地区）在工业化早期过程中产生了严重的生态环境恶化问题，因此较早产生了关于生态保护、生态安全格局构建的研究和实践。例如，在英国，为了解决经济发展与生态保护的矛盾，霍华德在 1899 年提出"田园城市"理论，即用生态规划理念来克服无序的城市化扩张对生态环境造成破坏的趋势；同时期的美国景观设计之父奥姆斯特德与其助手沃克也开展了城市公园的理论研究和实践。直到现在，"田园城市"理论仍然在各国生态空间管控中得到广泛应用。此外，麦克哈格于 1969 年提出了基于生态过程适宜性的系统生态研究方法，开创了生态规划的新时代。20 世纪 90 年代，以福尔曼为代表，提出了景观格局优化理论，从而衍生出国家公园体系、特殊保护地体系、特别保育区、泛欧生态网络、欧盟自然保护区网络、绿宝石网络、美国绿道网络等维护生态系统安全的概念（表 3-1）。这些概念的提出以及与之相应的措施方法，也与我国目前提出的生态保护红线在本质上有相似性。

表 3-1 国外生态空间管理理论体系

类型	保护内容
国家公园体系 （National Park）	1872 年美国建立世界上第一个国家公园——黄石公园，开创了国外自然资源与历史文化遗迹保护的先河。其目的是维持生态系统的完整性，以便为生态旅游、科学研究和环境教育提供场所
特殊保护地体系 （Special Protected Areas，SPAs）	1979 年欧盟《鸟类指令》中被认定的保护地，主要保护候鸟及濒危鸟类的栖息地

类型	保护内容
特别保育区 （Special Areas of Conservation，SAC）	1992 年欧盟《栖息地指令》中由成员国共同认定的保护区，目的是保护栖息地和物种
泛欧生态网络 （Pan-European Ecological Network，PEEN）	1995 年欧洲部长级会议在保加利亚首都索非亚召开，55 个泛欧洲国家通过了《泛欧生态与景观多样性战略》（*Pan-European Biological and Landscape Diversity Strategy*，PEBLDS），并着手建构泛欧生态网络，以生态廊道连接各自孤立的重要生境，使之在空间上成为一个整体，保护物种扩散与迁徙
欧盟自然保护区网络 （Natura 2000）	欧盟最大的跨界环境保护行动，Natura 2000 在欧洲大陆建立生态廊道，并开展区域合作，以保护野生动植物物种、受到威胁的自然栖息地和物种迁徙的重要地区。由 SPAs、SAC 和生物多样性丰富的私有土地组成
绿宝石网络 （Emerald Network）	绿宝石网络是在《欧洲野生生物与自然生境保护伯尔尼公约》的基础上发起的，旨在提供一种一般性保护方法
美国绿道网络 （American Greenway Network，AGN）	1987 年的美国总统委员会的报告中提出建设绿道，绿道就是沿着诸如河滨、溪谷、山脊线等自然走廊，或是沿着诸如用作游憩活动的废弃铁路线、沟渠、风景道路等人工走廊所建立的线型开敞空间

（1）自然保护地制度体系的构建——美国自然保护地的经验

美国是世界上最早建立自然保护区的国家，也是世界上第一个设立国家公园、对自然文化资源进行保护的国家。美国自然保护地按照生态功能划分，保护地主体由国家公园体系（包括自然类保护区、游憩类保护区、历史类保护区三种类型）、国家野生生物避难所体系、荒野地保存体系和国家海洋保护计划四类体系以及其他如森林、土地利用等保护区体系组成。根据最新世界保护地数据库的统计，美国拥有各类保护地 3.4 万个，保护地类型 607 类，其中国家公园 60 个。可见，美国的自然保护地体系非常完善。

虽然美国保护地类别众多，但其管理目标和职责划分都非常明确，形成了有效的管控模式。在保护地管理方式方面，美国主要采取分级管理，即按照不同类型保护地的管理要求，划分为联邦、州、地方和私人四个级别进行分级差异化管控。联邦层面保护地一般由内政部负责管理，如美国国家公园的管理体制是由内政部的国家公园管理局统一进行管理，其所在地区行政部门无权对国家公园事务进行管理。州级层面保护地也都有专门的管理机构。在监督体制方面，美国环境保护法律法规专门规定，任何组织和个人都有权利对保护地管理机构实施的情况进行监督，甚至有权对违反法律的行为提起诉讼。在保护地资金投入方面，联邦保护地资金主要来自政府拨款和非政府机构、企业、个人的捐赠，其中，联邦政府拨款是主要资金来源，非政府组织捐赠是重要补充，如国家公园管理资金的投入就由国会特批成立的专门化的国家公园基金会负责捐赠资金的管理。

（2）法律法规制度的健全和完善——日本生态环境保护经验

日本在生态环境保护方面有两部最基本的法律，即《自然环境保护法》和《环境基本法》。在土地利用方面，日本虽然没有提出生态用地概念，但是与土地利用配套的法律法规体系和土地利用规划体系都比较完善和健全，内容上十分具体、明确和翔实，而且执行非常严格，约束性强，在土地利用上基本没有临时变通的可能，这也使具有重要生态功能的土地得到了严格的保护。当前，日本在土地利用管理方面的法律法规体系完整且庞大，据统计有 100 多部，如《国土综合开发法》《国土利用计划法》《自然环境保护法》等，这使土地利用有了非常完善的法律遵循。在利用规划方面，对全国进行统一规划，对各类土地利用方式进行详细、具体的规定，如对各个区域土地利用方向、各类土地面积等都有明确要求。同时，对具有生态功能的土地强化保护理念，避免掠夺式开发和引发生态环境问题，以实现土地资源可持续利用以及人与自然的和谐发展。

在生态治理方面，日本琵琶湖生态治理是国际上生态环境保护的典型案例，完善的法律法规制度体系也在其中发挥了重要作用。如在法律法规制定方面，日本颁布了多部水环境生态保护法律法规，除制定针对河流湖泊保护管理的《河川法》外，仅关于琵琶湖生态环境保护，日本中央政府和地方政府就先后颁布了《琵琶湖开发建设特别措施法》《湖沼水质保护特别措施法》《琵琶湖富营养化防治条例》等法律法规。这些法律法规对政府、企业及居民在生态环境保护中的权利和义务，以及承担的相应职责进行了明确规定，对琵琶湖及周边区域的开发利用进行了有效规范。此外，为落实琵琶湖的保护，日本中央政府强化生态补偿政策的立法，1972 年颁布《琵琶湖综合开发特别措施法》，明确下游地区要对上游地区进行生态补偿，随后颁布的《水源地区对策特别措施法》再次强化了生态补偿制度的落实。

（3）跨域生态系统的保护——欧盟生态网络体系建设的经验

欧盟是欧洲地区经济政治的共同体，同时也是组织欧洲各国共同开展生态环境保护的联盟。20 世纪 70 年代初，当时欧共体 9 个成员国共同制定《环保行动纲要》，拉开了欧洲跨地区共同开展生态环境保护的序幕。1994 年开始运作的欧洲环境署，设立了统一对欧洲环境进行监测和分析的机构，分析成员国区域的生态环境状况，制定针对污染防治、垃圾处理等的环境标准。此外，欧盟根据世界自然保护联盟（IUCN）自然保护地分类标准体系，结合区域生态特色，构建欧盟生态保护地（区）体系。欧盟生态网络体系建设则是欧盟生态环境跨地区合作的升级版。1992 年，欧盟各国共同制定了《欧盟生境保护指导方针》，提出要构建欧洲自然保护的基础网络，并把这一行动命名为"Natura 2000"，以加强地区间、国家间的合作，共同对野生动植物物种及其重要的生境进行保护。"Natura 2000"包括《鸟类指令》下的特别保护区和《生境指令》下的特别保护区。1992 年，欧盟制定实施《保护欧洲的自然遗产：走向欧洲生态网络》计划。1995 年，

55 个泛欧洲国家共同制定了《泛欧生态与景观多样性战略》，提出构建一个把生态廊道、生态系统连接成统一整体的泛欧生态网络。1996 年，欧盟制定生物多样性战略。2020 年 5 月，欧盟发布《2030 年生物多样性战略》，进一步提出保护欧盟地区生物栖息地、物种和建设"绿色"基础设施等，改善和恢复生态系统及其服务功能目标。欧盟生态网络在保护方式上，以保护和恢复生态区域的生态功能系统性、完整性为价值目标，通过科学地设置廊道、缓冲区、连通区等空间区域，将原本不相关联的生态保护区域进行连接，将划定的自然生态保护区域进行统一规划和整合，改变原来的以物种或自然要素为依据的分区域保护模式，克服自然保护区域管理碎片化的问题。欧盟生态网络的管理体制主要发挥多方协调配合作用。欧洲生态网络作为跨区域保护行为，为欧洲各国国家之间、各国国家与地方政府之间以及与其他相关利益者之间都构建了相应的协调机制，确保了各方发挥最大作用。

（4）多元治理模式——英国自然保护地管控经验

英国的保护区分类系统比较复杂。根据相关统计，英国保护区类型多达 21 个，其中，由国内立法确定的保护区类型 16 个，主要涉及自然保护和景观保护。1949 年，英国制定第一部关于自然保护区的法律——《国家公园与乡土利用法》，在管理模式上将管理契约制度引入自然保护区管理，并建立以国家级自然保护区为核心的自然保护区体系框架。1981 年，英国颁布了《野生生物与乡野法》，建立了"具有特殊科学意义的地域""海洋自然保护区"等自然保护区类型。在颁布相应法律规定的同时，英国还成立了自然保护区的专门机构——自然管理委员会，负责全国的自然保护工作。1990 年以后，随着地方政府管理权限的加强，英国自然保护管理机构进行了较大改革，中央统一管理机构被取消，按照地理分区分别组建英格兰自然保护委员会、苏格兰自然遗产委员会、威尔士乡村委员会 3 个管理机构，但后来为了强化全国自然保护区的管理，英国又成立了自然保护联合委员会，负责对全国自然保护区的管理协调。

英国自然保护地管理的最大特点是采取多元共治模式。在自然保护区确立和编制规划上，英国自然保护地的相关管理机构在依据自然保护客观规律对区域进行科学评估的基础上，还会邀请经济、生态、环境、社会、规划等各方面专业的专家、学者以及周边居民、企业、组织等利益相关方共同参与协商。在充分吸收相关方意见后，最终确定自然保护区边界范围和发展规划。在管理机构上，英国除了自然保护管理委员会以及农业、林业、规划等政府部门负责管理外，还注重吸收非政府环境保护组织、居民社区志愿者组织甚至各种营利性机构参与自然保护区管理。非政府环境保护组织一方面能发挥专业智力优势，弥补政府在自然保护区资金投入和能力方面的不足；另一方面也能监督政府管理是否得到落实，提升保护区管理绩效。居民社区志愿者组织主要是发挥公众参与环保事务的积极性，这些组织或者参与部分自然保护区管理工作，或者开展相关管理监督工作，有效地提高了社会公众的环保水平和社会整体福利水平。营利性机构的参与则主要是通过吸收社会资本、企业参与自然保护区管理，发挥其环境保护领域的专业优势，运作模式主要是由这些机构承担政府提供的购买服务项目，政府对这些项目进行监督。在管理方式上，英国独具特色的就是"管理契约"制度。由于英国有些自然保护区土地属于私人所有，自然保护区管理部门与土地所有人或使用者签订协议，确保其对该区域的开发利用不会对自然保护区造成不良影响，且明确有利于自然保护区的保护目标要求。同时，为了激励土地所有者从事生态保护的积极性，在协议中也约定对其在生态保护中的损失给予补偿，对其贡献给予奖励。通过这种利益分享机制，提高多方参与生态保护的积极性。

2. 国内生态保护红线理念内涵

国内最早提出生态保护红线是 2005 年广东省颁布的《珠江三角洲环境保护规划纲要（2004—2020 年）》，该规划纲要出台了"红线调控、绿线提升、蓝线建设"的三线总体战略，并将生态保护红线定义为包括自然保护区核心区、生态公益林、水土流失敏感区和原生生态系统等在内的各种生态环境敏感和具有重要生态系统服务功能的区域，该规划纲要还要求对红线区域内实施最严格的保护和禁止开发。

2011 年，国务院出台《关于加强环境保护重点工作的意见》，明确提出将编制环境功能规划，并在此基础上在全国范围内划定生态红线。此为第一次在高级别正式文件中提及"生态红线"，在随后印发的《国家环境保护"十二五"规划》中再次提及"生态红线"。2013 年，党的十八届三中全会的《中共中央关于全面深化改革若干重大问题的决定》将"生态红线"全面阐述为"生态保护红线"，明确表示开展生态保护红线划定工作。2014 年，环境保护部印发的《国家生态保护红线——生态功能红线划定技术指南（试行）》成为中国首个生态保护红线划定的纲领性技术指导文件，将生态保护红线定义为国家为维护生态安全、保障经济社会可持续发展而必须严格保护的最小空间范围和最低数量限值。2015 年，《生态保护红线划定技术指南》正式出台，进一步将其概念作了比较明确的解释："生态保护红线是指依法在重点生态功能区、生态环境敏感区和脆弱区等区域划定的严格管控边界，是国家和地区生态安全的底线。"即生态保护红线所包围的区域就是生态保护红线区，生态保护红线区对于维护生态安全格局、保障生态系统功能、支撑经济社会可持续发展具有重要作用。

2017 年，环境保护部会同国家发展改革委共同出台了《生态保护红线划定指南》，将生态保护红线基本概念修改阐释为"在生态空间范围内具有特殊重要功能、必须强制性严格保护的区域，是保障和维护国家生态安全的底线和生命线"。其范围涵盖了具有重要水源涵养、生物多样性维护、水土保持、防风固沙、海岸生态稳定等功能的生态功能重要区域，以及水土流失、土地沙化、石漠化、盐渍化等生态环境敏感脆弱区域。

生态保护红线以"红线+区域"为基础，增加了"国土空间"和"生态空间"两个概念，生态保护红线的范围更明确具体。作为指导全国生态保护红线划定工作的纲领性技术文件，2017 年版《生态保护红线划定指南》对我国生态保护红线基本格局起着举足轻重的作用，其出台后，官方对"生态保护红线"概念也未再进行补充和改动。

（二）生态保护红线的制度构建

1．法律层面

法律层面上，国家先后在《环境保护法》《国家安全法》《海洋环境保护法》《水污染防治法》中作出了专项规定（表 3-2），将生态保护红线引入环境保护、国家安全、海洋环境治理、水污染防治多个领域内，初步做到了有法可依。

表 3-2　法律层面关于生态保护红线的规定

名称	制定机关	施行日期	关联法条
《环境保护法》	全国人大常委会	2015 年 1 月 1 日	第二十九条第一款　国家在重点生态功能区、生态环境敏感区和脆弱区等区域划定生态保护红线，实行严格保护
《国家安全法》	全国人大常委会	2015 年 7 月 1 日	第三十条　国家完善生态环境保护制度体系，加大生态建设和环境保护力度，划定生态保护红线，强化生态风险的预警和防控，妥善处置突发环境事件，保障人民赖以生存发展的大气、水、土壤等自然环境和条件不受威胁和破坏，促进人与自然和谐发展
《海洋环境保护法》	全国人大常委会	2017 年 11 月 5 日	第三条　国家在重点海洋生态功能区、生态环境敏感区和脆弱区等海域划定生态保护红线，实行严格保护
《水污染防治法》	全国人大常委会	2018 年 1 月 1 日	第二十九条第三款　从事开发建设活动，应当采取有效措施，维护流域生态环境功能，严守生态保护红线

2．政策和国务院规范性文件、部门规章

从 2015 年开始，国务院、国家部委就着手生态保护红线制度的总体布局，以全国生态功能区划分为基础，推进配套的划定落实工作。目前，全国范围内的红线区域划定工作已初步完成，中央的工作重点已经转入生态保护红线管控、监督制度的建设（表 3-3）。

表 3-3 规范性文件和部门规章层面关于生态保护红线的规定

名称	制定机关	施行日期
《关于加强环境保护重点工作的意见》	国务院	2011 年 10 月 17 日
《全国生态功能区划（修编版）》	环境保护部	2015 年 11 月 13 日
《生态保护红线划定指南》	环境保护部、国家发展改革委	2017 年 5 月 27 日
《关于划定并严守生态保护红线的若干意见》	中共中央办公厅、国务院办公厅	2017 年 2 月 7 日
《关于全面加强生态环境保护坚决打好污染防治攻坚战的意见》	中共中央、国务院	2018 年 6 月 6 日
《生态保护红线勘界定标技术规程》	生态环境部、自然资源部	2019 年 8 月 26 日
《关于在国土空间规划中统筹划定落实三条控制线的指导意见》	中共中央办公厅、国务院办公厅	2019 年 11 月 1 日
《生态保护红线监管技术规范保护成效评估（试行）》	生态环境部	2020 年 11 月 24 日
《生态保护红线监管技术规范基础调查（试行）》		
《生态保护红线监管技术规范平台建设（试行）》		
《生态保护红线监管技术规范生态功能评价（试行）》		
《生态保护红线监管技术规范生态状况监测（试行）》		
《生态保护红线监管技术规范数据质量控制（试行）》		
《生态保护红线监管技术规范台账数据库建设（试行）》		
《生态环境部关于实施"三线一单"生态环境区分管控的指导意见（试行）》	环境保护部	2011 年 11 月 19 日
《自然资源部 生态环境部 国家林业和草原局关于加强生态保护红线管理的通知（试行）》	自然资源部、生态环境部、国家林业和草原局	2022 年 8 月 16 日
《生态保护红线生态环境监督办法（试行）》	生态环境部	2023 年 1 月 1 日
《生态保护红线监管技术规范 疑似生态破坏问题图斑遥感识别（试行）》	生态环境部	2023 年 12 月 29 日

3. 广东省法律法规、规范性文件

自国家开始着手布局生态保护红线制度体系以来，广东省积极开展生态保护红线划定和管理工作。《广东省环境保护条例》中明确要求："县级以上人民政府应当根据本行政区域生态环境状况，在重点生态功能区、生态敏感区和脆弱区等区域划定生态保护红线。生态保护红线、生态控制线应当相互衔接。在生态保护红线区域内，实施严格的保护措施，禁止建设污染环境、破坏生态的项目。"

2021 年 1 月，广东省人民政府印发了《广东省"三线一单"生态环境分区管控方案》，公布了广东省生态保护红线划定面积：广东省陆域生态保护红线面积 36 194.35 平方千米，占全省陆域国土面积的 20.13%；全省海洋生态保护红线面积 16 490.59 平方千米，占全省

管辖海域面积的 25.49%。

2023 年 12 月，广东省自然资源厅、广东省生态环境厅、广东省林业局联合出台《关于严格生态保护红线管理的通知（试行）》，明确了各级政府、各部门生态保护红线监管职责，要求各级林业主管部门重点抓好自然保护地的监督和管理。

一是规范管控允许有限人为活动。明确了生态保护红线内 10 类允许有限人为活动类型，以及是否涉及新增建设用地、用海用岛审批的允许有限人为活动的具体办理流程。在报批农用地转用、土地征收、海域使用权、无居民海岛开发利用时，必须附省政府出具的相应认定意见。

二是严格审批国家重大项目占用。明确了国家重大项目占用审批流程，除允许的有限人为活动外，仅允许国家重大项目占用生态保护红线，但必须符合该通知明确的项目范围。

三是从严把关生态保护红线调整。明确了生态保护红线进行调整的情形，分为随自然保护地边界范围相应调整、油气探矿权拟转采矿权申请调整、结合国土空间规划修改定期调整 3 类。

四是强化生态保护红线监管（表 3-4）。明确了各级人民政府是本行政区域生态保护红线实施监管的责任主体。要求各级自然资源主管部门严格国土空间用途管制实施监督，各级生态环境主管部门做好生态环境监督工作，各级林业主管部门重点抓好自然保护地的监督和管理。

表 3-4　广东省关于生态保护红线的规定

名称	制定机关	施行日期
《广东省环境保护条例》	广东省人民代表大会常务委员会	2019 年 11 月 29 日
《关于印发〈广东省"三线一单"生态环境分区管控方案〉的通知》	广东省人民政府	2021 年 1 月 5 日
《关于严格生态保护红线管理的通知（试行）》	广东省自然资源厅、广东省生态环境厅、广东省林业局	2023 年 12 月 12 日

（三）生态保护红线的划定与管理

1. 生态保护红线的划定历程

生态保护红线目前仍处于不断探索的阶段，对生态保护红线的理解和划分方法尚未形成统一的标准体系。国家和省域生态红线划分已有一定基础，江苏省率先在全国制定出台省级生态红线区域保护规划，划出 15 种类型生态红线区域，出台补偿政策和管控制度。天津市出台《生态用地保护红线划定方案》，明确红线区内禁止一切与保护无关建设活动，黄线区内从事各项建设活动必须经市政府审查同意。2014 年，环境保护部出台《国家生态保护红线——生态功能红线划定技术指南（试行）》（环发〔2014〕10 号），将内蒙古、江西、湖北、广西等地列为生态红线划定试点，但尚未提出大中型城市划分生态红线的指导和要求。红线的概念最早源于城市规划领域，是指城市建设用地的控制边界，长期以来城市规划领域一直是将建设用地和发展空间作为关注重点，近年来生态用地空间开始逐渐受到重视。城市生态保护红线的划分与管理已经有不少有益的探索，如深圳、东莞、无锡、武汉、广州、天津等城市已经在编制城市规划过程中陆续划定城市生态红线。

2015 年 5 月，环境保护部印发了《生态保护红线划定技术指南》（环发〔2015〕56 号），以指导全国生态保护红线划定工作。该指南是在《国家生态保护红线——生态功能红线划定技术指南（试行）》基础上，经过一年的试点试用、地方和专家反馈、技术论证所形成。同年 11 月，环境保护部印发了《关于开展生态保护红线管控试点工作的通知》（环办函〔2015〕1850 号），选择江苏、海南、湖北、重庆和沈阳开展生态保护红线管控试点，指导试点地区在生态保护红线区环境准入、绩效考核、生态补偿和监管等方面进行探索。2017 年，环境保护部办公厅、国家发展改革委办公厅共同印发《生态保护红线划定指南》（环办生态〔2017〕48 号）。2019 年 8 月，生态环境部、自然资源部发布《关于印发〈生态保护红线勘界定标技术规程〉的通知》，要求参照本技术规程，推进生态保护红线勘界定标工作。京津冀、长江经济带省份和宁夏回族自治区等 15 个省（区、市）依据国务院认定的生态保护红线评估结果，开展勘界定标；其他省份在国务院批准生态保护红线划定方案后，启动勘界定标。按照《关于划定并严守生态保护红线的若干意见》要求，生态保护红线勘界定标应于 2020 年年底前全面完成。2021 年 12 月 23 日，全国所有省份、地市两级"三线一单"（生态保护红线、环境质量底线、资源利用上线和生态环境准入清单）成果均完成发布，基本建立了覆盖全国的生态环境分区管控体系。

2023 年，自然资源部宣布中国生态保护红线的划定工作全面完成。同年 8 月，发布了《中国生态保护红线蓝皮书（2023 年）》，这是我国首部生态保护红线蓝皮书，系统总结了全面完成生态保护红线划定的历程、方法、成果和实践案例，提出了加强生态保护红线监管、完善生态保护红线制度的思路和建议。蓝皮书显示，本次规划划定生态保护红线面积合计约 319 万平方千米，其中陆域生态保护红线面积约 304 万平方千米，海洋生态保护红线面积约 15 万平方千米。

2024 年自然资源部发布的《2023 年中国自然资源公报》显示，2023 年，耕地和永久基本农田面积分别保持在 18.65 亿亩和 15.46 亿亩以上，全国生态保护红线面积稳定在 315 万平方千米以上。

2．生态保护红线的划定管理

生态保护红线的划定，就是运用生态环境功能区划的方法，将区域内生态环境敏感度较高和生态服务功能较重要的区域划入生态保护红线保护线范围内。红线只承担生态环境保障的功能。在土地利用规划编制的过程中，将红线纳入禁止建设区并进行最严格的保护。生态保护红线的划定是实现生态环境保护与城镇发展相协调的重要规划措施。

（1）划定原则

科学性原则：以构建国家生态安全格局为目标，采取定量评估与定性判定相结合的方法划定生态保护红线。在资源环境承载能力和国土空间开发适宜性评价的基础上，按照生态系统服务功能（以下简称生态功能）重要性、生态环境敏感性识别生态保护红线范围，并落实到国土空间，确保生态保护红线布局合理、落地准确、边界清晰。

整体性原则：统筹考虑自然生态整体性和系统性，结合山脉、河流、地貌单元、植被等自然边界以及生态廊道的连通性，合理划定生态保护红线，应划尽划，避免生境破碎化，加强跨区域间生态保护红线的有序衔接。

协调性原则：建立协调有序的生态保护红线划定工作机制，强化部门联动，上下结合，充分与主体功能区规划、生态功能区划、水功能区划及土地利用现状、城乡发展布局、国家应对气候变化规划等相衔接，与永久基本农田保护红线和城镇开发边界相协调，与经济社会发展需求和当前监管能力相适应，统筹划定生态保护红线。

动态性原则：根据构建国家和区域生态安全格局，提升生态保护能力和生态系统完整性的需要，生态保护红线布局应不断优化和完善，面积只增不减。

（2）管控要求

生态保护红线原则上按禁止开发区域的要求进行管理。严禁不符合主体功能定位的各类开发活动，严禁任意改变用途，确保生态功能不降低、面积不减少、性质不改变。因国家重大基础设施、重大民生保障项目建设等需要调整的，由省级政府组织论证，提出调整方案，经生态环境部、国家发展改革委会同有关部门提出审核意见后，报国务院批准。

——功能不降低。生态保护红线内的自然生态系统结构保持相对稳定，退化生态系统功能不断改善，质量不断提升。

——面积不减少。生态保护红线边界保持相对固定，生态保护红线面积只能增加，不能减少。

——性质不改变。严格实施生态保护红线国土空间用途管制，严禁随意改变用地性质。

（3）划定技术流程

按照定量与定性相结合的原则，通过开展科学评估，识别生态保护的重点类型和重要区域，合理划定生态保护红线（图3-1）。

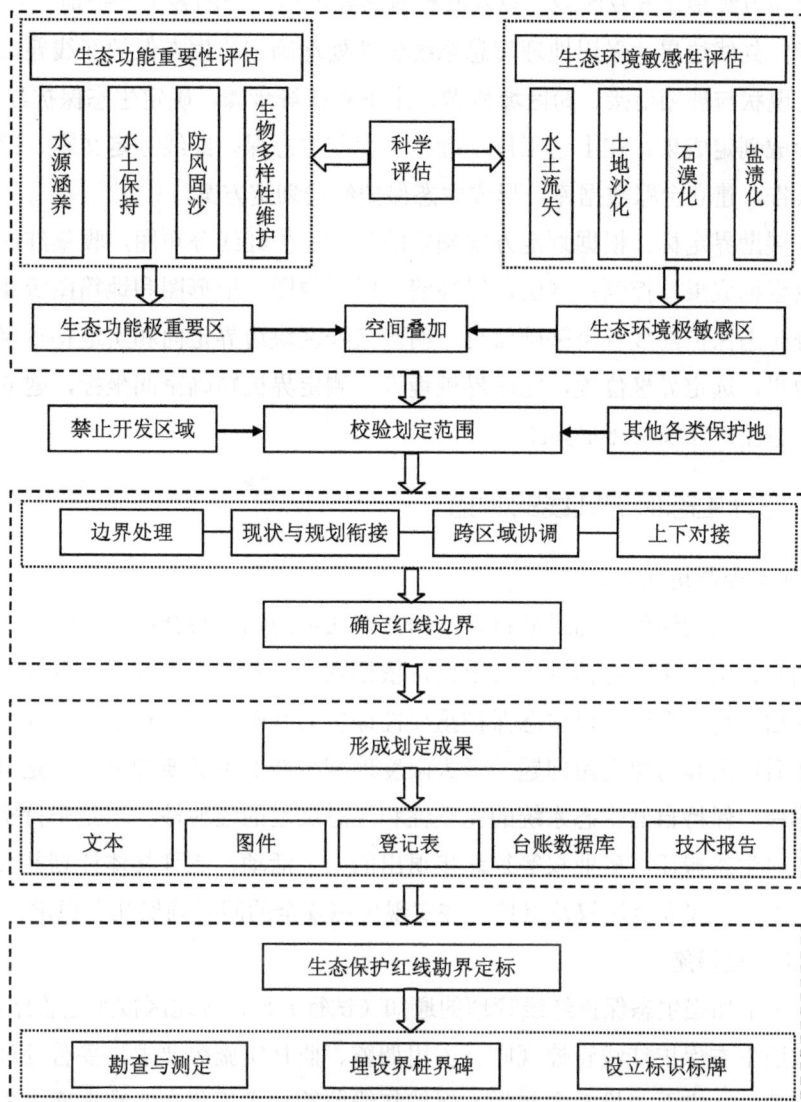

图 3-1 生态保护红线划定技术流程示意

一是开展科学评估。在国土空间范围内，按照资源环境承载能力和国土空间开发适宜性评价技术方法，开展生态功能重要性评估和生态环境敏感性评估，确定水源涵养、生物多样性维护、水土保持、防风固沙等生态功能极重要区域及极敏感区域，纳入生态保护红线。科学评估的主要步骤包括确定基本评估单元、选择评估类型与方法、数据准备、模型运算、评估分级和现场校验。

二是校验划定范围。根据科学评估结果，将评估得到的生态功能极重要区和生态环境极敏感区进行叠加合并，并进行校验，形成生态保护红线空间叠加图，确保划定范围涵盖国家级和省级禁止开发区域，以及其他有必要严格保护的各类保护地。

三是确定红线边界。采用地理信息系统软件处理确定的生态保护红线叠加图，通过边界处理、现状与规划衔接、跨区域协调、上下对接等步骤，确定生态保护红线边界。

四是形成划定成果。在上述工作基础上，编制生态保护红线划定文本、图件、登记表及技术报告，建立台账数据库，形成生态保护红线划定方案。

五是开展勘界定标。根据划定方案确定的生态保护红线分布图，收集红线附近原有平面控制点坐标成果、控制点网图，以高清正射影像图、地形图和地籍图等相关资料为辅助，调查生态保护红线各类基础信息，明确红线区块边界走向和实地拐点坐标，详细勘定红线边界。选定界桩位置，完成界桩埋设，测定界桩精确空间坐标，建立界桩数据库，形成生态保护红线勘测定界图。

（四）守好生态保护红线的举措

1. 加快落实调整规则

生态保护红线的调整应当遵循科学依据，在法定的幅度与合理的空间中进行。红线的调整应当符合国土空间总体规划与定位，依据规划的基础数据开展。具体而言，一是坚持科学评估、合理调整，以生态保护重要性评价为基础，完善科学评价体系，妥善处理好现实矛盾冲突和历史遗留问题，最大限度地减少新的不必要冲突。二是坚持应划尽划、应保尽保，保持自然生态系统的完整性和生态廊道的连通性。三是坚持实事求是、简便易行，对生态搬迁、矿业权等须逐步退出的人为活动，制订具体计划并合理设置过渡期，依法加强产权人合法权益保护，在实现生态安全的同时确保社会稳定。

2. 强化管控措施

根据《关于加强生态保护红线管理的通知（试行）》，各地区按照划管结合的思路，严格落实按照生态保护红线管控规则、占用调整、监督实施等要求，妥善处理红线内的各类人为活动。一方面，推动实施生态保护红线监管技术规范台账数据库、生态功能评价等系列标准，加强监管平台与能力建设；另一方面，各地区以此为基础结合实际不断细化完善，确保生态保护红线划定后，已有人为活动和规划项目在实施、监管过程中有据可依、有能力落实。

3. 开展监测评估

建立生态保护红线监管指标体系，须加强资源环境承载力评估和国土空间开发适宜性评估。一方面，建立生态保护红线监测评估制度，开展生态保护红线生态系统格局、质量、功能等监测评估，及时掌握全国、重点区域、县域生态保护红线动态变化，实现对重点区域和重大问题的及时预警和处置；另一方面，建立国家生态保护红线监管平台，加强监测数据集成分析和综合应用，强化生态气象灾害监测预警能力建设，全面掌握生态系统构成、分布与动态变化，及时评估和预警生态风险，提高生态保护红线管理决策科学化水平。

4. 强化执法监督

根据底线约束、规划引领、部门协同、数字治理的原则，以最严格的生态环境保护制度监管生态保护红线，实现一条红线管控重要生态空间，确保生态功能不降低、性质不改变，维护生态安全，促进经济社会可持续发展。一是加大生态保护红线执法监督力度，确保最严格的生态环境保护制度落地见效。二是建立生态保护红线常态化执法机制，定期开展执法督查，不断提高执法规范化水平。三是充分运用中央生态环境保护督察和绿盾专项行动发现及依法处罚生态保护红线内的违法行为，切实做到有案必查、违法必究。同时，加强与司法机关的沟通协调，健全行政执法与刑事司法联动机制。

5. 完善生态补偿机制

按照"谁保护、谁受益"的原则，建立健全市场化、多元化的生态保护经济补偿制度，加大各级财政支持，将涉及生态保护红线的补偿经费纳入本级政府财政预算，实行补偿资金发放与生态保护责任的落实相挂钩，对为生态保护作出贡献的集体和个人给予奖励。一方面，加快完善国家重点生态功能区转移支付政策，并在生态保护红线所在地区和受益地区探索建立横向生态保护补偿机制；另一方面，瞄准生态补偿的主客体、制定差别化的补偿标准、配合使用不同补偿方式、精准有效监督补偿客体、构建补偿综合绩效评价体系，形成全覆盖、不重复、有机衔接的生态补偿体系，缩小相关方之间的认知差异、目标分歧和利益冲突，增强维护生态保护红线的内生动力。

6. 健全考核追责机制

生态保护红线划定来之不易，各地区、各部门应切实担负起主体责任，形成生态保护合力，推动绿色发展。一方面，继续不断完善生态保护红线生态功能评价指标体系和方法，对各级党委、政府开展生态保护红线保护成效进行考核，并将结果纳入生态文明建设目标评价体系，作为党政领导班子和领导干部综合评价及离任审计的重要参考；另一方面，对违反生态保护红线管控要求，造成生态破坏的部门、地方、单位和有关责任人员，按照有关法律法规和《党政领导干部生态环境损害责任追究办法（试行）》等规定实行责任追究。

7. 健全公众参与机制

生态保护红线能否守得住，关键在于执行力度强不强、执行效果好不好，关键在于公众的积极广泛参与是否到位。一方面，不仅需要充分发挥公益广告、自然教育等宣传倡导作用，推动社会各界牢固树立生态保护红线观念，还要及时、准确发布生态保护红线的分布、调整、保护状况及其监控、评价、处罚和考核等信息，保障公众的知情权；另一方面，拓宽公众监督参与渠道，合理运用听证会、论证会、问卷、电话、信函、网络以及志愿服务等方式，保障公众的参与权和监督权，借助社会力量实现一条红线管控重要生态空间。

思考与探索

1. 生态保护红线作为我国基本国策的"生命线"，当前应如何实现常态化的生态保护红线监管和评估，同时如何解决各部门间的责任分工？

2. 建立完善的生态补偿机制是推动生态保护红线政策落实的有力保障，但由于涉及生态保护红线区域范围广、面积大，且与各类生态系统、自然保护地存在交叉重叠关系，如何在考虑补偿对象、补偿水平、补偿模式等方面的同时提出制定差别化的补偿标准？

三、优化城镇开发边界

（一）城镇开发边界的理念内涵

城镇开发要设定边界的理念可以追溯到现代城市规划产生之初。例如，霍华德在《明日的田园城市》一书中就曾提出，为了应对城市的无序蔓延和由此带来的各种"城市病"，要在中心城区外围设立永久性绿带，以抑制城市无序生长。此后，英国于1938年颁布的《绿带法》以及"二战"后大伦敦规划中的"绿带"等，也体现了这一理念。美国地方规划中的城镇增长边界（UGB）则与后来的"精明增长"（Smart Growth）等思潮相关联。

"二战"后至20世纪60年代，西方经济持续繁荣，加之汽车的普及，郊区城市化成为热潮。以美国为例，在土地私有、规划编制和开发控制属于地方自治事务的背景下，土地所有者可以向地方政府申请规划编制或修改既有规划（均是指zoning by-law，即区划，下同），以赋予其开发许可。土地开发的巨大经济利益及地方政治运作，导致很多城市出现了郊区化发展及城市无序蔓延。但到20世纪中后期，情况发生了变化，特别是能源危机带来的巨大影响；与此同时，地方公共财政也越来越难以负担低密度开发下的市政建设和公共服务。在此背景下，"精明增长""新城市主义"等思潮应运而生；在规划实务层面，为了克服城市蔓延所导致的种种矛盾，美国一些城市开始引入城镇增长边界等基于新理念的规划控制手段。

较为典型的如美国波特兰的城市增长边界管理，即通过《城市增长管理功能规划》（*Urban Growth Management Functlonul Plan*）、《都市区区域规划框架》（*Metro Regional Framework Plan*）、《2040城市增长概念》（*2040 Urban Growth Concept*）等规划，共同组成波特兰大都市地区的增长管理政策，以引导和约束区域城镇形态。位于大都市地区内的有关地方政府的规划编制，必须符合《城市增长管理功能规划》和《都市区区域规划框架》，以处理好城市增长管理与城市发展的关系；在微观层面则是通过区划法来细化和落实有关的政府规划。这些做法取得了显著成效。

在日本的城市规划制度中，也可见到类似的城镇开发边界概念，亦是体现了国土空间领域的公共政策导向。其主要做法是通过城市化政策区"划线"，将区域划分为城市化促进区、城市化控制区和城市规划区三类空间，以此作为制定土地使用区划、公共设施规划、其他特别用途区划等规划层次需要遵守的空间框架。在城市化控制区内，除农业、渔业、林业设施建设外，其他土地开发和分割土地的行为原则上都是被禁止的；而在城市化促进区，则是支持和鼓励农业用地的城市化转变，包括可以制定土地使用区划或进一步细分用地（表3-5）。

表 3-5　日本城市化促进区及控制区划线的法律效应

项目	城市化促进区	城市化控制区
土地使用控制	根据土地使用区划控制土地的使用，保证有序地使用土地	从农业发展角度，通过规划控制土地使用，不划定土地使用区划
公共投资	批准公共设施建设并积极地实施公共投资项目，如道路、公园、排水等	积极执行用于促进农业的公共投资
城市开发项目	积极实施	不得实施
土地开发许可	超过1 000平方米的建设必须得到道府县官员的批准，应满足技术上的要求	一些特定的大规模开发项目，其开发行为是严格受限的
农田保护	制定保护必要性的报告	农田改变用途必须得到都道府县官员的批准
城市规划征税	可以征收城市规划税，用作城市规划项目的基金	不得征收城市规划税

随着我国经济社会的稳定发展，许多城市都已进入城镇化改革进程。自 20 世纪 80 年代以来，我国的城镇化率已迅速增长至 60%；截至 2023 年，我国的城镇化率已达到 66.16%。通过数据总结发现，当前我国的城镇化率已高于世界平均水平，我国在城镇化发展进程不断推进过程中，也面临着各种各样的问题，包括生态资源的破坏、土地资源的紧张、城市发展的无序化等，其对环境造成的影响往往包括生态系统破坏、水资源污染、空气质量下降等。这些情况对社会的稳定发展和可持续发展造成了不利的影响。同时，我国仍处于快速城镇化时期，由于城市人口的聚集和经济的增长需要占用更多的城市用地，所以在城镇开发过程中应该合理地利用更有效的管控手段来限制城镇的规模和扩张范围，确保城镇"三生"空间能够维持一个健康的发展状态。

城镇开发边界是指在城市或城镇规划中划定的一个范围，用于界定城市或城镇的发展边界。这个概念源于城市规划和土地管理的实践，旨在控制城市扩张的范围和速度，保护农田、自然资源和环境，促进城市可持续发展。划定城镇开发边界可以控制城市的生态足迹，保护自然资源和生态环境，减少对环境的负面影响。同时防止城市扩张过度侵占农田，保障食品安全等重要资源。

国务院在《市级国土空间总体规划编制指南（试行）》中对城镇开发边界作出了定义，明确指出："城镇开发边界是在一定时期内因城镇发展需要，可以集中进行城镇开发建设，完善城镇功能、提升空间品质的区域边界，涉及城市、建制镇以及各类开发区等。"城镇开发边界内可分为城镇集中建设区、城镇弹性发展区和特别用途区（图3-2）。

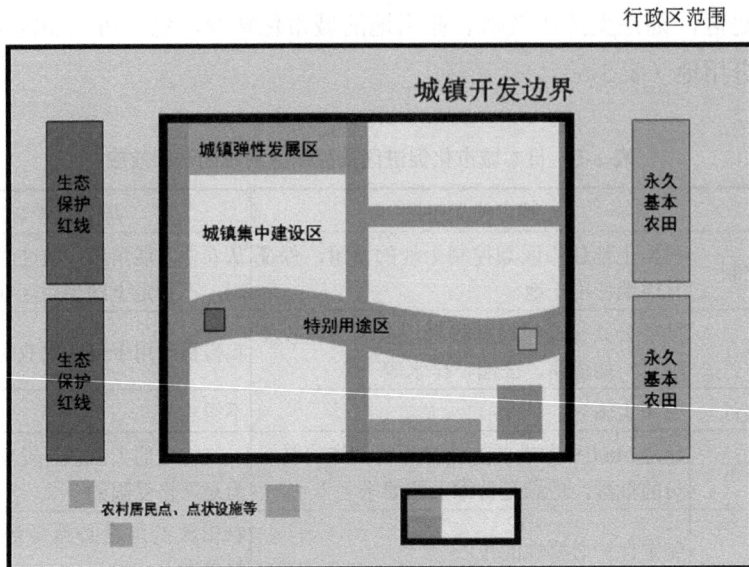

图 3-2　空间关系示意

资料来源：本图出自《市级国土空间总体规划编制指南（试行）》。

城镇集中建设区：根据规划城镇建设用地规模，为满足城镇居民生产生活需要，划定的一定时期内允许开展城镇开发和集中建设的地域空间。

城镇弹性发展区：为应对城镇发展的不确定性，在城镇集中建设区外划定的，在满足特定条件下方可进行城镇开发和集中建设的地域空间。

在不突破规划城镇建设用地规模的前提下，城镇建设用地布局可在城镇弹性发展范围内进行调整，同时相应核减城镇集中建设区用地规模。

特别用途区：为完善城镇功能，提升人居环境品质，保持城镇开发边界的完整性，根据规划管理需划入开发边界内的重点地区，主要包括与城镇关联密切的生态涵养、休闲游憩、防护隔离、自然和历史文化保护等地域空间。

特别用途区原则上禁止任何城镇集中建设行为，实施建设用地总量控制，原则上不得新增除市政基础设施、交通基础设施、生态修复工程、必要的配套及游憩设施外的其他城镇建设用地。

（二）城镇开发边界政策制定历程

我国规划工作中的城镇开发边界概念界定可追溯到建设部 2005 年颁布的《城市规划编制办法》。根据该办法，在城市总体规划纲要阶段要"研究中心城区空间增长边界，提出建设用地规模和建设用地范围"。此后，2008 年国务院批准的《全国土地利用总体规划纲要》要求"实施城乡建设用地扩展边界控制"。其共同的背景是 2000 年后城市建设用地的快速扩张及中央政府对此的警觉。然而，当初的"增长边界"或"扩展边界"在城市总体规划和土地利用总体规划中的作用和运作机制并不清晰。所以在相关规章或规范性文件中，仅是要求在规划编制过程中开展相关的研究，并未就增长边界的划定做具体规定，更没有提出在规划管理中应当如何落实。

中央对城镇开发要设定边界控制的思路表示认可。2013 年，中共中央发布了关于深化改革的相关规定，明确指定在各地政府改革的过程中，应该以空间规划体系为基础落实各方面的管控措施，确保能够对整个空间体系进行全方面的控制。同年底，中央城镇化工作会议明确要求"尽快把每个城市特别是特大城市城镇开发边界划定"。《国家新型城镇化规划（2014—2020 年）》《生态文明体制改革总体方案》和中央城市工作会议等一系列重要文件和会议都强调，科学划定城市开发边界，限制城市无序蔓延和低效扩张，推动城市发展由外延扩张式向内涵提升式转变。为贯彻中央城镇化工作会议精神，2014 年7 月，国土资源部会同住房和城乡建设部召开了"划定城市开发边界试点工作启动会"。两部共同确定了在 14 个城市开展划定城市开发边界的试点工作。同时，四川、陕西、安徽等省份也发布了地方性的城镇开发边界划定技术规定。通过这一阶段的实践，规划界对城镇开发边界的内涵和划定方法有了一定认识，但工作成效与中央要求还有较大距离。

2016 年，中共中央、国务院发布《关于进一步加强城市规划建设管理工作的若干意见》，再次提出了要划定城市开发边界，强调了"引导调控城市规模，优化城市空间布局和形态功能，确定城市建设约束性指标"，是"依法制定城市规划"的一部分。2017 年10 月，党的十九大报告更全面地提出了要"完成生态保护红线、永久基本农田、城市开发边界三条控制线的划定工作"。党的十九大以后，各项改革加快推进。2019 年 1 月 23 日，中央全面深化改革委员会审议通过了《关于建立国土空间规划体系并监督实施的若干意见》，并于 5 月 23 日公开发布。中央明确要求，在"多规合一"的国土空间规划编制工作中，要科学划定包括"城镇开发边界"在内的空间管控边界；要通过划定城镇开发边界，在边界内外实施差异化的国土用途管制制度。2019 年年底，中共中央办公厅、国务院办公厅印发《关于国土空间规划中统筹划定落实三条控制线的指导意见》，尤其是对城镇开发边界的定义进行了深入的总结和阐述，也确定了相应的划定原则和分区管理办法。

在城镇开发边界划定过程中，应该以城镇现状为基础，重视人口分布，结合城乡统筹发展体系，防止城镇无序蔓延。同时在城镇的发展过程中，应该重视资源承载能力的上限，不能对所有区域进行无限制的开发，同时科学地预留出一定的空间，为未来的发展提供弹性，在城镇建设的过程中，不得侵犯河道、湖面等水域空间，任何情况下的城镇开发边界都必须以保护生态环境为先决条件，不占或少占永久基本农田。

（三）城镇开发边界的划定思路

城镇开发边界划定以城镇开发建设现状为基础，综合考虑资源承载能力、人口分布、经济布局、城乡统筹、城镇发展阶段和发展潜力，框定总量、限定容量，防止城镇无序蔓延。

1．基本划定原则

一是坚持节约优先、保护优先、安全优先，以"双评价"为基础，优先划定森林、河流、湖泊、山川等不能进行开发建设的范围，统筹划定"三条控制线"；二是城镇开发边界形态尽可能完整，充分利用现状各类边界；三是为未来发展留有空间，强化城镇开发边界对开发建设行为的刚性约束作用，同时也要考虑城镇未来发展的不确定性，适当增加布局弹性；四是因地制宜，结合当地城镇化发展水平和阶段特征，兼顾近期和长远发展。

2．划定合理边界

在城市规划和管理工作中，城镇开发边界的管控工作是重中之重，其能够合理规定城市发展的空间范围，促进城市内部的可持续发展。在具体工作中，相关部门要确定生态保护红线范围，结合城市生态环境和自然景观的保护需求，明确禁止开发和建设的区域，针对生态保护红线范围内的生态环境和自然景观也要制定相对的保护政策，包括生态修复、生态补偿等，推动生态环境的可持续发展。除此之外，要确定农业的空间范围，明确农业用地的保护和利用要求，并做好农田水利建设、农业技术推广等工作，推动农业的发展。对于城镇边界的建设用地要确定用地范围，明确用地的使用性质和建设标准，并制定相应的管理措施，包括土地出让、建设审批等，提高用地的合理性和高效性，也保证城镇开发边界管控工作符合国土空间规划的要求。水是生命之源，在城镇边界管控工作体系下，要确定水资源的保护范围。结合区域水资源的实际情况制定管理措施，如水资源调度、水污染防治等，提高水资源的保护质量和利用率。

3．严格控制用地规模

实现有效的城镇开发边界管控工作，可以合理划定城市发展的空间范围。相关部门在具体工作中要遵循国土空间规划的根本原则，严格控制各项用地规模，结合城市发展需求和土地利用规划，明确各类用地的功能定位和使用要求，制订翔实的用地规划方案，包括用地布局、建设标准、交通组织等多个方面，提高用地规划的科学性和可操作性。若存在新增用地，要严格控制用地结构，结合城市发展的需求和产业布局，优先保障基础设施、公共服务设施和重点产业项目的用地需求，防止城市无序扩张和低效利用。相关部门要结合城市的发展情况，盘活存量用地，挖掘存量土地的潜力，并实现存量土地再开发。可以在城市内部制定激励政策和技术创新手段，鼓励企业和个人对存量土地实现再开发，提高土地的利用率。而对于城市内部的生态环境保护，要加强重视，修复已受损的生态环境，使其恢复生态功能，提高当地生态系统的稳定性和可持续性。也要在城市内部倡导绿色低碳发展，推广绿色建筑、绿色交通、节能减排等技术手段，降低城市建设对生态环境造成的负面影响。

4. 加强监督管理

在开展城镇开发边界管控工作时，要制定完善的管控政策，加强规划管理，严格土地管理，保护当地的生态环境。相关部门要结合城市发展的目标，制定城市管理标准，明确城镇开发边界的管控政策，并建立完善的管控体系，确保各项政策的科学性、合理性和可操作性。对于城市规划的审批和管理也要加强控制，避免出现城市无序扩张或土地低效利用的情况。在实施城市规划时，要有专门的部门负责监督检查。保证规划有效实施和执行，严格避免出现违规建设或破坏生态环境的行为。要在国土空间规划体系下制定完善的土地管理措施，确保土地的合法使用和高效利用。同时要对城市内部的生态环境予以保护和修复，相关部门要建立健全城镇开发边界管控监督检查制度，明确检查内容、方式和责任主体，确保监督工作的有效实施。若出现违反城镇开发边界管控政策的行为，要严肃处理，增强震慑力，提高管控工作的权威性和严肃性。

5. 推动可持续发展

实现城镇开发边界管控工作是推动城镇可持续发展的重要举措，相关部门要优化城镇空间布局，提高资源的利用率，保护生态环境。在具体工作中，要结合城市规划、土地利用规划、生态环境保护等要求，明确划定城镇开发边界的依据和原则。综合分析城市发展需求、资源环境、承载能力等因素，保证城镇开发边界的科学性和合理性。要优化城镇开发边界的资源配置，提高土地利用率，促进产业集聚和升级，推动城镇经济的正向发展。同时，对于城镇边界区域的生态环境保护要格外重视，降低污染排放，提高当地的环境质量，促进人与自然的和谐共存。城乡一体化发展作为当今城市经济建设的重中之重，相关部门要打破城乡的二元结构，促进城乡资源要素的自由流动和优化配置，真正实现城乡融合。除此之外，若想真正发挥城市经济发展的带动作用，要引导产业集聚发展，制定相关的政策和规划，促进产业链的协同发展；要加大对科技创新的投入和支持力度，调整产业结构，发展绿色低碳产业和高新技术产业，提高产业的附加值和竞争力。

6. 促进城乡融合发展

就我国目前的实际情况而言，农村的经济发展需要城市经济的带动，完善城镇开发边界管控工作是促进城乡融合发展的重要举措。相关部门要结合城市经济建设的根本方向，推动农村的经济发展；并遵循国土空间规划的根本原则，严格控制城镇开发边界区域的用地规模，优化用地结构，提高土地的利用率。在具体工作中，要加强城乡规划衔接，推动城乡基础设施一体化建设，促进城乡产业融合发展，实现城乡的深度融合；并加强对农村地区的支持和保护，维护农村生态环境的稳定性，推动农村地区的可持续发展。

（四）创新城镇开发边界的举措

1. 促进城市可持续发展

实现城镇开发边界管控工作的优化与创新是推动城市可持续发展的重要举措，该项工作能够保护生态环境，优化资源配置，增强城市韧性，引导合理用地，推动绿色低碳发展。通过划定合理的城镇开发边界，能够明确城市发展的空间范围，避免无序开发和过度建设，保护城市的生态环境和自然景观，优化城市内部的空间结构。可以实现城市的紧凑发展，最大限度地利用国土空间，避免国土资源的浪费。除此之外，在开展城镇开发边界管控工作中，要实现弹性调整，建立健全应急机制和预案，提高城市应对突发事件的能力，避免不可控因素给城市发展带来的负面影响。在规划城镇开发边界线时，需要确定用地性质和使用要求，可以明确各类用地的功能定位，避免无序开发和土地资源的浪费。除此之外，通过优化用地结构，提高用地效率，加强生态环境保护等措施，能够推动城市的绿色低碳发展，降低能源消耗、减少环境污染，保护城市内部的生态环境。

2. 提高土地利用效率

国土空间规划工作的根本目标就是提高土地的利用率，而在此背景下，实现城乡开发边界管控工作可以明确城镇开发边界线，确定用地性质，减少用地性质混乱，提高土地利用的针对性和有效性。也能控制建设规模和规范开发强度，避免过度开发，并减少土地资源的浪费和低效使用。通过优化城市空间布局和用地结构，可以引导人口和产业向城市周边地区转移，促进城乡的协调发展。除此之外，在具体开展城镇开发边界管控工作时，会采用各种先进的节能技术和管理模式，可以有效降低能源消耗、减少环境污染，实现城镇生态环境的可持续发展，提高土地利用的可持续性和长期效益。

3. 促进城乡统筹发展

在乡村振兴战略目标下，促进城乡统筹发展是推动城乡经济建设的重要举措。在城镇开发边界管控工作中，需要明确城市发展的空间范围，避免城市无序扩张和城乡空间布局混乱，有助于优化城乡空间布局，实现城乡的协调发展。近年来，农村人口流失情况愈加严重，而大多数农村人口涌入城市，不仅不利于城市的经济发展，还会影响农村的经济建设。在城镇开发边界管控工作中，通过引导人口和产业向城市周边地区转移，有助于优化产业布局，提高产业的竞争力，推动城乡经济的一体化发展。在这一过程中，城乡差距被缩小，农村居民的生活水平也有所提高，有助于维护社会环境的稳定性。

4. 增强农村竞争力

对于城市发展现状而言，农村的发展情况可以说是毫无竞争力，而国家的发展并不仅仅依靠城市的发展，农村也要跟随城市的脚步加强经济建设。为了确保这一目标的实施，要优化城镇开发边界管控工作，增强农村的竞争力。通过划定合理的城镇开发边界，明确农村发展空间范围，避免资源浪费和低效利用，优化农村资源配置，促进农村的经济发展。同时，在城镇融合发展的过程中，需要加强农村的基础设施建设，提高农村交通、水利、电力、通信等基础设施水平，可以明显改善农村居民的居住环境和生活环境，提高农村居民的生活质量，增强农村的吸引力和竞争力，吸引更多的投资和人才进入农村。除此之外，城镇开发边界管控工作还能优化农村产业，使其向特色化、品牌化、绿色化的方向发展，促进农村产业升级转型，提高农村产业的附加值和竞争力，提升农村经济发展水平，增加农村居民收入。

5. 适应经济发展新形势

在如今的社会背景下，农村的发展速度虽然迅猛，但仍有不少农村无法适应当今经济发展的新形势。为此，我们要完善城镇开发边界管控工作体系，确保农村能够适应经济转型升级的需求。随着城乡一体化发展的推进，城乡融合发展成为经济发展的新形势。城镇开发边界管控工作通过统筹城乡空间布局、促进城乡产业融合、推动城乡基础设施和公共服务均等化措施，可以在无形之中促进城乡融合发展，为城乡一体化发展提供有力的保障，也使农村逐渐适应当今社会经济发展的新形势。随着生态文明建设的深入，绿色低碳发展成为当今社会经济发展的新方向，城镇开发边界管控工作可以优化土地结构，提高土地利用率，加强生态环境保护，推动城市和农村的绿色低碳发展，也为构建生态文明社会提供支持。除此之外，在城镇开发边界管控工作中，农村会伴随着城市发展的脚步与方向逐渐进步，可以保证农村适应新型城镇化发展的需求，为农村的可持续发展奠定基础。

思考与探索

1. 建立城镇开发边界机制的本意是通过其刚性约束力控制城市蔓延。随着我国经济发展进入以市场为主力的新常态，你认为应从哪些方面考虑优化和调整城镇开发边界的弹性尺寸？

2. 在当前国家加快推进 GEP 核算体系建立和量化的形势下，城镇开发边界的划定工作成了重中之重，如何推动城镇化发展由外延扩张式向内涵提升式转化，如何在保障生态稳定的前提下实现 GDP 和 GEP 双增长？

参考文献

[1] 李煜恒. 国土空间规划背景下耕地与永久基本农田保护格局优化研究——以江西省泰和县为例[D]. 南昌：江西财经大学，2022.

[2] 郧文聚，张蕾娜，程锋. 基本农田保护 20 年[J]. 中国土地，2009（11）：51-53.

[3] 钱凤魁，张靖野，王秋兵，等. 基于聚类图谱的基本农田领域文献分析及进展[J]. 中国土地科学，2017，31（4）：80-87.

[4] 单嘉铭，吴宇哲. 国内外耕地保护对比及启示[J]. 浙江国土资源，2018（7）：21-24.

[5] 张航. 我国永久基本农田保护制度完善研究[D]. 郑州：郑州大学，2021.

[6] 何雄伟. 生态保护红线管控：国外生态空间管控的理论溯源与经验借鉴[J]. 企业经济，2021，40（11）：45-51.

[7] 王博，王越，王丽，等. 美国自然保护地体系及资金机制浅析[J]. 国土资源情报，2020（4）：17-23.

[8] 康玮. 我国生态红线法律制度研究[D]. 石家庄：河北地质大学，2017.

[9] 刘海龙. 连接与合作：生态网络规划的欧洲及荷兰经验[J]. 中国园林，2009（9）：31-35.

[10] 夏方舟，吴颐，严金明. 生态红线区管理：英国科研专用区的历史脉络与经验借鉴[J]. 地域研究与开发，2017（1）：143-147.

[11] 饶胜. 划定生态保护红线创新生态系统管理[J]. 环境经济，2012（6）：57-58.

[12] 谢杨波. 生态保护红线划定及土地利用分区（布局）研究[D]. 杭州：浙江大学，2016.

[13] 李权东. 我国生态保护红线制度实施的法治保障研究[D]. 昆明：昆明理工大学，2024.

[14] 赵民，程遥，潘海霞. 论"城镇开发边界"的概念与运作策略——国土空间规划体系下的再探讨[J]. 城市规划，2019，43（11）：31-36.

[15] 程遥，赵民. "非城市建设用地"的概念辨析及其规划控制策略[J]. 城市规划，2011，35（10）：9-17.

[16] 程遥. 论用地规划中的"城市非建设用地"分类问题[C]//中国城市规划学会. 生态文明视角下的城乡规划——2008 中国城市规划年会论文集[M]. 大连：大连出版社，2008.

[17] 满璐玥. 国土空间规划体系下的西安市城镇开发边界划定研究[D]. 西安：西安建筑科技大学，2022.

第四章

推动生态产业升级

一、生态农业

人类农业发展历史长达万年，大致可划分为三大阶段：原始农业持续约 7 000 年；传统农业持续约 3 000 年；现代农业出现至今约 200 年。

现代农业一方面极大地提升了农业劳动生产率，为现代社会供给充足的农产品，但另一方面也造成了严重的环境问题，如水土流失、土壤退化、能源消耗加剧、环境污染等。面对这些问题，世界各国在探索农业发展新途径时出现的共识性方向便是发展生态农业（ecological agriculture）。

（一）生态农业的概念

1. 绿色革命与现代石油农业

"生态农业"这一概念是针对现代石油农业而提出的一种原则性模式。因此有必要先了解绿色革命与石油农业的发展历史。

20 世纪中期，国际玉米和小麦改良中心、国际水稻研究所利用杂交育种技术，分别培育出带有矮化基因的抗倒伏小麦与水稻良种，同时还兼具原品种的高产、抗病、耐肥等特征。上述品种在 20 世纪 50—60 年代由联合国向诸多发展中国家迅速推广，并产生了巨大效益，不少国家从粮食安全（food security，注意其概念与"食品安全"的区别，后者的英语术语为"food safety"）依赖进口变为自给自足，甚至成为粮食净出口国。当时的宣传将这种推广对世界农业生产的影响比作 18 世纪的工业革命，因而称之为"绿色革命"。半个多世纪后回顾，这场绿色革命的"革命"程度值得商榷，至于"绿色"二字更是同目前的定义相去甚远。绿色革命所依赖的物质与科技基础早已在发达国家出现。而其在发展中国家所推广的正是这种发达国家率先采用的现代农业体系，因而也呈现出类似的长期弊端。过度施用化肥和杀虫剂造成了严重的水土污染；单一化种植降低了农业生态系统的生物多样性，大量农作物品种消失；推广品种对水肥要求高，不适用于干旱半干旱地区。有些地方为此过度灌溉造成土壤盐碱化，有的井灌地区则出现了地下水位下降等问题；20 世纪 90 年代以来有研究发现，推广的高产品种产量虽高，但矿物质和维生素等营养成分含量降低，因而作为粮食的品质变差。

上述弊端还不是现代农业体系的根本性缺陷所在，最能体现后者的正是"生态农业"所针对的概念，即"石油农业"。顾名思义，石油农业依赖于石油工业，如以石油产品为动力的农业机械，以石油化工为基础而生产的化肥、农药等农用化学品。更确切地说，石油农业指的是工业式密集农业，即整个现代农业和现代工业有着同样的本质，是以廉价化石燃料为基础的高度工业化的制造体系。因此，即便农业机械完成新能源转化，只要在其生产过程中使用的能量主要来自化石能源，那么不管电厂采用的是燃煤发电、燃油发电还是燃气发电，这种农业体系的本质仍然是石油农业作为化石能源消耗的去向之一，现代农业同样也要对人为二氧化碳排放导致的全球变暖问题承担部分责任，而气候变化与环境污染等反过来使全球粮食产量的增速放缓，甚至未来可能在极端情境下使产量下降，从而引发全球粮食安全危机。

2．生态农业的诞生及其定义

对于现代农业的反思在 20 世纪初期便已出现。1909 年，当时的美国农业部土地管理局局长富兰克林·金赴中国考察，于 1911 年写成《四千年农夫：中国、朝鲜和日本的永续农业》，书中总结了中国农业数千年兴盛不衰的经验，强调了中国农民以人畜粪便和一切废弃物、塘泥等还田来培养地力的秘诀。该书对英国的植物病理学家艾尔伯特·霍华德产生了很大影响，其于 20 世纪 30 年代在《农业圣典》一书中大力推荐利用动植物废弃物生产腐殖质以维持土壤肥力的印多尔方法，同时还对菌根组织的作用予以重视。1940 年，英国农学家诺斯伯纳勋爵在其著作 *Look to the Land* 中，首次提出了"有机农业"（organic agriculture）的概念。其中"有机"是指"像有机生物体一样进行活动"，模仿生物体内部的生理过程与自然生态系统的物质循环。同年，美国的出版家杰罗姆·罗代尔受到《农业圣典》思想的影响，买下宾夕法尼亚州的一处农场，开始专门从事有机园艺的研究，并于 1942 年出版《有机园艺和农作》。随着有机农业思想的推广，各发达国家在 20 世纪 60 年代纷纷开始建立有机农场，并于 1972 年在欧洲成立"国际有机农业运动联盟"。1974 年，罗代尔研究所成立。

"生态农业"一词出现于 1970 年，由查尔斯·沃尔特斯在威廉·阿尔布瑞奇主办的期刊 *Acres* 上提出。沃尔特斯使用的写法是"eco-agriculture"。以"eco-"为词头同时代表生态学与经济学，这与 1977 年生态学家保罗·埃利希的 *Ecoscience* 书名用意十分相近。沃尔特斯认为生态农业是一种科学农业。同时，"当农业成为生态农业时，它才会是真正经济的"。阿尔布瑞奇认为，生态农业应主要施用有机肥，可少量施用化肥，不能大剂量使用化学农药和杀虫剂。随着生态农业概念的推广，国际学术界很多学者改用

"ecological agriculture"，强调把农业建立在生态学基础上。1981 年，英国农学家沃辛顿定义生态农业是"生态上能自我维持，低输入，经济上有生命力，在环境、伦理和审美方面可接受的小型农业"。沃辛顿主张尽量施用有机质肥料，尽量利用可再生能源的外部"低输入"，在自然状态下种植、养殖，但并不拒绝使用农业机械。

目前，世界发达国家大多建立了各自特色的生态农业体系。德国制定了远超欧盟规定的生态农业与相应农产品最严格标准，率先施行统一的生态标识；瑞典普遍采用小麦、豆类、牧草、燕麦的四年轮作制，其国内生态农业用地占耕地的 10%以上，其生态农业处于世界领先地位。美国以低投入的可持续农业为主，注重种植业与养殖业的相互协调促进关系，同时约 70%以上的农田采用了免耕法。以色列大力发展滴灌及废水循环利用技术，建成了先进的节水型生态农业体系。日本农村发展出多样化的生态农业方式，如稻—畜—水产"三位一体"型、稻作—畜禽—沼气型等。发展中国家的生态农业建设也成效显著，如菲律宾的玛雅生态农场拥有良性循环的农林牧副渔生产体系，被誉为世界生态农业的典范之一。

3．中国的生态农业

"生态农业"概念于 20 世纪 70 年代末传入我国。1980 年，叶谦吉在银川市召开了全国农业生态经济学术研讨会，会上首次正式使用了"生态农业"这一名词。1982 年，中国农业环境保护委员会在四川乐山召开会议，正式向主管部门提出发展生态农业的建议。此后，生态农业在生产实践中不断被赋予具有中国特色的实质性内容，最终在背景、内涵、特点和模式方法上都同西方国家的生态农业存在差异。中国生态农业是广大的农林科技工作者根据我国国情，在总结和吸收传统农业实践经验的基础上建立起来的，具有深厚古老的传统背景和积淀，是中国最早触及农业可持续发展问题的发展战略，也是中国发展可持续农业的主流方向。

1987 年，我国著名生态学家马世骏、李松华在其主编的《中国的农业生态工程》一书中定义：生态农业是生态工程在农业上的应用，它运用生态系统的生物共生和物质循环再生原理，结合系统工程方法和近代科技成就，根据当地自然资源，合理组合农、林、牧、渔、加工等比例，实现经济效益、生态效益和社会效益三结合的农业生产体系。

1987 年，我国著名农业经济学家、生态经济学家叶谦吉在其专著《生态农业——农业的未来》中将生态农业概括为："生态农业就是从系统的思想出发，按照生态学原理、经济学原理、生态经济学原理，运用现代科学技术成果和现代管理手段以及传统农业的有效经验建立起来，以期获得较高的经济效益、生态效益和社会效益的现代化农业发展模式。简单地说，就是遵循生态经济学规律进行经营和管理的集约化农业体系。"

应当指出的是，西方生态农业的定义偏狭义，而中国生态农业的概念更为宽广。随着有机农业的发展，其标准中规定在生产加工过程中绝对禁止使用任何人工合成物质（包括农药、化肥、激素等），并且不允许使用任何分子生物学技术（包括辐射育种、基因工程等）。相较之下，卢永根院士和骆世明教授则提出，凡是把生态效益列入发展目标，并且自觉地把生态学原理运用于生产中的农业都可以称为生态农业。从农业发展史也可以看出，完全抛开现代科技发展的大趋势来搞生态农业既不可取也不可行。我国引以为傲的袁隆平杂交水稻等成就被归入"第二次绿色革命"，而该次革命的核心正是现代生命科学技术。

中国作为一个农业古国，几千年的农业生产历史为后人留下了众多优良传统和宝贵的生产经验。诸如合理轮作、套作、间作、农牧结合等耕作肥地技术。抗虫选种、生物天敌、植物农药等病虫害防治技术都为中国生态农业的发展提供了有力的基础。中国传统农艺体系的持续性包括两个方面：一是生态合理性；二是劳动集约性或精耕细作。

不过，中国传统农艺体系的生态合理性是在低生产力生态平衡的基础上实现的，而劳动集约性是以低劳动生产率为代价的。这种体系存在和发展的基本条件是低密度人口下的自给自足经济。受到以高生产力和高劳动生产率为特征的西方石油农业的冲击时，传统农业向现代农业转变的趋势不可逆转。将传统农艺与现代技术结合起来，取长补短，才能创造更具优势的技术体系，建立起中国生态农业的发展模式。

传统农艺与现代技术结合有广泛的互作效应，主要表现为：可再生资源与不可再生资源互补；内部资源与外部资源互补；生态优势与经济优势、生产力优势互补；劳动集约性与物质、技术、资金、信息集约性互补；精耕细作与规模效应互补；物种多样性与遗传同质性互补；群落内种间协调性与种内个体竞争性互补；自我反馈控制机制与人工调控机制互补。

当代中国的生态农业集中体现了马世骏提出的社会—经济—自然复合生态系统思想中的"整体、协调、循环、再生"基本原则，具有两个显著特征：一是对农业结构的优化，体现出系统性、整体性和综合性，有利于生物种间互利作用的发挥及外部投入效率的提高；二是生产、经济发展与环境保护同步，通过对可再生资源的利用及各种生物技术的使用，提高系统的自我维持能力。中国生态农业走出了西方生态农业把生态效益放在首位、突破化石能源的投入以及研究范围仅限在种养业的微观硬技术上的条条框框，紧紧围绕基本国情。在建设中强调把发展经济放在首位，兼顾生态效益和社会效益，主张化肥、农药、化石能源的适当投入和资源在时空上巧妙的配置，促进农业生态系统的物质循环和能量流动。把农业纳入持续、稳定、协调发展的轨道。

综上所述，生态农业内涵主要包括以下八个特点：①在现代食物观念引导下，确保国家食物安全和人民健康；②进一步依靠科技进步，将继承中国传统农业技术精华和吸收现代高新科技相结合；③以科技和劳动力密集相结合为主，逐步发展成技术密集型、资金密集型的农业现代化生产体系；④注重保护资源和农村生态环境；⑤重视提高农民素质和普及科技成果应用；⑥切实保证农民收入持续稳定增长；⑦发展多种经营模式、多种生产类型、多层次的农业经济结构，有利于引导集约化生产和农村适度规模经营；⑧优化农业和农村经济结构，促进农牧渔、种养加、贸工农有机结合，把农业和农村发展联系在一起，推动农业向产业化、社会化、商品化和生态化方向发展。

（二）生态农业的发展途径

1. 中国生态农业模式的生态学原理

中国的生态农业是一个融合自然、经济与社会的综合生产体系，其理论基础包括系统学原理、生态学原理、生态经济学原理和环境科学原理等。其中，生态学原理具体包括以下八项：

（1）生态系统原理：通过立体种植、合理轮作、增施有机肥等建立良性物质循环体系，注意物质再生利用。使养分尽可能在生态系统内部循环利用，实现无废弃物生产，提高营养物质的转化和利用效率。

（2）食物链原理：生态农业参照自然生态系统中的食物链与食物网，对农业生态系统食物链进行适当"加环"，将各营养级上食物选择所废弃的物质作为营养源，使生物能的有效利用率得到提高。

（3）生物—环境协同进化原理：生物只有在适宜的环境中生存时，才能获得最佳生产力。同时，生物也对其环境具有一定的改造能动性，从而使二者协同进化。生态农业需要匹配当地的地域环境条件，安排生态适应性较好或者有生态系统工程属性的物种，强调全面规划、因地制宜、合理布局。

（4）生物相生相克原理：物种间通过复杂的种间相互作用形成相互制约、相互依存的动态平衡状态。在农业生态系统中，组建合理高效的复合系统如间种套种、轮种、复种的多数制种植以及立体混合养殖等，在有限的时空范围内容纳更多物种，有效控制病虫草害，提高生产力。

（5）生态位原理：将竞争激烈的物种在时间、空间上合理配置，减少生态位重叠，弱化竞争，从而提升农业生态系统的生产力。

（6）限制因子原理：在生产经营中，应找到制约生产力提高的限制因子，如光照、水分、温度、氧气、二氧化碳、矿物质营养等，有的放矢方能有效提高投入—产出比。

（7）生物多样性原理：生态农业强调多物种复合经营，其生产力要高于单作系统。同时，生物多样性的提高保证了生态系统的稳定性，也有助于景观中相邻生态系统的生物多样性提高。

（8）多重效益辩证统一原理：生态农业强调生态、经济、社会三大效益的协同提高。生态效益是基本保障，经济效益是生产目的，社会效益是上述二者的合理外延。没有经济效益的生态农业是没有生命力的，而离开生态效益的经济效益则是不可持续的。

2. 中国十大典型生态农业模式

根据我国生态农业发展特色和模式的特点，结合前人对生态农业模式的定义，可将我国的生态农业模式概括为：以农业可持续发展为目的，按照生态学和经济学原理，根据地域不同，利用现代技术，将各种生产技术有机结合，建立起来的有利于人类生存和自然环境间相互协调，实现经济效益、生态效益、社会效益的全面提高和协调发展的现代化农业产业经营体系。2002 年，农业部（现为农业农村部）面向全国征集生态农业模式或技术体系，最终收到 370 种。通过反复研讨，农业部从中遴选出了经过一定实践运行检验并具有代表性的十大典型生态农业模式，并正式将其作为农业部的重点任务加以推广。

（1）北方"四位一体"生态模式。"四位一体"生态模式是指在自然调控与人工调控相结合条件下，利用可再生能源（沼气、太阳能）、保护地栽培（大棚蔬菜）、日光温室养猪及厕所等四个因子，通过合理配置形成以太阳能、沼气为能源，以沼渣、沼液为肥源，实现种植业（蔬菜）、养殖业（猪、鸡）相结合的能流、物流良性循环系统。该模式在辽宁等北方地区已经推广到 21 万户。

（2）南方"猪—沼—果"生态模式。"猪—沼—果"生态模式利用山地、农田、水面、庭院等资源，采用猪舍、沼气池、果树"三结合"工程，围绕主导产业，因地制宜开展"三沼"（沼气、沼渣、沼液）综合利用。该模式在我国南方得到大规模推广，仅江西赣南地区就有 25 万户采用这种模式。

（3）草地生态恢复与持续利用模式。草地生态恢复与持续利用模式遵循植被分布的自然规律，按照草地生态系统物质循环和能量流动的基本原理，综合运用现代草地管理、保护和利用技术。该模式具体包括牧区退牧还草模式、农牧交错带退耕还草模式、南方山区种草养畜模式、沙漠化土地综合防治模式、牧草产业化开发模式。

（4）农林牧复合生态模式。农林牧复合生态模式是指借助接口技术或资源利用在时空上的互补性所形成的两个或两个以上产业或组分的复合生产模式。该模式具体包括"粮饲—猪—沼—肥"生态模式及配套技术、"林果—粮经"立体生态模式及配套技术、"林果—畜禽"复合生态模式及配套技术。

（5）生态种植模式。生态种植模式是在单位面积土地上，根据不同作物的生长发育规律，采用传统农业的间、套等种植方式与现代农业科学技术相结合，从而合理、充分地利用光、热、水、肥、气等自然资源、生物资源和人类生产技能，以获得较高的产量和经济效益。

（6）生态畜牧业生产模式。生态畜牧业生产模式是利用生态学、生态经济学、系统工程和清洁生产的思想、理论和方法进行畜牧业生产的过程，其目的在于达到保护环境、资源永续利用的同时生产优质的畜产品。现代生态畜牧业根据规模和与环境的依赖关系分为复合型生态养殖场和规模化生态养殖场两种生产模式。该模式具体包括综合生态养殖场生产模式、规模化养殖场生产模式、生态养殖场产业开发模式。

（7）生态渔业模式。生态渔业模式遵循生态学原理，采用现代生物技术和工程技术，保持生产区域的生态平衡，各种水生生物种群的动态平衡以及食物链、网的结构合理性，保证水体不受污染。生态渔业模式的典型例子是池塘混养，指将同类不同种或异类异种生物在人工池塘中进行多品种综合养殖。池塘混养的原理是利用生物之间具有互相依存、竞争的规则，根据养殖生物食性垂直分布不同，合理搭配养殖品种与数量，合理利用水域、饲料资源，使养殖生物在同一水域中协调生存，确保生物的多样性。

（8）丘陵山区小流域综合治理利用型生态农业模式。我国丘陵山区约占国土面积的70%，这类区域特别适合发展农林、农牧或林牧综合性特色生态农业。丘陵山区小流域综合治理利用型生态农业模式具体包括"围山转"生态农业模式与配套技术、生态经济沟模式与配套技术、西北地"牧—沼—粮—草—果"五配套模式及配套技术、生态果园模式及配套技术。

（9）设施生态农业。设施生态农业是在设施工程的基础上通过以有机肥料全部或部分替代化学肥料（无机营养液），以生物防治和物理防治措施为主要手段进行病虫害防治，以动植物的共生互补良性循环等技术构成的新型高效生态农业模式。

（10）观光生态农业模式。观光生态农业模式是指以生态农业为基础，强化农业的观光、休闲、教育和自然等多功能特征，形成具有第三产业特征的一种农业生产经营形式。该模式主要包括高科技生态农业园、精品型生态农业公园、生态观光村和生态农庄。

思考与探索

1. 对比生态农业和传统农业模式，你认为前者在资源利用效率、环境保护、食品安全等方面具有哪些优越性？

2. 思考生态农业对农村经济转型、农民增收、城乡融合等方面的积极作用，以及其在解决"三农"问题、实现乡村振兴战略中的独特贡献。

二、生态工业

18世纪中期发源于英格兰中部地区的工业革命，以机器取代人力，以大规模工厂化生产取代个体工场手工生产。作为一场生产力与科技相互作用的正反馈式革命，工业革命使人类社会从此步入不断加速发展的轨道。

但在进入20世纪中期后，密集发生的环境公害事件促使大众的生态环保意识觉醒，人们意识到工业现代化在创造生产率提高和物质产品增长奇迹的同时也造成了资源耗竭、环境污染、全球变化等一系列问题，为人类的未来蒙上了一层浓重的阴影。为了逆转未来趋势，各领域人士跨界共商，重新从自然生态系统的机能运行中汲取灵感，最终提出的工业形态发展愿景正是生态工业（ecological industry）。

（一）生态工业的概念

1. 清洁生产与绿色工业

广义的生态工业概念中，最先出现的是清洁生产（cleaner production）和绿色工业（green industry）概念。

UNEP 关于清洁生产的定义是：清洁生产是一种新的创造性思想，该思想将整体预防的环境战略持续应用于生产过程、产品和服务中，以提高生态效率和减少人类及环境的风险。对生产过程，要求节约原材料和能源，淘汰有毒原材料，削减所有废物的数量和毒性；对产品，要求减少从原材料提炼到产品最终处置的全生命周期的不利影响；对服务，要求将环境因素纳入设计和所提供的服务中。

中国是国际上公认的在实行清洁生产方面最为优秀的发展中国家。1997 年 4 月，国家环境保护局发布了关于推行清洁生产的若干意见；1999 年 5 月，国家经济贸易委员会发布了关于实施清洁生产示范试点的通知；UNEP 于 1999 年 10 月在汉城举行了第六届国际清洁生产高级研讨会，会上出台了《国际清洁生产宣言》，中国政府在该宣言上郑重签字。

绿色工业指的是实现清洁生产、生产绿色产品的工业，即在生产满足人的需要的产品时，能够合理使用自然资源和能源，自觉保护环境和实现生态平衡。从概念上就可以看出，清洁生产思想是绿色工业的基础。绿色产品则是指生产过程及其本身节能、节水、低污染、低毒、可再生、可回收的一类产品，它也是绿色科技应用的最终体现。绿色产品能直接促使人们消费观念和生产方式的转变，其主要特点是以市场调节方式实现环境保护的目标。为了鼓励、保护和监督绿色产品的生产和消费，不少国家制定了"绿色标志"制度。我国工业部于 1990 年率先命名并推出了无公害"绿色食品"。在工业领域，我国从 1994 年开始全面实施"绿色标志"工作。广义的绿色产品包括绿色食品、绿色住宅、绿色建材、绿色家电、绿色燃料、绿色服装、绿色交通工具、绿色包装等，涉及生活中衣、食、住、行等各个领域。

一切工业污染都是工业生产过程中对资源利用不当或利用不足所导致的。绿色工业的实质是减少物料消耗，同时实现废物减量化、资源化和无害化。清洁生产和绿色工业是 20 世纪 90 年代以来世界公认的工业可持续发展战略必要组成部分。《中国 21 世纪议程》明确指出，产业可持续发展的总目标是根据国家社会、经济可持续发展战略的要求，调整和优化产业结构和布局；运用科学技术特别是以电子信息、自动化技术改造传统产业，使传统产业生产技术和装备现代化；有重点地发展高新技术，实现产业化；推动清洁生产的发展；提高产品质量，使工业产业尽快步入可持续发展的轨道。

2. 工业代谢研究与工业生态学

狭义的生态工业概念及其相关研究的学科基础是工业生态学（industry ecology）。顾名思义，工业生态学是一门研究作为一种生态系统的人类工业体系与自然环境之间相互作用、相互关系的学科。

工业生态学作为专有名词出现，可追溯到哈利·伊万在1973年波兰华沙召开的一次欧洲经济理事会小型研讨会上的报告。次年，伊万在《国际劳工评论》上发表了相关文章，把工业生态学定义为对工业运行的系统化分析，这里引入了许多新的参数——技术、环境、自然资源、生物医学、机构和法律事务及社会经济学因素。

1989年，美国通用公司的Robert Frosch和Nicolas Gallopoulos在《科学美国人》杂志上发表题为《可持续工业发展战略》的文章，提出了"工业生态学"的概念。他们的观点是："为什么我们的工业行为不能像生态系统一样，在自然生态系统中一个物种的废物也许就是另一个物种的资源，而为何一种工业的废物就不能成为另一种的资源？如果工业也能像自然生态系统一样就可以大幅减少原材料需要和环境污染并能节约废物垃圾的处理过程。"

Frosch等模拟生物的新陈代谢过程和生态系统的循环再生过程，开展了他称之为"工业代谢"的研究。1990年，美国国家科学院与贝尔实验室共同组织了首次工业生态学论坛，对工业生态学的概念、内容和方法及应用前景进行了全面系统的总结，基本形成了工业生态学的概念框架。

3. 生态工业的定义

当传统工业发展模式日益受到抵制时，人们迫切需要建立一种生态与经济协调的生态经济效益工业发展模式，这种生态与经济协调的、可持续性的生态工业模式，是现代工业发展的最佳模式。所谓生态工业，是指合理地、充分地、节约地利用资源，工业产品在生产和消费过程中对生态环境和人体健康的损害最小以及废弃物多层次综合再生利用的工业发展模式。这是一种生态与经济相协调的、可持续性的生态工业模式，是一种现代工业的生产方式。

清洁生产、绿色工业和生态工业都可被视为循环经济的实现途径。有学者将广义的循环经济产业发展模式划分为四个重点产业：生态工业、生态农业、绿色服务业和废弃物的再利用、资源化及无害化处置产业。而生态农业与绿色服务业的思想基础与生态工业是相同的，是作为工业文明自身发展高级阶段的生态文明理念的一种体现。

生态工业不是传统意义上工厂企业内部简单的资源综合利用和废弃物综合利用。相反地，生态工业主动地审视、积极地改进和革新整个工业网络，"废弃物综合利用功能"

的工业不是生态工业。生态工业通过积极主动的产业结构调整、产业升级、引进高新技术等措施，并将这些措施与治理区域性污染相结合、与治理结构性污染相结合，进取性地改变工业食物链和食物网，做强做大工业系统，使其可持续发展。从这一点来看，生态工业系统中生产者的生产量、消费者的消费量和分解者的分解量同样是其可控变量。

我国《国家生态工业示范园区标准》中对生态工业的定义为：综合运用技术、经济和管理等措施，将生产过程中剩余的能量和产生的物料，传递给其他生产过程使用，形成企业内或企业间的能量和物料传输与高效利用的协作链网，从而在总体上提高整个生产过程的资源和能源利用效率、降低废物和污染物产生量的工业生产组织方式和发展模式。

（二）生态工业的发展途径

1. 生态工业园区

生态工业最主要的实践形式是生态工业园区，可以在企业层面和更大范围的区域层面实现，也包括虚拟生态工业园区等不同类型。生态工业园区是依据清洁生产要求、循环经济理念和工业生态学原理而设计建立的一种新型工业园区。它通过物流或能流传递等方式把不同工厂或企业联结起来，形成共享资源和互换副产品的产业共生组合，使一家工厂的废弃物或副产品成为另一家工厂的原料或能源，模拟自然系统，在产业系统中建立"生产者—消费者—分解者"的循环途径，寻求物质闭环循环、能量多级利用和废物产生最小化。

生态工业园区的规划应遵循的基本原则包括与自然和谐共存原则，生态效率原则，全生命周期绿色原则，区域发展原则，高科技、高效益原则，软硬件并重原则。生态工业园区的评价指标包括经济发展、产业共生、资源节约、生态环境保护和绿色管理等方面的指标。

生态工业园区已成为中国生态工业战略的中心要素，其结合了工业发展，同时最小化了环境影响，提高了资源效率。国家标准体系已经发展成为评估生态工业园区的主要工具。中国已建立了较为完备的生态工业园区标准体系。2006年9月，国家环保总局首次发布了三项生态工业园区标准，分别是《综合类生态工业园区标准（试行）》（HJ/T 274—2006）、《行业类生态工业园区标准（试行）》（HJ/T 273—2006）和《静脉产业类生态工业园区标准（试行）》（HJ/T 275—2006）。2009年，《综合类生态工业园区标准》（HJ 274—2009）正式发布。2012年，该标准进行了修订。2015年，《国家生态工业示范园区标准》（HJ 274—2015）发布，替代了前述所有标准。

在循环经济层面上，我国于2008年颁布了《中华人民共和国循环经济促进法》，国家发展改革委在"十一五"期间也开始组织开展循环经济试点，现已包括 178 个省、市、园区、企业，在此基础上总结出 60 个循环经济典型模式，并表彰了 67 家循环经济先进单位。在"十二五"期间，国务院颁布了《循环经济发展战略及近期行动计划》，实施循环经济"十百千"示范行动，包括循环经济十大工程、创建 100 个循环经济示范市县和培育 1 000 家循环经济示范企业和园区，其中十大工程完成了 50 个城市矿产示范基地、100 个园区循环化改造、100 个餐厨废弃物资源化、77 个再制造示范工程和 40 个循环经济示范城市县的试点建设。在"十三五"期间，国家发布了《"十三五"循环引领行动重大专项行动》。"十四五"期间的最新政策有国务院印发的《关于加快建立健全绿色低碳循环发展经济体系的指导意见》，循环经济专项规划也即将出台，进一步推进生态工业和循环经济全面深化发展。

2. 生态工业园的工业共生网络四大类型

生态工业园内工业共生网络生成的影响因素有许多种，可以分为内在动力机制和外部环境机制两种。从最初的工业共生现象来看，充分利用地区的生产材料和自然资源优势降低生产成本是形成工业共生的原始动力。随着科学技术的迅速发展和全球工业体系的不断进化，工业共生出现了许多新的情况。提高企业的环境绩效，减少对当地社区的负面影响，从而提高资源与生态效率已成为企业建立工业共生关系所追求的主要目标；知识的创新和应用、人才的集聚以及信息网络技术的支持也已成为目前工业共生形成的新的推动力量。特别是在目前世界各地新兴产业区的蓬勃发展和网络技术的有效支持下，生态工业园内的工业共生已经与传统的单纯副产品交换发生了很大的改变。本质上，企业进入生态工业园并相互之间建立工业共生关系是产业集聚的一种表现形式，同时也是一种网络组织。因此，在生态工业园的形成及运作过程中会表现出产业集聚和网络组织的相关特性。

生态工业园中最具代表性的工业共生网络运作模式包括依托型工业共生网络、平等型工业共生网络、嵌套型工业共生网络和虚拟型工业共生网络四种。

（1）依托型工业共生网络

依托型工业共生网络是生态工业园中最基本和最常见的组织形式。这种网络组织形式的形成往往是因为生态工业园中存在一家或几家大型核心企业，许多中小型企业分别围绕这些核心企业进行运作，从而形成工业共生网络。一方面，核心企业需要其他企业为它们供应大量原材料或零部件，这也为大量的中小型企业提供了巨大的市场机会；另一方面，核心企业会产生大量的副产品、材料或能源等，当这些廉价的副产品是相关中小型企业的生产材料时也会吸引大量企业围绕其相关业务建厂。

关键种理论是生态学的基本理论，它确定了关键种在生态系统中的地位和作用。关键种是指一些珍稀、特有、庞大的且对其他物种具有不成比例影响的物种。它们在维护生物多样性和生态系统稳定方面发挥着重要作用。如果它们消失或被削弱，整个生态系统将会发生根本性的变化。依托型工业共生网络中的核心企业即可视为"关键种企业"。在企业群落中，关键种企业使用和传输的物质最多、能量流动的规模最为庞大，带动和牵制着其他企业、行业的发展，居于中心地位，也是生态产业链的"链核"。它们对构筑企业共生体，对生态工业园的稳定起着关键的、重要的作用。

根据生态工业园中核心企业的数目不同，依托型工业共生网络又可以分为单中心依托型共生网络和多中心依托型共生网络。当生态工业园中只存在一家核心企业时，围绕该核心企业所建立的工业共生网络称为单中心依托型共生网络。单中心依托型工业共生网络在我国工业园区中较为普遍，特别是一些大型企业集团，为扩大规模，围绕集团核心业务建立一系列的分厂，充分利用各种副产品和原材料，从而形成集团内部企业共生网络。

多中心依托型共生网络是指在生态工业园中存在两家或更多的核心企业，围绕多家核心企业所建立的共生网络。多中心依托型共生网络的出现极大地降低了生态工业园内因某一环节中断而使园区整个网络全部瘫痪的风险，提高了园区整体网络的稳定性和安全性。在很多情况下，各核心企业之间也会通过原材料或副产品的交换建立简单的工业共生关系，但由于每家核心企业与其他中小型企业的业务关系非常广泛，与之合作的企业非常多，因此核心企业之间并不一定存在非常强的依赖性。在多中心依托型共生网络中，与中小型企业相比，各核心企业之间存在着相对的独立性。

将食物链及食物网理论用于工业系统，可以看出，依托型工业共生网络的生态产业链往往存在过短、单一、缺少活性等缺点，直接影响着生态工业基础的稳定。因此在生态工业园中应设置调节手段，如多渠道的原料，产品的输入、输出调节链，其作用是当生态工业园、生态工业网络中生态链部分脱节时，由调节链填补空位或构筑新的生态链。另外，还可以根据市场供求关系加链或减链。这些模式与生态农业体系中人为主动对食物链加链的措施有异曲同工之妙。

在生态工业园的实际运作过程中，为避免依托型工业共生网络中因核心企业经营的波动而给网络带来的强烈震动，参与共生的各企业并不是"将鸡蛋放在一个篮子里"，往往倾向于与其他多家企业建立长期稳定关系，以便核心企业经营出现状况时另做选择，从而避免了由依赖单一核心企业所带来的风险。这也正是其他类型网络组织模式不断出现的主要动力。

（2）平等型工业共生网络

平等型工业共生网络是指在生态工业园中，各个节点企业处于对等的地位，通过各节点（物质、信息、资金和人才）之间的相互交流，形成网络组织的自我调节以维持组织的运行。在平等型工业共生网络中，一家企业会同时与多家企业进行资源的交流，企业之间不存在依附关系，在合作谈判过程中处于相对平等的地位，依靠市场调节机制来实现价值链的增值。当两家企业之间的交换不再为任何一方带来利益时，就终止共生关系，再寻求与其他企业的合作。参与平等型工业共生网络的企业一般为中小型企业，组织结构相对灵活，"船小好掉头"。依靠市场机制的调节，以利益为导向，通过自组织过程实现网络的运作与管理。在世界范围内的高科技园区中，平等型工业共生网络普遍存在，如美国硅谷工业园、我国北京中关村科技园区和我国台湾新竹工业园等。高新技术企业集聚在园区内，一家企业可能会与几家甚至几十家企业乃至个人合作，通过专业化分工进行资源的外包（outsourcing）、众包（crowdsourcing）和全方位的资源交换与交流，形成错综复杂的共生网络，在此过程中获得规模效益和集聚效益。从生态位理论的角度来看，平等型工业共生网络可以更充分地实现企业生态位错位经营，通过经营规模上的错位、档次上的错位、业态上的错位、大类上的错位、空间和时间上的错位，保持企业的竞争能力，从而使整个生态系统的稳定性和抗干扰性得以提升。平等型工业共生网络的最大特点就是参与企业之间在业务关系上是平等的，不存在依赖关系，通过市场"看不见的手"建立、调节复杂的业务关系网络，这种模式有利于网络的迅速形成和发展。但是在这种共生类型中由于受经济利益影响比较大，企业选择合作伙伴的主动权增强。因此，仅凭市场的调节很难保障网络的稳定性和安全性，在某些网络出现频繁波动的情况下，需要政府或园区管理者出手参与调控。

（3）嵌套型工业共生网络

依托型工业共生网络和平等型工业共生网络实际上是生态工业园内实际网络组织类型连续谱上的两种极端形式。前者过于依赖于某一家企业，具有非常强的专一性，而后者过于松散，很难形成主体生态产业链。随着世界各国生态工业园的不断发展，网络组织也在不断进化，一种介于依托型工业共生网络和平等型工业共生网络之间的新型组织结构——嵌套型工业共生网络在实践中逐渐兴起。嵌套型工业共生网络是一种复杂网络组织模式，它吸收了依托型工业共生网络和平等型工业共生网络的优点，由多家大型企业及其吸附企业通过各种业务关系而形成多级嵌套网络模式。

在这种生态工业园内，多家大型企业之间通过副产品、信息、资金和人力资源的交流建立共生关系，形成主体网络。同时，每家大型企业吸附大量的中小型企业，这些中小型企业以该大型企业为中心形成子网络。另外，围绕在各大型企业周围的这些中小型企业之间也存在业务关系，所有参与共生的企业通过各级网络交织在一起，既有各大型企业之间的平等型共生和中小企业的依托型共生，还有各子网络之间的相互渗透，从而形成一个错综复杂的网络综合体。

景观生态学中的等级斑块理论认为，生态学中传统的自然平衡范式与其后的整代者非平衡范式，以及多平衡范式均不足以提供一个能将异质性、尺度和多次关联作用整合为一体的概念构架。该理论指出，生态系统是由斑块镶嵌组成的（或包容型）等级系统，系统动态是各尺度上斑块动态的总体反映。在等级斑块系统中，低层次的非平衡过程被整合到高层次时会出现稳定化过程，"有序自无序中涌现"，这被称为兼容和复合稳定性机制，被认为是动态镶嵌维持稳定态的核心。有学者认为，嵌套型工业共生网络的稳定运作，实际上正是模仿了自然生态系统的这一原理。奥地利施蒂利亚生态工业园区是嵌套型工业共生网络运作模式的典型代表。

（4）虚拟型工业共生网络

虚拟型工业共生网络是一种新颖的组织形式，它突破了传统的固定地理界限和具体的实物交流，借助现代信息技术手段，用信息流连接价值链建立开放式动态联盟，组建和运营的动力来自多样化、柔性化的市场需求，以市场价值的实现为目标，整个区域内的产业发展形成灵活的梯次结构，因此具有极强的适应性。同时，参加合作的企业通过各自核心能力的组合突破了资源有限的限制，整个虚拟组织以网络为依托，充分发挥了协同工作和优势互补的作用。

美国布朗斯维尔生态工业园区和三角研究园区（Research Triangle Park，位于北卡罗来纳州）是目前世界上采用虚拟型工业共生网络比较成功的代表性园区。三角研究园区共涵盖 6 个郡约 7 800 平方千米的区域，在如此广阔的地理范围内，只有建立虚拟型共生网络才能实现副产品的交换。

虚拟型生态工业园可以省去一般建园所需的昂贵购地费用，避免建立复杂的园区系统和进行艰难的工厂迁址工作，具有很大的灵活性，其缺点是由于距离的增加可能要承担较昂贵的运输费用。

根据生物多样性科学中的生态系统多样性理论，生态工业系统的多样性可以指其产品类型、产品结构的多样性，园区内组成成员的多样性，园区企业多渠道的输入、输出，园区内管理政策的多样性，以及最为根本的生态工业园区类型多样性。换言之，上述四种工业共生网络并无先天性的优劣之分，在设计生态工业园时，首先要根据当地的资源、能源等状况来选择类型，同时设计多种产品、构建多样化的产品结构，产品结构越复杂，市场适应能力越强，越有利于工业生态系统的稳定。

同时需要指出的是，虚拟工业共生网络的出现，实际上代表了生态工业的发展同生态农业一样，不能背离科技进步的大趋势。现代工业生产的大数据、个性化生产方向，可以看作在供给侧对消费行为实行从头减量化控制的一种可能方式，因此与生态工业的理念是吻合的。这也再次体现了生态文明并非对工业文明的彻底否定，而是后者的高级、超越式发展成果。

思考与探索

1. 你心目中可持续的生态工业应具有哪些特征？

2. 查阅资料，看看你家乡的生态工业园在工业生产过程优化、产品绿色化、产业耦合共生、园区循环化改造等方面的具体应用。

三、生态旅游

传统旅游业曾作为第三产业中"无烟产业""朝阳产业"的代表而受到世界各国政府与商界的重视与扶持。然而，传统旅游业在发展中对旅游对象采取掠夺式开发利用，超出了旅游地的环境承载力，最终导致当地的生态环境被破坏，旅游业的发展也因此变得不可持续。生态旅游正是在全球绿色浪潮兴起的背景下对传统旅游业的一种改良，其本质是旅游业可持续发展的一种模式。

（一）生态旅游的概念

1. 生态旅游概念的诞生

国际旅游界普遍认为生态旅游的思想起源于 20 世纪 60 年代，其雏形是"生态性旅游"（ecological tourism），是 1965 年由赫特泽在反思当时文化、教育和旅游的基础上提出的旅游发展思路。

1983 年，"生态旅游"（ecotourism）作为独立术语被正式提出，IUCN 生态旅游特别顾问谢贝洛斯·拉斯喀瑞将其表述为"前往相对没有被干扰或污染的自然区域，专门为了学习、赞美、欣赏这些地方的景色和野生动植物与存在的文化表现（现在和过去）的旅游"。这一定义强调了生态旅游区域是自然区域。直到 1992 年，联合国环境与发展大会在世界范围内提出并推广可持续发展的战略之后，生态旅游才作为旅游业实现可持续发展的主要形式在世界范围内被广泛地研究和实践。1993 年，国际生态旅游协会（TIES）把生态旅游定义为"具有保护自然环境和维护当地人民生活双重责任的旅游活动"。

随着生态旅游的不断推广，众多组织和机构在不同的区域实践着各自认为"最佳的"生态旅游模式。由于他们重视生态旅游的原因和目的各不相同，所以对生态旅游的理解往往也大相径庭。据不完全统计，国际上包括世界自然保护联盟、世界银行以及澳大利亚、美国、日本等国家的旅游机构提出的与生态旅游相关的概念有 140 多种。国内学者提出的概念也有近 100 种。与此同时，还出现了许多相关的概念和词汇，如自然旅游（nature tourism）、荒野旅游（wilderness tourism）、探险旅游（adventure tourism）、可持续旅游（sustainable tourism）、绿色旅游（green tourism）、替代性旅游（alternative tourism）、与环境资源相适应的旅游（appropriate tourism）、科考旅游（scientific tourism）、文化旅游（cultural tourism）、低影响度旅游（low impact tourism）、农业旅游（agro tourism）、乡村旅游（rural tourism）、软旅游（soft tourism）。进入 21 世纪，国内外对生态旅游内涵的辩论已使生态旅游由理想的云端跌落到"泛化"的边缘。正如新西兰学者马克·奥朗姆斯在《生态旅游百科全书》中所指出的："生态旅游的概念就像是画在沙滩上的一条线，其边界是模糊的，而且被不断地冲刷、修改。"

2. 生态旅游定义的五大类型

（1）保护中心型。这类概念认为"生态旅游=观光旅游+保护"，其核心内容是强调对旅游资源的保护，认为旅游者在旅游过程中应保护自然、保护资源、保护文化。事实上，保护显然并不是游客单方面应该承担的责任，因此这类概念在落地实践时往往会面对重重困难。

（2）居民利益中心型。这类概念认为"生态旅游=观光旅游+保护+居民收益"，其核心内容是增加当地居民的收入，认为生态旅游应在保护的基础上开展，而且旅游组织者和旅游者有义务为增加当地居民的收入而作出应有的贡献。国内学者也曾提出，生态旅游除了是一种提供自然游憩体验的环境责任型旅游之外，也负有繁荣地方经济、提升当地居民生活品质，同时尊重与维护当地传统文化之完整性的重要功能。增加当地居民收益是传统旅游业的题中应有之义，但这一核心内容并未把握生态旅游与一般大众旅游的本质区别。

（3）负责任游客型。这类概念认为"生态旅游=负责任旅游"，其核心内容是旅游者应对环境保护负有责任。国际生态旅游协会在对生态旅游定义进行简化时也强调了"生态旅游就是在自然区域里进行的、保护环境的同时维持当地人的负责任的旅游"。也有国内学者认为，"生态旅游是在自然环境中，对生态文化有着特别的感受并负有责任感的一种旅游活动"，"生态旅游是一种对自然环境负责任的旅游形式，它有助于旅游区域自然环境的保护"。

（4）回归自然型。这类概念认为"生态旅游=大自然旅游"，其核心内容是回归大自然，认为只要旅游者走进大自然的怀抱就属于生态旅游的范畴。这类定义将生态旅游的范围扩大到所有户外旅游，结果反而造成概念内涵空洞之嫌，可能会造成"生态旅游"一词的泛用、泛化、泛滥。

（5）原始荒野型。这类概念认为"生态旅游=原始荒野旅游"，其核心内容是生态旅游的开展需在人迹罕至的原始荒野区域。有国内学者认为，生态旅游是人们带着某一特定的目的，到受干扰较轻微的地区或未受污染的自然地区旅游。事实上，在全球变化的大背景下，几乎所有区域都受到人类活动引起的全球变暖、酸雨、氮沉降等全球或区域事件的影响，真正严格意义上的荒野几乎不存在。同时，较符合荒野定义的部分生态系统对于人类而言环境条件严苛，如高山、雪原、沙漠、戈壁、孤岛等，对它们的探索属于科考、冒险活动的范畴，偏离了一般游客休闲、度假享受的旅游目的。

关于生态旅游的概念与内涵虽然还处于百家争鸣阶段，但在以下七个方面学术界已达成共识：①旅游地受人类干扰相对较小，特别是生态环境具有重要意义的自然保护区；②旅游者、当地居民、旅游经营管理者等的环境意识很强；③旅游行为对环境的负面影响很小；④旅游能直接为当地的环境保护提供资金；⑤当地居民能参与旅游开发和管理并分享其经济利益，因而间接为环境保护提供支持；⑥生态旅游能对旅游者和当地社区等起到环境教育作用；⑦生态旅游是一种新型的、可持续的旅游活动。

3．对生态旅游概念的共识

结合上述讨论，《国家生态旅游示范区建设与运营规范》（GB/T 26362—2010）中对生态旅游的定义从目前来看是较为完备而合理的："以可持续发展为理念，以保护生态环境为前提，以统筹人与自然和谐为准则，并依托良好的自然生态环境和独特的人文生态系统，采取生态友好方式，开展生态体验、生态教育、生态认知并获得心身愉悦的旅游方式。"

（二）生态旅游的发展途径

1．生态旅游的规范与认证标准体系

在全球环境危机、人类"生态觉醒"的大背景下，"生态旅游"概念的提出对旅游业产生了较大的影响。参与生态旅游实践的国家、组织和机构有很多，这些组织和机构主要包括科研保护组织、非政府组织、多边援助机构和旅游行业组织等。经过40多年的实践，国际上初步形成了生态旅游的三大核心理念，即保护、负责任和维护社区利益。

国际生态旅游协会于1993年发布了《自然旅游业者的生态旅游规范》，并于1995年出版了《生态旅游规范大全》一书，较为完整地收集了各种针对旅游者、旅游业者、野生动物观赏游客以及其他所有与生态旅游活动（包括游艇、潜水、植物采集、徒步和野营等）相关的组织和个人制定的生态旅游活动标准、生态旅游者的行为规范和道德准则。

世界旅行旅游理事会（STTC）从1994年起创立"绿色环球21"（Green Globe 21）生态旅游认证标准体系并独立运作。2000年11月，全球生态旅游认证机构与来自UNEP、世界自然基金会（WWF）、国际标准化组织（ISO）、"绿色环球21"组织、国际生态旅游协会的专家、学者会集美国纽约州莫霍克山庄，共同讨论制定了国际生态旅游认证的原则性指导文件，即《莫霍克协定》。根据《莫霍克协定》的原则，"绿色环球21"组织与澳大利亚生态旅游协会于2002年共同制定了《国际生态旅游标准》，并在同年的澳大利亚凯恩斯国际生态旅游大会上正式公布实施。2004年8月，《国际生态旅游标准》进行第一次重大修订。修订后，根据《莫霍克协定》的精神，生态旅游产品应当遵循的

11 条原则被表述如下：①生态旅游经营者公开承诺遵循生态旅游的原则，并制定管理体系，确保其实施效果；②生态旅游要求游客亲身体验大自然；③生态旅游为游客提供体验自然和文化的机会，并增进其对自然和文化的理解、欣赏和赞美；④在生态可持续和了解潜在环境影响的基础上，确定合适的生态旅游经营方式；⑤生态旅游产品在经营管理方面采取生态可持续的实践，保证经营活动不会使环境退化；⑥生态旅游应该对自然区域的保护作出切实的贡献；⑦生态旅游应该对当地社区的发展作出持续的贡献；⑧生态旅游产品在开发和经营阶段都必须保持对当地文化的尊重和敏感；⑨生态旅游产品应满足或超出顾客的期望；⑩生态旅游向顾客提供有关产品的真实、准确的信息，使顾客对产品有符合实际的期望；⑪生态旅游产品对自然、社会、文化和环境的影响达到最小化，并且依照确定的行为守则进行经营。

迄今为止，"绿色环球 21"已在全球五大洲包括中国在内的 58 个国家和地区开展认证。通过该认证的中国旅游景区或旅游企业包括九寨沟国家级风景名胜区、黄龙国家级风景名胜区、四川蜀南竹海国家级风景名胜区、四川三星堆遗址博物馆、香港昂坪 360 观光缆车公司、陕西太白山国家森林公园、陕西长青国家级自然保护区、四川王朗国家级自然保护区、陕西楼观台国家级森林公园、西羌九皇山猿王洞景区等。

"绿色环球 21"标准包括五大标准体系，即可持续旅游企业标准体系、可持续旅游社区标准体系、生态旅游标准体系、可持续设计建设标准体系和景区规划设计标准体系。这五大标准体系涵盖了旅游行业的所有对象，分别针对并适用于不同的旅游组织，没有规模大小和地域限制。其中，特别研发的"地球评分"可持续达标评估指标体系对不同行业的旅游组织评价其可持续发展的贡献率，提供了一份全面客观的环境、社会、经济评估报告。"绿色环球 21"标准为旅游企业提供了一个工作框架，使实施单位可在下列方面得到逐步改善与可持续发展：①减少温室气体排放；②节能与提高能效；③节水与淡水资源管理；④保护空气质量和控制噪声；⑤减少垃圾排放和废物回收利用；⑥改进废水处理；⑦改善社区关系；⑧尊重文化遗产；⑨保护自然生态系统；⑩保护野生动植物种类；⑪强化土地规划和管理；⑫妥善保存与慎用对环境有害物质。

2. 中国的生态旅游业发展

20 世纪 80 年代，随着全球生态旅游热潮的兴起，生态旅游的思想传入中国。1993 年 9 月在北京召开的"第一届东亚地区国家公园和保护区会议"通过了《东亚保护区行动计划纲要》，标志着生态旅游的概念在中国第一次以文件形式得到确认。一般认为，生态旅游真正受到国内重视始于 1995 年。1995 年 1 月，中国旅游协会生态旅游专业委员会在中国科学院西双版纳热带植物园召开了第一届中国生态旅游研讨会，会后发表了《发展我国生态旅游的倡议》，首次倡导在中国开展生态旅游活动。之后，1996 年在武汉、1997 年在北京召开的生态旅游或可持续旅游研讨会，极大地推动了生态旅游的发展。国家旅游局将 1999 年的年度主题确定为"99'生态环境游",其主题是"走向自然、认识自然、保护环境",将生态旅游推向高潮。2000 年,由杨桂华等编写的《生态旅游》教材出版,成为我国第一本生态旅游领域理论专著。进入新千年后,"生态旅游"成为中国旅游界最时尚的名词和旅游市场营销的"法宝",但同时也呈现出概念内涵混乱、泛化和建设上先天不足的问题。

为了对生态旅游的理论与实践达成共识以促进其发展,国内的一些组织和科研机构相继对此进行了研究和实践,编制了一系列生态旅游的规范标准,如中国生态学学会旅游生态专业委员会的《中国生态旅游推进行动计划》、中国科学院和原国家环保总局的《生态旅游区标准》。2007 年,中国国际生态旅游博览会成为将理论与实际相结合、国内与国外相结合、景区与线路相结合、普及生态旅游与发展会展奖励旅游相结合的新型展会,为探索中国生态旅游的发展实践提供了一个良好平台。2008 年,全国生态旅游发展工作会议在北京召开,国家旅游局在会上发布了《全国生态旅游示范区标准(征求意见稿)》。2009 年,国家旅游局、国家林业局、环境保护部和中国科学院四部门(机构)联合发文,将当年确定为"中国生态旅游年",全国各地纷纷推出各种生态旅游产品系列,进一步加强了我国生态旅游业体系的建立和完善。同年,国家旅游局和环境保护部联合发布《全国生态旅游发展纲要(2008—2015 年)》;国务院发布的《关于加快发展旅游业的意见》中关于新能源、新材料、节能节水减排、低碳旅游、绿色旅游等举措也都体现了与生态旅游的关联性。2009 年,九三学社中央委员会会同中国生态学学会旅游生态专业委员会在湖南、贵州两省进行生态旅游调研,向中共中央、国务院提交了《关于推动我国生态旅游发展的建议》,并作为提案向 2010 年的全国两会提交。该提案受到中共中央、国务院的高度重视。2010 年,由国家旅游局提出,联合环境保护部共同研制、颁布了《国家生态旅游示范区建设与运营规范》(GB/T 26362—2010)。2011 年,国家"十二五"规划中提出"全面推动生态旅游"。2012 年 9 月,国家旅游局和环境保护部制定并发布了《国家生态旅游示范区管理规程》和《国家生态旅游示范区建设与运营规范(GB/T 26362—2010)评分实施细则》。2014 年,在九三学社中央委员会的工作推动下,中国生态文明研究与促进会成立了生态旅游分会,以生态旅游为平台,推进生态文明建设。2016 年 3 月,国家"十三五"规划中更是明确提出了要"支持发展生态旅游",同年在国家发展和改革委员会、国家旅游局的共同推动下制定了《全国生态旅游发展规划》。

2014 年 7 月,由生态文明贵阳国际论坛主办、贵州省旅游局承办,在贵阳国际生态会议中心召开了"生态文明与旅游可持续发展主题论坛"。论坛邀请到联合国世界旅游组织、国家旅游局的负责人,来自德国、瑞士的生态旅游专家学者、旅游投资机构的负责人及省内外旅游部门与旅游企业的代表出席,发表了《生态文明与旅游可持续发展贵阳宣言》。

该论坛还面向全球发布了由 8 家国内外知名网络媒体共同发起的"全球十大生态旅游目的地"和"中国十大生态旅游景区"评选结果。全球十大生态旅游目的地包括澳大利亚大堡礁、巴西伊瓜苏大瀑布、美国黄石国家公园、马尔代夫、瑞士因特拉肯少女峰、加拿大洛基山脉、日本箱根温泉度假地、博茨瓦纳奥卡万戈三角洲、中国台湾东海岸、法国比利牛斯—珀杜山。中国十大生态旅游景区包括四川九寨沟、吉林长白山、浙江千岛湖、青海青海湖、福建武夷山、西藏纳木措、云南香格里拉普达措国家公园、贵州梵净山、湖北神农架、宁夏沙湖。

3. 生态旅游区的分类

根据资源类型与旅游活动的结合匹配，生态旅游区被划分为以下七种类型：

（1）山地型。以山地环境为主建设的生态旅游区，适合开展科考、登山、探险、攀岩、观光、漂流、滑雪等活动。

（2）森林型。以森林植被及其生境为主建设的生态旅游区，适合开展科考野营、度假、温泉、疗养、科普、徒步等活动。

（3）草原型。以草原（包括草甸）植被及其生境为主建设的生态旅游区，适合开展体育娱乐、体验民族风情等活动。

（4）湿地型。以水生和陆栖生物及其生境共同形成的湿地为主建设的生态旅游区。湿地主要是指内陆湿地和水域生态系统，也包括江河出海口。这类区域适合开展科考、观鸟、垂钓、水面休闲娱乐等活动。

（5）海洋型。以海洋、海岸生物及其生境为主建设的生态旅游区，主要包括海滨、海岛。这类区域适合开展海洋度假、海上运动、潜水观光活动等。

（6）沙漠戈壁型。以沙漠或戈壁或生物及其生境为主建设的生态旅游区，适合开展观光、探险和科考等活动。

（7）人文生态型。以突出的历史文化等特色形成的人文生态及其生境为主建设的生态旅游区。这类区域主要适合开展历史、文化、社会学、人类学等学科的综合研究，以及适当的特种旅游项目及活动。

有学者指出，从强调参与、了解自然与半自然生态系统的主旨出发，除了传统的野生动植物观赏（如观鸟、赏花）和自然景观旅游（如徒步、野营野餐、骑马、登山、滑雪、游泳、垂钓、划船、漂流、疗养）之外，广义的生态旅游内涵还应包括生态文化旅游和都市绿色旅游。生态文化旅游包括观光欣赏型和体验参与型，具体包括农耕生态文化旅游、游牧生态文化旅游、渔猎生态文化旅游、民族特色生态文化旅游等。都市绿色旅游包括城市园林旅游和现代观光农业旅游等。着眼于距离市民最近的"绿色"，如各类公园、花园、绿地、森林公园、动物园、野生动物园、植物园、大学校园、工厂式现代化农业基地等。中国具有悠久的城市造园历史，在世界园林中具有独特的风格与深厚的传统。在传统与仿传统的中式园林中体会古人于方寸之地呈现"天人合一"思想的精妙设计，应被视为中国特色生态文明社会建设中生态旅游的重要组成部分。

同时，生态旅游的建设发展也应积极汲取绿色科技与生态文明理念发展的最新成果，如旅游生态足迹计算、景观生态学与游憩生态学（wildland recreation ecology）的最新研究进展、无痕山林理念、低碳旅游的理论与实践等。

思考与探索

1. 你去过哪些生态旅游景区？你认为这些景区是如何处理好"游客—自然"关系的？

2. 结合生态旅游的定义，阐述其与传统大众旅游的主要区别，尤其是在保护自然环境、尊重当地文化、促进社区参与等方面的特点。

四、生态产品第四产业

2018 年全国生态环境保护大会提出，要加快建立健全以产业生态化和生态产业化为主体的生态经济体系。2020 年 8 月 15 日，在"绿水青山就是金山银山"理念提出 15 周年理论研讨会上，王金南首次提出将生态产品服务产业大力培育为"第四产业"，提高生态产品供给能力，推动生态产品价值实现。2021 年 4 月，由中共中央办公厅、国务院办公厅印发的《关于建立健全生态产品价值实现机制的意见》提出"推进生态产业化和产业生态化，加快完善政府主导、企业和社会各界参与、市场化运作、可持续的生态产品价值实现路径"。随着关于生态资产、生态产品及其价值实现的理论研究与实践探索不断展开，生态产品和生态产品价值等概念逐渐普及，生态产业发展已成为生态文明建设的重要组成部分。在此背景下，"生态产品第四产业"的概念被提出，将生态产品看作与农产品、工业品和服务产品并列的"第四类"产品。生态产品第四产业是围绕生态产品价值实现形成的新产业、新业态、新模式，然而，对这一新生事物的概念内涵、边界范围，学术界尚未达成普遍共识。

（一）生态产品第四产业的理念内涵

1. 产业内涵

生态产品第四产业是指以生态资源为核心要素，与生态产品价值实现相关的产业形态，从事生态产品生产、开发、经营、交易等经济活动的集合。狭义上的生态产品第四产业主要指通过生态建设提升生态资源本底价值的相关产业及通过市场交易、生态产业化经营等方式将生态产品所蕴含的内在价值转化为经济价值的产业集合，包括生态保护和修复、生态产品经营开发、生态产品监测认证、生态资源权益指标交易、生态资产管理等产业形态。广义上的生态产品第四产业还包括围绕传统产业的资源减量、环境减排、生态减占，即产业生态化形成的产业集群。王金南等构建了生态产品第四产业的生产函数：

$$Q=E^{\varepsilon}K^{\alpha}N^{\beta}T^{\gamma}$$

式中，Q 为生态产品总产出，具有实物量（biophysical value）和货币形式表现的价值量（monetary value）两种形式，后者即生态产品总值（Gross Ecological Products，GEP）；E 为生态资源（ecological resource），是主导生产要素，在生态产品的生产中具有不可替代性，包括山水林田湖草沙等自然资源要素、野生动植物等生物性资源，以及人类活动长期形成的融入自然生态系统且相互协调的生态文化资源等，生态资源投入基本符合边际报酬递增规律；K 为资本（capital），主要包括人力资本（labor capital）、人造资本（built capital）和资金投入（Invested Funds）等；T 为技术（technology），主要包括生态建设相关技术和开发生态产品的生态科技，可大幅提高生态产品溢价；N 为土地（land），指从事生态产品经营开发所占用的狭义概念的土地；资本、技术等生产要素主要通过提高生态资源本底价值间接提升生态产品产出或基于初级生态产品开发经营直接提高生态产品产出，且资本、技术、土地要素在一定程度上符合边际报酬递减规律，相互之间具有一定的替代性；α、β、γ、ε 为常数系数，且 α、β、$\gamma < 1$，$\varepsilon > 1$。

2. 产业特征

新时代生态文明背景下，价值的本质是对地球及其所有居民的可持续福祉的贡献，生态系统显然是价值创造者的核心组成部分，但长期以来并没有融入我们的经济体系中。生态产品第四产业将生态资源作为核心生产要素纳入经济体系，将生产活动从人类扩展到生态系统。因此，将生态系统视为价值创造者并将其纳入生产、分配、交换、消费等现代经济体系是生态产品第四产业的本质特征。

生态产品第四产业与传统三次产业在服务对象、价值创造、主导生产要素等方面具有本质区别。如表4-1所示，首先，传统三次产业均是以满足人的需求为核心价值，而生态产品第四产业以包括人类与自然生态系统在内的人与自然生命共同体为服务对象，以促进人与自然和谐共生，增进人类福祉和生态系统服务保值增值为根本目标。从主导生产要素来看，传统三次产业主要以资本、劳动力等为核心生产要素，而生态产品第四产业则以生态资源为核心主导要素。生态产品第四产业的发展水平可作为生态文明程度的重要标志。

表 4-1 生态产品第四产业和传统三次产业比较

维度	第一产业	第二产业	第三产业	生态产品第四产业
产业内涵	直接从自然界中获取产品的行业	对第一产业的产品或本产业半制成品进行加工的行业	生产物质产品以外的行业	生产生态产品的行业
根本目标	增进人类福祉			人与自然和谐共生
产业形态	农业、林业、畜牧业、渔业	工业、建筑业	服务业	生态产品产业
核心产品	农业产品	工业产品	服务产品	生态产品
服务对象（需求方）	人类			人与自然生命共同体、自然生态系统、人类及一切生物
时空属性	一般主要服务于当代人的需求			跨时空属性，不仅满足当代人的需要，也满足未来可持续发展的需要
创造价值	物质需求		物质及精神需求	人类福祉（社会属性）+ 生态系统服务保值增值（自然属性）
主导生产要素	土地、劳动力	资本、劳动力	资本、数据等	生态资源
生产属性	以人类生产为主			以生态生产为主，以人类生产为辅
主导文明	农业文明	工业文明	信息文明	生态文明
主导消费观念	主要关注产品使用周期的效用			蕴含全生命周期绿色消费理念

3. 产业形态

生态产品本身具有多样性、复杂性特征，同时不同市场属性的生态产品也有着不同的价值实现路径，决定了生态产品第四产业不同的产业形态。

纯公共性生态产品的产权是区域性或共同性的，难以通过市场交易实现经济价值，主要依赖政府路径实现。价值支付形式有转移支付、生态补偿及定向支持生态保护的政府性专项基金等。

准公共性生态产品在政府管制下可通过税费、构建生态资源权益交易市场实现价值。部分公共性生态产品在满足产权明晰、市场稀缺、可精确定量三个条件时，可通过收取税费或开展生态资源权益交易等方式实现价值，价值支付形式为生态环境资源税费及相关权益的市场交易价格。

经营性生态产品通过市场交易直接实现价值，支付形式为产品自身价格，包括生态物质产品及生态产业化经营形成的生态服务。生态物质产品的生态溢价一般需要有公信力的第三方认证评价及品牌培育推广才能顺利实现。国家公园、风景名胜区等公共资源性生态产品通过明晰产权、直接经营、委托经营等方式交由市场主体提供终端生态产品服务，具体表现为生态旅游、生态康养、生态文化服务等，价值支付形式为门票、会员费等相关生态产业化经营收入。

（二）生态产品第四产业发展机制

1. 产业形成的关键环节

生态资源是生态产品第四产业的主导生产要素，也是产业形成的起点。生态资源作为生态产品的自然本底和生产载体，可以理解为生态系统经过长期历史积累形成的具有生态生产功能的存量，而经生态系统的生态生产过程产出的生态产品则可视为生态资源存量生产出的流量。生态"资源—资产—资本"转化是产业形成的基础。生态资产是具有稀缺性、有用性及产权明确的生态资源，具有经济的一般属性。生态资源资产化是生态资源存量生产出的初级生态产品，在经济稀缺性和产权界定的双重前提下可转化为生态资产。生态资产资本化是将生态资产投入市场获得经济效益，从而实现自身的良性循环。

生态资本经营是产业形成和发展的核心环节。生态资本经营指产业运营方等市场主体通过人力、技术等要素投入开展生态产品的开发管理、市场化经营，最终形成面向终端消费者或可在生态市场实现交易的生态产品和服务，并通过对价支付形成可持续的现金流收入，以实现生态资产的增值和主体投资的退出。

生态保护与建设是产业实现可持续发展的保障。生态建设主要包括生态保护、修复及可持续生态系统管理。通过生态产业化经营和市场交易变现的一部分产品价值以实物、技术、资金等形式再次投入生态保护恢复和生态建设中，从而实现生态反哺，是打通生态产品价值产业链闭环，实现生态资本持续增值、生态产品可持续再生产的关键和保障。

2. 产业链的形成主体

生态产品第四产业参与主体主要包括产品供给方、产品需求方、产业服务方等，围绕生态产品开发、经营、交易、支撑服务等技术经济关系形成的关联关系形态称为生态产品产业链。

（1）产品供给方

产品供给方主要包括生态系统、政府、企业。其中，生态系统是生态产品第四产业的核心供给方，政府是制度供给的关键主导方，企业是核心的市场供给者。社会公众通过个人对生态保护的贡献也可成为生态产品的供给者。

生态系统。生态系统是指在一定地域范围内生物及环境通过能流、物流、信息流形成的功能整体，包括各类山水林田湖草沙自然生态系统及以自然生态过程为基础的人工复合生态系统，如森林、草地、湿地、荒漠、海洋、农田、城市等。生态系统作为初级生态产品的生产主体，是生态产品第四产业的核心供给方。

政府。首先，政府是生态产品第四产业的核心推动主体和制度保障主体，如生态资产确权登记、权益流转经营制度、交易市场构建等机制。其次，政府是生态产品第四产业的规范引导主体，通过产业政策予以引导激励，在生态产品监测、核算、认证等环节需要标准规范。最后，政府是生态产品第四产业的直接投资主体，中央及地方政府是国有或集体生态资产所有权的代表主体，是依法向社会企业、组织或个人出让生态资产使用权的第一投资主体。

企业。生态产品市场经营开发商在通过政企合作、特许经营等方式获得生态资产经营及使用权的前提下开展生态产品开发、生态资产管理、生态资本运营，实现生态资本持续循环、保值增值，是生态产品第四产业的核心市场主体。其通过生态环境导向的开发（Ecology-Oriented Development，EOD）等模式实施生态环境综合治理项目，实现生态环境优化及生态系统服务增值的生态环境综合服务商，在产业链中具有支撑作用。

（2）产品需求方

产品需求方主要包括社会公众和自然生态系统。其中，社会公众是产业的主导需求方；自然生态系统既是核心供给者，也是重要需求方。

社会公众。社会公众是生态产品第四产业的消费主体和受益主体。社会公众作为产业的终端消费者，可享受到更优美的生态环境，更绿色的生态物质产品，更丰富的休闲旅游、健康养老等服务。同时，社会公众通过消费生态产品可直接或间接地支持生态产品第四产业，增强产业的整体效益，带动更多社会资本投入生态产品第四产业，形成良性循环。

自然生态系统。由于产业经营产生的部分现金流通常以生态反哺形式流入生态建设和保护修复，自然生态系统不仅是生态产品的核心供给者，也是生态产品第四产业的最终受益主体之一。

（3）产业服务方

产业服务方包括促进生态产品交易、服务生态产品供给保障的资金、技术等相关支持者，主要有生态产品交易平台、技术支撑服务单位、绿色金融机构等。

生态产品交易平台是生态产品服务供需双方重要的交易场所。除了物质产品交易，也包括人为界定的生态资源权益及绿化增量责任指标、清水增量责任指标等配额指标的交易，是生态产品价值变现的最后一环。

技术支撑服务单位是在生态产品监测核查、价值核算、认证推广、生态资产管理及交易等领域提供基础支撑和技术服务的企事业单位，如生态资产（碳资产、排污权等）管理技术咨询服务、基于互联网提供的软件服务（Software as a Service，SaaS）、生态产品交易服务、溯源认证、品牌推广等，是生态产品第四产业的基础支撑。

绿色金融机构是助力生态资产实现资本化、为生态产品第四产业市场主体提供资金支持的重要力量。基于生态产品价值的信贷、基金、保险等创新型绿色金融产品是打通自然生态系统与经济社会系统的重要媒介，也是盘活存量生态资源价值、畅通生态产品第四产业链的关键路径。

（三）生态产品价值实现的有效路径

1. 建立生态产品价值评价体系，破解"度量难"

一是制定生态产品价值核算标准。摸清土地、森林、矿产、湿地、水资源等重要自然资源的数量分布、质量等级、功能特点、权益归属、保护和开发利用等情况，建立生态产品目录清单。考虑不同类型生态系统功能属性，体现生态产品数量和质量，加快建立覆盖省、市、县三级生态产品价值统计报表制度和工作体系。探索将生态产品价值核算基础数据纳入国民经济核算体系。以2022年国家发展改革委与国家统计局出台的《生态产品总值核算规范》为重要依据，编制《区域生态系统生产总值（GEP）核算技术规范》，探索建立区域生态产品价值核算指标体系、技术规范和核算流程，探索制定不同层级和项目层级GEP核算标准。

二是建立生态产品价值核算结果应用机制。推进生态产品价值核算结果在政府决策、绩效考核评价等方面的应用，推动生态产品价值核算结果纳入生态文明建设目标评价考核和领导干部自然资源资产离任审计。建立生态产品价值核算结果的应用机制，将生态系统价值总量及其变化、生态产品价值实现率等核算结果作为经营开发融资、生态环境损害赔偿、国土空间规划管控等的重要参考。推动建立生态环境领域财政转移支付额度、生态保护补偿额度与生态产品价值核算结果挂钩机制。探索建立碳排放权、用能权等环境权益初始配额与生态产品价值挂钩机制，建立健全基于生态产品价值核算的自然资源分等定级和价格评估制度。

2. 完善生态产品权益交易体系，破解"交易难"

一是建立多元化生态保护补偿机制。生态保护补偿是"青山绿水"保护者与"金山银山"受益者之间的利益调配机制。积极争取国家、省级财政对重点生态功能区的转移支付资金额度。综合考虑不同区域的资源禀赋和区位条件等发展要素，建立重点发展区向生态发展区和禁止开发区的财政转移制度。健全有利于自然保护区、主要水源涵养区、生态脆弱保护区等重要生态功能区生态补偿机制，推动建立乡镇间地表水断面生态补偿机制，建立健全生态公益林补偿标准动态调整机制和占补平衡机制。落实和完善生态环境损害赔偿制度，进一步明确生态环境损害赔偿范围、责任主体、索赔主体、损害赔偿解决途径，形成相应的鉴定评估管理和技术体系。对责任人占用的生态环境资源或已经造成的生态破坏，由责任人承担修复或赔偿责任，按照"谁修复，谁受益"的原则，通过赋予一定期限的自然资源资产使用权等产权安排，激励社会投资主体从事生态保护修复。

二是推动生态资源权益交易机制。积极探索政府主导、企业和社会各界参与、市场化运作、可持续的资源资产价值转化实现路径，以市场化手段有效盘活生态资源资产。探索完善碳排放权交易机制，积极争取将县域林业增汇纳入林业碳普惠试点项目，规范有序推进林业碳汇交易。建立健全化学需氧量、二氧化硫等污染物排污权有偿使用和交易机制，并逐步研究探索氮氧化物、重金属、挥发性有机污染物排污权等稀缺环境资源有偿使用途径。探索建立水权交易制度，结合水生态补偿机制，合理界定和分配水权，探索地区间、流域上下游、行业间、用水户间等水权交易方式。

3. 培育生态产品开发经营体系，破解"变现难"

一是拓展生态产品价值实现模式。在严格保护落实生态环境保护要求的前提下，围绕各地优势特色产业，采取原生态种养模式，实施农林业精深加工，推动建设一批特色产业集群和农业产业强镇。实施"菜篮子""果盘子""米袋子"工程，建设一批绿色现代农业产业园，促进特色生态农业发展。充分利用林业森林资源景观和林下产品资源，打造森林康养、森林旅游等项目，引导林农以木材生产为主要经济收入来源转变为发展林下经济和生态旅游为主。加快发展数字经济、生物与新医药、新材料等环境敏感型产业，增强生态优势转化能力。实施"生态+文旅"战略，推进红色旅游、文化遗产旅游、主题公园等已有融合发展业态提质升级，大力发展研学旅游、展演旅游、康养旅游等新型文化旅游业态。培育存量资源型生态产业，鼓励盘活废弃矿山、工业遗址、古旧村落等文化旅游价值。

二是促进生态产品高附加值供给。打通生态产品销售渠道，构建生态产品品牌营销推广模式，制定区域生态产品价值实现营销方案。以品牌赋能生态产品溢价，加快推动形成以区域公用品牌、企业品牌、单体品牌为核心的生态产品品牌格局。积极对接生态产品价值实现综合运营平台，引导生态产品生产、加工、运输企业和营销企业、营销大户在各类电商平台开设"旗舰店"。支持成立生态产品品牌运营机构。鼓励各类生态产品所在产业园区、企业、合作社、个体工商户自建电子商务微平台开展产品信息发布和销售，促进有形市场与无形市场的有机结合。建立和规范生态产品认证评价标准，制定生态产品质量认证管理办法，培育第三方生态产品质量认证机构。

三是推进生态产品供需精准对接。积极举办对接会、展览会、交易会、洽谈会等各类形式的"产销对接"活动，组织开展生态产品线上交易、对接招商，促进生态产品供给方与需求方、资源方与资本方精准高效对接。积极引导本地龙头企业与大型综合交易市场建立供销对接机制。建立健全生态产品交易平台管理体系，发挥电子商务平台多资源、多渠道优势，丰富优质生态产品交易渠道和方式。

4．健全生态产品价值支撑体系，破解"抵押难"

一是加大绿色金融支持力度。探索建立"两山银行"，打通"资源—资产—资本—资金"的转化渠道，创新绿色金融产品和服务，鼓励金融机构推出以土地经营权、林地经营权、林下经济预期收益权、生态补偿收益权、农副产品仓单等绿色信贷产品。通过设立风险补偿资金、生态担保基金、生态保险等方式，健全生态产品风险分担机制。探索"生态资产权益抵押+项目贷""公益林补偿收益质押贷"等多元化融资模式。支持依托山水林田湖草等自然资源、宅基地、民居、古村、古镇等生态资源，探索以租赁、赎买、托管等多种运营形式为基础的融资模式，用于周边生态环境系统整治、生态资源修复及乡村休闲旅游开发等。

二是探索建立 EOD 模式下生态产品实现机制。EOD 是通过生态环境治理与产业开发项目组合开发、统筹推进，将生态产品价值释放到生态农业、文旅康养等关联产业，实现产业增值溢价，以产业盈利反哺生态环境治理，是生态产品价值实现机制的重要组成部分。探索以 EOD 模式推动生态产品价值实现，鼓励社会资本进入生态建设领域，探索设立绿色产业发展基金、环境、社会和治理（ESG）股权投资基金，鼓励建立公益性生态保护基金。引导建立多元化资金投入机制，支持符合条件的企业、农民合作社、家庭农场、民营林场等经营主体参与投资生态建设项目。探索开展生态信用体系建设，建立生态信用行为与财政支持、行政审批、国有土地出让等挂钩的联合奖惩机制。依法依规探索规范用地供给，服务于生态产品可持续经营开发。

思考与探索

1．谈谈生态产品第四产业对于推动绿色发展、实现"双碳"目标、促进生态文明建设的重要作用。

2．查阅资料，整理国内外生态产品第四产业的典型实践案例，包括但不限于生态农业、生态旅游、生态修复、生态服务等领域，分析其成功经验与模式创新。

参考文献

[1] 王如松. 产业生态学基础[M]. 北京：新华出版社，2006.

[2] 肖如林，王新羿，高吉喜. 生物多样性的价值及其与人类社会关系分析[J]. 环境影响评价，2022，44（3）：1-4.

[3] 王金南，等. 生态产品第四产业：理论与实践[M]. 北京：中国环境出版集团，2022.

[4] 王金南，王志凯，刘桂环，等. 生态产品第四产业理论与发展框架研究[J]. 中国环境管理，2021，13（4）：5-13.

[5]　"绿水青山就是金山银山"理念提出 15 周年理论研讨会召开[N/OL]. 人民日报，2020-8-16（2）. http://paper. people. com. cn/rmrb/html/2020-08/16/nw. D110000renmrb_20200816_2-02. htm.

[6]　骆世明. 生态农业发展的回顾与展望[J]. 华南农业大学学报，2022，43（4）：1-9.

[7]　马世骏，李松华. 中国的农业生态工程[M]. 北京：科学出版社，1987.

[8]　叶谦吉. 生态农业：农业的未来[M]. 重庆：重庆出版社，1988.

[9]　卢永根，骆世明. 中国农业发展的生态合理化方向[J]. 山东农业（农村经济），2003（3）：4-6.

[10]　薛达元，戴蓉，郭添，等. 中国生态农业模式与案例[M]. 北京：中国环境科学出版社，2012.

[11]　张乃明，等. 绿色农业知识读本[M]. 北京：中国社会出版社，2009.

[12]　农业部重点推广的十大生态农业模式及配套技术[J]. 世界热带农业信息，2017（4）：20-22.

[13]　孙鸿良、生态农业的理论与方法[M]. 济南：山东科学技术出版社，1993.

[14]　诸大建，朱远. 生态文明背景下循环经济理论的深化研究[J]. 中国科学院院刊，2013（2）：207-218.

[15]　[美]赫尔曼·E. 戴利，升舒亚·法利. 生态经济学：原理与应用（第二版）[M]. 金志农，陈美球，蔡海生，等译. 北京：中国人民大学出版社，2014.

[16]　周宏春. 清洁生产：从生态工业到循环经济、循环社会[J]. 产业与环境（中文版），2003（S1）：52，53-57.

[17]　苏伦·埃尔克曼. 工业生态学：怎样实施超工业化社会的可持续发展[M]. 徐兴元，译. 北京：经济日报出版社，1999.

[18]　王兆华，尹建华. 生态工业园中工业共生网络运作模式研究[J]. 中华软科学，2005（2）：80-85.

[19]　陶在朴. 生态包袱与生态足迹——可持续发展的重量及面积观念[M]. 北京：经济科学出版社，2003.

[20]　张明，张塞梅. 梵净山生态文明建设与旅游开发研究[J]. 广西民族大学学报（哲学社会科学版），2015，37（1）：32-38.

第五章

改善生态环境质量

一、持续优化大气环境质量

（一）大气污染现状与影响

大气污染是指固体、液体或气体等物质，通过自然或人为的途径进入大气中，使空气的物理、化学、生物特性发生变化，破坏或影响人类健康、环境质量和生态系统的一种现象。

大气污染包括气溶胶、臭氧、一氧化碳、二氧化硫、氮氧化物、挥发性有机物等。根据污染源的不同，大气污染可分为点源污染和非点源污染。点源污染是指明确的某个污染源，如工厂的烟囱、汽车尾气排放口等；非点源污染是指污染源不明确，如城市道路的扬尘、农业作物的施肥等。

大气污染对人类健康、环境和生态系统等方面均产生了很大的危害和影响。首先，大气污染物中致癌物质及微小颗粒物能够引发肺癌、心血管疾病等健康问题，并加重哮喘、慢性阻塞性肺病等疾病的发展；其次，大气污染会影响环境，如改变气候、降低土壤质量、破坏生物多样性等；最后，大气污染还会对农作物、林木、水域生态系统等产生影响，使生态系统失衡，影响人类的可持续发展。

世界八大著名公害事件中，大气污染事件共有 5 起，分别是马斯河谷烟雾事件、美国多诺拉烟雾事件、洛杉矶光化学烟雾事件、伦敦烟雾事件、日本四日市事件。

马斯河谷烟雾事件

由于比利时马斯河谷工业区位于狭长的河谷地带，大雾像一层厚厚的棉被覆盖在整个工业区上空，出现了很强的逆温层。逆温层会影响空气对流，抑制烟雾的升腾，致使工厂排出的有害气体和煤烟（粉）尘在近地面上空大量积累，无法扩散，并在逆转层下积蓄起来，造成大气污染。1930 年 12 月 1 日至 15 日，整个比利时被大雾笼罩，气候反常。在逆温层和大雾共同作用的第三天，河谷工业区居民有几千人呼吸道发病，一周内 63 人死亡，为同期正常死亡人数的 10.5 倍。马斯河谷烟雾事件是 20 世纪最早记录下的大气污染惨案，该事件引起了人们对大气污染问题的关注。

洛杉矶光化学烟雾事件

1943 年，洛杉矶市 250 万辆汽车每天燃烧掉 1 100 吨汽油，汽油燃烧后产生的碳氢化合物等在太阳紫外光线照射下引起化学反应，形成浅蓝色烟雾，使该市大部分市民患上了眼红、头疼病。1955 年和 1970 年洛杉矶又两度发生光化学烟雾事件，前者有 400 多人因五官中毒、呼吸衰竭而死，后者使全市 3/4 的人患病。持续多年的光化学烟雾引发了呼吸系统疾病、交通事故、航空事件、医疗事故、农作物大量死亡等，造成了经济上的巨大损失和人们的心理恐慌。

（二）大气污染控制技术与方法

大气污染控制技术主要包括源头控制技术、过程控制技术和末端治理技术。这些技术可以单独使用，也可以结合使用，以达到最佳的大气污染控制效果。

源头控制技术：通过改进生产工艺、使用清洁能源、提高能源利用效率等方式，减少污染物的产生和排放。例如，在工业生产中采用先进的清洁生产技术和设备，使用低硫、低氮的清洁能源，降低污染物的生成。

过程控制技术：在工业生产过程中，通过安装除尘器、脱硫脱硝装置等设备，对废气进行处理，降低污染物的排放浓度。这些设备可以有效去除废气中的颗粒物、二氧化硫、氮氧化物等有害物质。

末端治理技术：在污染物排放到大气之前，对其进行最后的处理，以确保其达到环保标准。末端治理技术包括湿式电除尘器、催化氧化等技术，可以进一步去除烟气中的污染物，确保排放的废气符合环保要求。

大气污染控制方法（图 5-1）在实际应用中需要综合考虑多种因素，包括污染源的特点、污染物的性质、环境条件等。几种常见的大气污染控制方法的实际应用如下。

燃煤电厂的烟气治理：燃煤电厂是大气污染的重要来源之一，烟气治理是燃煤电厂大气污染控制的关键。通过安装高效的除尘器、脱硫脱硝装置等设备，可以有效去除烟气中的颗粒物、二氧化硫、氮氧化物等有害物质，降低燃煤电厂对大气环境的影响。

工业废气的治理：工业生产过程中产生的废气往往含有多种有害物质，需要进行治理。通过采用源头控制技术和过程控制技术，减少污染物的产生和排放，同时结合末端治理技术，对废气进行处理，确保排放的废气符合环保要求。

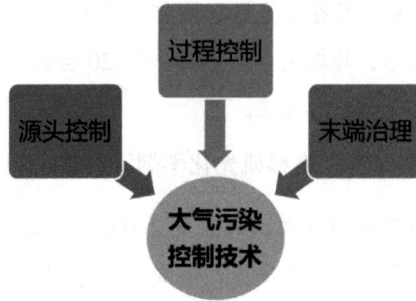

图 5-1　大气污染控制技术与方法

　　机动车尾气的治理：机动车尾气是大气污染的重要来源之一。通过推广使用清洁能源汽车、加强机动车尾气排放标准等措施，可以有效减少机动车尾气对大气环境的影响。

　　全国 PM$_{2.5}$ 浓度均值及二氧化碳排放量路线示意如图 5-2 所示。

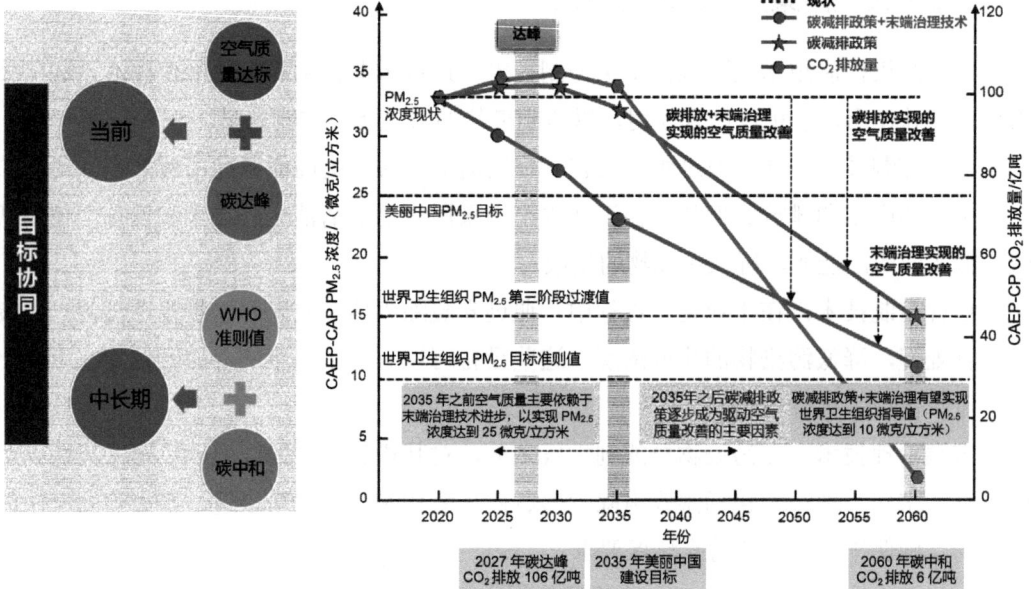

图 5-2　全国 PM$_{2.5}$ 浓度均值及二氧化碳排放量路线示意

（三）大气污染防治策略

1．调整优化产业结构

　　传统的高污染、高消耗产业，如煤炭、钢铁、水泥等，过去长期以来对大气环境造成了很大的负担。通过优化产业结构、转变发展方式，可以从源头上减少大气污染的排放。调整和优化产业结构既包括推进清洁产业、节能环保产业和高新技术产业等新型产业的发展，也包括对传统产业进行技术改造，实现污染物排放的降低。政府应该加强政策引导和扶持，促进节能减排等措施，同时鼓励企业增加环境投入，提高生产效率，减少能源和资源消耗，控制大气污染物的排放量。此外，公众也应该积极参与，倡导低碳环保的生活方式，减少污染物的排放。

2. 强化落实技术管理

技术是减少大气污染物排放的重要手段，只有通过新技术、新装置的不断创新和应用才能实现源头减排。针对不同行业、不同企业的实际情况，政府应加强技术规范、标准的制定和执行，加大技术支撑力度，促进环保技术的转移和推广，加强技术咨询和技术培训，从而提升企业的环保意识和技术水平，减少大气污染物的排放，达到防治大气污染的目的。同时，政府部门还应该建立企业环保信息发布平台，公开企业的环保数据，加强监管和执法，形成良好的环境舆论氛围，引导企业落实技术管理措施，加强环境保护意识。

3. 切实加强对大气污染情况的整治

为了减少交通运输尾气污染，需要采取多种措施。例如，推广新能源汽车，提高车辆燃油效率，促进高效、低排放的公共交通系统建设等都是可以考虑的方案。另外，制定排放标准、加强车辆检测和排放监管、提高交通管理的供应能力等也是责任部门应当承担的任务。只有在各方共同努力下，才能有效减少交通运输尾气污染对大气环境和人类健康造成的影响。

针对工业企业产生的污染，应采取适当的应对措施进行治理，如强化工业废气和粉尘治理系统的建设，提高机械的生产制造和运行效率，促进企业工艺技术进步，提高环境设施维护和运行水平等。同时，还需要建立完善的监测和监管机制，建立环保法规和标准，加大环保执法和监管力度，对存在环境污染问题的企业采取罚款、关停等惩罚措施。只有在全社会的共同努力下，才能有效降低工业企业在生产过程中排放的污染物对人类健康和大气环境造成的威胁。

思考与探索

1. 如何利用科技手段提升大气污染治理效果？
2. 分析你所在城市的大气污染问题，提出改善建议。

二、系统实施水环境治理

水，作为生命之源，是人类社会持续发展的基础资源。然而，随着全球工业化、城市化的快速推进，水环境问题日益凸显，成为全球共同面临的挑战。

（一）水环境现状及其影响

全球水环境面临三方面问题，分别是水资源短缺、水体污染、水生态破坏。中国是水资源大国，同时也面临诸多水环境问题。

水资源短缺与区域分布不均：中国水资源总量丰富，但人均水资源量却相对较低，且地区分布极不均衡。北方地区水资源短缺尤为严重，而南方地区水资源则相对丰富。

水体污染与富营养化：随着工业化和城市化的快速发展，大量污染物排入河流、湖泊等水体，导致水体污染严重，部分水体甚至出现富营养化现象。

水生态破坏与湿地退化：过度开发、围湖造田、河流改道等行为导致水生态系统遭受严重破坏，湿地退化、河流断流等现象屡见不鲜。

地下水超采与地面沉降：在北方地区，地下水超采严重导致地面沉降、地下水位下降等问题，严重影响了当地生态环境和居民生活。

水俣事件

日本一家氮肥厂在生产过程中，将大量含汞的废水排入水俣湾内，致使湾内水体、沉积物和生物体受到汞的严重污染，沉积物汞的含量高达几百 ppm（百万分比浓度）。实验表明，沉积物的微生物能将无机汞转化成毒性大的甲基汞。甲基汞在鱼、贝等水生物体内富集，人食用后受害。1953 年水俣湾附件首先出现大批猫发疯，1956 年出现与猫症状相似的病人，症状表现为轻者口齿不清、步履蹒跚、面部痴呆、手足麻痹、感觉障碍、视觉丧失、震颤、手足变形；重者神经失常，或酣睡，或兴奋，身体弯弓，高叫，直至死亡。

富山事件

日本中部富士县滨松市的神通川沿岸，在 20 世纪初期因为开采铜矿而逐渐变得繁荣。然而，随着矿藏的不断挖掘，加上当时的技术限制，导致大量没有经过处理的废水排入神通川，使得河水中的重金属浓度严重超标。其中，铅、铜等重金属对河水和土壤造成了严重污染。随着时间的推移，一些鱼类和贝类等水生生物出现大量死亡的现象，农作物也受到了不同程度的损害。此外，由于废水中含有放射性物质，还对人体健康造成了潜在威胁。

（二）水资源管理与保护措施

1. 水资源评价与规划

水资源评价与规划是为了科学合理地管理和利用水资源，保障人类社会的可持续发展。在水资源评价方面，需要对水资源进行全面的调查和评估，包括水量、水质、水文特征等各方面的指标。通过对水资源的评价，可以了解水资源的现状和潜力，为后续的规划和管理提供科学依据。水资源规划是在评价的基础上，制订合理的水资源管理方案和发展策略。需要确定水资源的合理利用目标和需求，考虑人类社会的用水需求、生态环境的需求以及其他各方面的因素。制订水资源的开发和利用计划，包括水源地保护、水资源调配、水利工程建设等方面的内容。同时，需要考虑水资源的可持续利用和生态保护，确保水资源的可持续发展。在水资源规划中，需要充分考虑社会、经济、环境等多方面的因素。通过综合分析和权衡各种利益关系，制订符合整体利益的水资源规划方案。此外，还需要考虑气候变化等不确定性因素对水资源的影响，制定相应的适应性措施。水资源评价与规划还需要注重公众参与和社会共治。通过广泛征求公众的意见和建议，充分考虑各方面的利益和需求，增强水资源管理的透明度和公正性。加强水资源管理的监督和评估，确保规划的实施效果和目标的达成。水资源评价与规划是科学管理水资源的重要手段，通过全面评价水资源，制订合理的规划方案，可以实现水资源的可持续利用和社会经济的可持续发展。注重公众参与和社会共治，可以确保水资源管理的公正性和透明度。

2. 水资源的合理利用

水资源的合理利用是确保水资源可持续利用和满足人类需求的关键，为实现这一目标，需要采取一系列综合性的措施。加强水资源管理和规划，制订和执行科学的水资源管理和规划方案，明确水资源的使用目标和限额，合理划分水资源的利用权，确保各部门和行业的水资源利用符合总量控制和优先次序的原则。推广节水意识和技术，通过教育宣传和技术培训，提高公众和企业对节水的认识和意识，推广节水技术和设备的应用，减少浪费和损耗，提高水资源利用效率，优化农业水利和灌溉管理，采用精细化灌溉技术，合理确定灌溉水量和灌溉时机，减少农业用水的浪费。推广高效节水灌溉设施和管理模式，提高农业水资源利用效率。加强工业和城市用水管理，推广循环水利用技术，减少工业和城市用水的消耗和排放，建立并完善水资源定额制度，对工业和城市用水进行限额管理和监控，促进水资源的合理分配和利用。加强水资源保护和修复工作，保护水源地和水生态系统的完整性，减少污染源的排放，提高水体的水质和水量。开展水资源的保护和修复工程，恢复受损的水生态系统，提高水资源的可持续利用能力。加强国际合作与交流，水资源是全球性的，国际合作与交流对于水资源的合理利用至关重要。

加强国际的信息共享、技术合作和经验交流，共同应对全球水资源挑战，推动水资源的可持续利用。水资源的合理利用需要从管理和规划、节水意识和技术、农业水利和灌溉、工业和城市用水管理、水资源保护和修复以及国际合作等多个方面综合施策，实现水资源的可持续利用和人类社会的可持续发展。

3. 跨流域水资源调配

跨流域水资源调配是指通过水资源的跨界调度和转移，实现不同流域之间的水资源优化配置和合理利用。在一些地区，由于地理位置和气候条件的限制，某些流域可能面临水资源短缺的问题，其他流域则相对富有水资源。

跨流域水资源调配可以通过引水工程、水库、运河等手段，将富余的水资源从丰富的流域输送到缺水的流域，以满足后者的水需求，跨流域水资源调配具有重要的经济、社会和生态意义。它可以缓解水资源短缺地区的供水压力，保障人民的生活用水和工业用水需求；有助于推动地区经济发展，促进产业结构优化和转型升级。通过引进水资源，可以支持农业灌溉、工业生产和城市建设，提升地方经济的竞争力和可持续发展能力。跨流域水资源调配也需要充分考虑生态环境的保护和可持续利用。在水资源调配过程中，应确保合理的水量分配，避免对源流域和接收流域生态系统造成不可逆转的损害。应采取科学的水资源管理和保护措施，确保水资源的可持续利用和生态平衡的维护。为实现跨流域水资源调配，需要建立健全的法律法规和管理机制。政府应加强协调和监管，制定相关政策和规划，确保跨流域水资源调配的顺利进行。同时，需要加强流域间的合作和沟通，建立信息共享和联合决策机制，促进各方的共赢和可持续发展。

（三）水环境监测与治理措施

1. 水质监测技术的应用

现代水质监测技术能够实时、连续地监测水体中的各项指标，包括溶解氧、浊度、pH、化学需氧量（COD）、总氮、总磷等。通过自动化仪器设备和传感器的应用，可以实现对水质参数的在线监测，及时获取水质数据，提高监测的时效性和准确性。水质监测技术还包括先进的分析方法和仪器设备，如质谱仪、气相色谱仪、液相色谱仪等。这些技术能够对水体中的微量有机物、重金属等污染物进行准确分析和检测，帮助管理者了解水体的受污染程度和来源，为制定相应的治理策略提供科学依据。水质监测技术还涉及数据处理和信息管理系统的建设，通过建立水质监测网络和远程监测系统，可以实现对多个监测点位的数据集中采集、传输和存储，形成全面的水质监测数据库。这为水质治理决策提供了大量的历史数据和分析依据，有助于更好地评估水体的健康状况和变化趋势。

2. 水污染源的控制与治理

通过建立健全监测体系，对工业企业、农业生产和城市排污等主要污染源进行实时监测和数据收集，及时发现和掌握污染情况，为治理提供科学依据。同时，强化法律法规的制定和执行，加大对违规排放行为的处罚力度，提高违法成本，形成有效的约束机制。通过引进和推广高效、低成本的污染治理技术，如生物处理技术、膜分离技术、化学还原技术等，可以有效去除水中的污染物，降低水体污染程度。此外，还应加强技术创新和研发，不断提升污染治理技术的水平和效果，以适应不同污染源的治理需求。通过采取节水措施、推广清洁生产技术、改善农业养殖方式等手段，降低污染物的产生量，减少对水环境的污染负荷。同时，鼓励企业和居民采用环保设施和设备，提高资源利用效率，减少废水的排放。

思考与探索

1. 在进行水资源规划时，应如何平衡人类活动对水资源的需求与生态保护之间的关系？

2. 如何利用现代水质监测技术来监测和评估水体的污染状况？

三、深入实施土壤污染防治

（一）土壤污染现状与风险

土壤污染可分成四种类型：一是物理污染。这类污染的来源主要是工厂、矿山等地区，这一类地区的固体废物较多，在生产或者运营管理阶段，会出现大量的废石、工业污染物。二是化学污染。这种污染主要包含无机物与有机物，如铅、汞等化学污染，都是常见的污染问题。三是放射性污染。这类污染的危害性较大，形成原因是核原料采集，以及当地大气层出现核爆炸的问题，其中锶、铯是主要的污染物构成。四是生物污染。在城市生活、实践工作阶段，城市所面临的污染问题较为严峻，生物类污染物增多，会导致有病菌的城市垃圾数量较多。例如，在日常生活以及医院工作阶段所产生的废弃物或者废水等，如果处理不当，就会引发大面积污染问题。

当前，我国土壤污染情况十分严峻，且呈现出污染面积大、污染程度严重等特点。全国土壤环境状况总体上不容乐观，部分地区土壤污染较重，尤其是工矿业废弃物造成的土壤质量问题日渐突出。土壤污染物类型主要包括无机污染物、有机污染物和复合型污染物，其中以无机物污染物为主，有机物污染物次之，复合型污染物所占比重较小。土壤污染成因各异，危害深远。当前，重金属污染现象也较为常见，不仅给土地使用带来较大的影响，还会威胁人体的健康。加之土壤酸化、土壤侵蚀等因素，导致土壤出现干裂及肥力下降等问题，严重影响土壤的使用率。从污染分布情况来看，南方土壤污染普遍重于北方，特别是长江三角洲、珠江三角洲等区域的土壤污染问题十分突出，其中长江三角洲区域至少 10% 的土壤基本丧失了生产力，而且普遍存在镉、汞、铅、砷等污染，会破坏大面积土地，而且农药污染占比较大。随着石油开采量的增加，石油炼化也引起了严重金属污染。华南地区部分城市约有 50% 的耕地受镉、砷、汞等重金属和石油类有机物污染。根据《全国土壤污染状况调查公报》，我国耕地超标率为 19.4%，中度污染和重度污染点位比例共占 2.9%。此外，用于农业活动的塑料也正在迅速进入全球的农业土壤中，影响生物多样性和土壤健康，微塑料以食物链的形式通过作物转移到人体内，影响人类健康。

（二）土壤污染风险评估

土壤污染风险评估可以为土壤污染治理提供全面支持，主要包括四大内容，即土壤污染情况评估、土壤污染风险评估、土壤污染健康风险评估和土壤污染生态风险评估。

土壤污染情况评估是指利用相关评估手段，深度掌握土壤污染情况，明确污染土壤的重金属物质含量（如汞、铅、砷等），掌握农药、石油及其裂解产物等对土壤的污染程度，最终确定土壤污染指数。

土壤污染风险评估是指明确待评估土壤的周边环境、周边企业的生产流程和生产污水排放渠道，深度掌握土壤污染对人类活动或自然环境的不利影响。

土壤污染健康风险评估是指根据土壤污染的主要类型和主要污染物，判断该类土壤污染是否会对食物链造成影响，间接对人体健康造成损害。

土壤污染生态风险评估是指根据土壤污染来源以及土壤污染物的变化、迁移和暴露类型，判断土壤污染物的流动情况和可能危及生态系统的趋势，进而判断土壤污染可能对生态环境造成的影响。

（三）土壤污染修复策略

1. 土壤污染修复技术

在土壤污染物治理阶段，所使用的技术形式主要是生物修复、植物修复、化学淋洗、生物堆肥等。使用生物修复技术，主要是通过微生物催化降解的技术形式，能够将金属污染物分解成有机污染物，进而修复被污染环境，或者将环境中污染物的某一个成分进行管控，提升技术修复效果；通过植物修复，可以应用农业技术形式，改良相关的成分、技术等，使得植物生长不会受到化学、物理等方面的因素影响，将这一技术应用于种植管理阶段，通过种植优选植物，或者使植物根系微生物直接或者间接地去分离、降解污染元素，植物的应用优势较强，还能实现调整生态环境、植被景观的目标；化学淋洗的方式对技术要求较高，通过这种技术处理形式，能够溶解或者迁移土壤中的化学、生物药剂，通过重力或水分处理的方式，将淋洗液注入被污染土层中，然后将污染物的溶液从土壤中提取并分解，完成污水处理的目标；采用传统的堆肥方式，堆积含有污染物的土壤，将污染物与其他的有机物混合，或者将土壤放到粪便中，通过堆肥的方式，降解土壤中的微生物，减少有机污染物的数量。

在处理含有重金属的土壤时，按照处理的地点划分技术类型，还可以引用原位修复技术以及原位控制技术，使用原位处理技术，包含物理、化学、生物等多种技术形式。常用的渗透反应墙是一种原位土壤及地下水修复技术，通过在污染区域的浅层土壤或地下水径流路径中建立有渗透性且富含反应材料的墙体，利用物理、化学或生物反应机制净化污染物。使用异位修复技术，可以应用挖掘处理或者异位处理的技术形式，提升土地治理的效果。

2．土壤污染防治修复思路

（1）确定土壤修复目标

对于轻度污染的土壤，可以通过修复，使其转化为农田，确保各项指标达到标准要求。对于中度污染的土壤，修复工作开展时则要以该地区土壤能够满足植被基本生长为目的，同时要兼具能源和观赏价值，提高土地治理的综合效益。对于重度污染的土壤，通过修复降低土壤中的金属含量，使其具备植被种植的可行性。

（2）完善土壤修复方案

为保证土壤修复成效，相关部门开展土壤修复前需要制订科学完善的土壤修复方案。为此，需要先明确土壤污染类型，并充分考虑土壤污染的渗透作用，尽量实现对水土污染的共同治理，确保达到较好的修复效果。在实际土壤修复工作开展过程中，部分地区存在易污染和难治理的特点，在具体制订修复方案时，需要结合不同土壤污染类别、土壤修复目的，以及土壤污染的程度制订科学合理的修复方案。例如，针对土壤污染严重的地区，可以将整个修复过程划分为调理减弱和恢复增效两个阶段。在调理减弱阶段，明确被污染区域中的污染成分，并采用物理手段和化学手段对土壤进行改良处理，并合理运用修复技术，清理污染区域内的有毒物质，降低污染区域内土壤的污染程度；在恢复增效阶段，可以通过提高污染区域内植被的覆盖率来优化土壤结构和土壤性质，进一步提高土壤修复工作的经济效益、社会效益和生态效益。

（3）加强土壤污染源头防治

为保证修复质量，加强土壤污染源头的防治尤为重要。因此，相关部门需要从源头上对土壤污染问题进行有效防控，采取预防为主、防治结合的策略，避免有害物质进入土壤。在实际工作中，需要将调查和监测等方法相结合，掌握土壤污染的具体情况，明确污染物来源，根据具体情况有效控制废水、废渣、废气的排放。第一，严禁没有经过处理的污水灌溉农田，不使用毒性大和残留时间长的农药，严禁在农业生产中使用有机氯农药，并注意尽量采取生物病虫害防治方法。第二，要加大对农用地和建筑用地污染风险的管控力度，严格控制工业生产中的"三废"排放。通过多措并举从源头上做好土壤污染防治工作，有效降低土壤的污染程度。

（4）加强土壤修复技术的研究

加强土壤修复技术的研究不仅是保证土壤修复成效的重要基础，也是解决当前土壤污染的重要途径。因此，在实际工作中，相关部门需要加大对土壤修复技术的研究力度，积极借鉴国外的成功经验，重视先进设备的引进，并结合当前我国实际国情和土壤的具体条件，研究具有较强适用性、成本低以及无二次污染的土壤修复技术。在实际土壤修复技术研究过程中，还要重视理论向实践的转化，积极促进研究成果在实践中的运用。

思考与探索

1. 在进行土壤污染风险评估时，应如何确定关键的风险因子和评估指标？

2. 对比分析物理修复技术、化学修复技术和生物修复技术在处理不同类型土壤污染时的优缺点。

四、扎实推进"双碳"行动

（一）碳减排进展

工业革命以来，人类活动排放了大量的温室气体，造成了大气中的温室气体浓度增加，温室效应增强，导致全球变暖，对人类和生态系统造成了多种不利影响。IPCC 第六次评估报告指出，每 1 万亿吨二氧化碳的排放约引起 0.45℃的温升。如果控制温升不超过 1.5℃，剩余排放空间则不到 4 200 亿吨二氧化碳；如果维持当前的排放速率，碳排放空间将在 10 年之内用尽。为了减缓全球变暖，截至 2023 年 1 月，全球已有 198 个国家或国家集团提出或考虑提出碳中和目标；多数发达国家提出的碳中和目标年是 2050 年，英国、法国、加拿大、美国、澳大利亚、韩国和日本等均承诺 2050 年前实现碳中和，发展中国家则相对较晚，印度的目标年是 2070 年。2020 年，中国国家主席习近平在第 75 届联合国大会上提出中国"二氧化碳排放力争于 2030 年前达到峰值，努力争取 2060 年前实现碳中和"的气候承诺，对于推进全球应对气候变化具有积极意义。

"十二五"以及"十三五"期间，中国碳减排政策体系逐步完备，国家、地方和行业三个层面都出台了具体明确、衔接紧密的减排目标政策，如能效政策、可再生能源政策消纳、价格及补贴机制、碳排放权交易、森林和湿地碳汇等。同时，国家、地方、行业和企业各层联动贯彻落实碳减排政策。国家在减排目标设定及分解、低碳试点省市、强制性能效标准、能效领跑者、碳排放权交易、电力市场化改革、用能权交易试点等方面采取相应行动，地方在地方低碳规划与实施方案、碳排放提前达峰城市、低碳智慧城市建设、低碳工业园区建设等方面积极行动，行业则围绕工业绿色制造、低碳交通运输体系、绿色低碳化建筑和农林业绿色低碳发展展开行动。

通过这些政策与行动，"十三五"减排目标提前实现并超额完成2020年较2005年下降40%~45%的减排目标；各地区均完成甚至超额完成"十二五"节能目标，各区域碳强度呈现明显下降趋势，且地区间差异显著缩小。此外，仍需进一步改善产业结构优化升级存在地区之间不平衡、能源结构体制机制改革、低碳技术创新区域发展不均衡、企业低碳研发能力较弱、低碳技术应用领域单一、全国碳市场建设进程不足、多种节能减排和环境保护政策协调等问题。

（二）碳排放影响因素

碳排放影响因素有以下几个：

（1）经济因素：包括人均GDP、人均增长率、产业结构等。经济发展推动能源的使用，而能源的使用在促进经济发展的同时又产生碳排放。人均GDP对碳排放的影响起重要作用，但有学者认为可以在促进经济增长的同时减少碳排放，产业结构具体指第二产业、第三产业增加值或二者占比，偏重不同的产业时，产业结构对碳排放的作用方向不同。

（2）人口因素：包括人口数量、人口密度、人口年龄结构等。人口增长自身增加能源的消耗，直接影响碳排放，同时也以生产、就业等方式推动经济增长，间接影响碳排放。欠发达国家人口增长被认为是未来碳排放的重要潜在驱动力，不同年龄人口所占比重不同对碳排放的影响也不同，研究发现14岁以下人口占比越大，碳排放量越大。研究发现老龄化人口的增长减少了能源使用或经济活动，从而减少碳排放增长。

（3）能源因素：包括能源消耗、能源强度、能源效率、能源结构等。二氧化碳主要由化石燃料燃烧产生，发达国家碳排放量的减少主要是能源效率的提高和清洁能源的使用。在发展经济的过程中，不断提高能源的清洁率和能源的使用效率是减少二氧化碳的主要途径，但其实现程度受到技术水平的制约。

（4）技术水平：包括技术进步、技术效率、技术创新、技术差距等。技术通过影响经济和能源对碳排放间接起作用，研究表明技术进步带来能源效率或能源强度的改变，间接对碳排放起积极作用。技术创新在其中生产中介效应，但有学者认为技术水平是负向驱动因素或技术对碳排放存在双向作用——回弹效应。虽然技术进步能够提高能源使用效率、节约能源，但当其水平超过一定阈值时会促进经济规模的扩张，从而对能源产生新需求的增长。

（5）城市化：城市化对碳排放的影响因素涉及多个层面，带来产业聚集和人口变化与技术创新，拉动经济增长的同时，也消耗大量能源，研究者对此持有以下几种：一是城市化会加速能源消耗、导致碳排放；二是城市化能有效抑制碳排放；三是城市化需要根据不同的阶段情况而确定，城市化导致低收入国家碳排放量减少，但高收入国家则相反。

（三）碳减排策略与技术

1. 能源层面

能源层面是指通过能源转型——减少化石能源的使用、增加可再生能源的使用，达到减少碳排放的目的。事实上，当前很多国家提出的碳中和目标也涉及了能源结构的调整，包括增加可再生能源在电力、交通运输等行业的使用比例等。中国也提出要"深入推进能源革命，加强煤炭清洁高效利用，加快规划建设新型能源体系"。在能源转型这一路径下，政府部门可以执行可再生能源政策，这些政策对于可再生能源的发展是必不可少的。上网电价（FIT）和可再生能源标准（RPS）是电力行业使用可再生能源的重要驱动因素。但需要注意的是，可再生能源政策对可再生能源部署的影响还依赖于政府政策设计的可行性和承诺的可靠性，能源政策的不确定性和不连续性会导致可再生能源投资负增长，例如，美国风力发电的税收抵免政策，因此国家想要通过能源转型这一路径来实现碳中和目标，必须先制定合理可行的可再生能源发展政策。

2. 市场层面

市场层面是通过碳税，即对企业排放的二氧化碳进行征税，以此来减少碳排放总量。由于碳中和是一定时期内人为的碳排放量和碳清除量相平衡的状态，那么当碳排放量减少时，人们需要清除的二氧化碳也随之减少，同时，征收碳税所带来的收入可用于环保项目和技术投资，增加碳清除量或者进一步减少碳排放量，有利于加快碳中和目标的实现进度。据世界银行《2022年度碳定价发展现状与未来趋势》统计，目前全球有37个国家或地区实施了碳税政策，碳税的减排效果十分明显。例如，2008年，不列颠哥伦比亚省实施了第一个实质性的碳税——每吨二氧化碳当量征收10加元且每年每吨上涨5加元。学者发现，到2015年这一碳税已使该省的碳排放量减少了5%～15%。对于不同行业而言，统一税收标准和差异化税收导致的福利效果是不同的，统一碳税的福利效果优于差异化碳税。当然，国家在制定碳税相关政策时，需要考虑政策的合理性，不合理的政策设计会导致政策实施的失败。例如，由于德国政府没有以正确的市场激励措施将可再生能源引入已存在的能源组合，导致德国的《可再生能源法案》的实施成本很高。因此，通过征收碳税能够实现碳减排，但要想使碳税政策的实施成本最小且福利效果最大，仍需要进行合理的政策设计。

3．社会层面

碳抵消包括清洁发展机制（CDM）和自愿抵消治理（VCO）两种主要制度。CDM由一系列国际机构（包括 UNFCCC 和世界银行等）管理，具有严格的等级制度、监管结构、实现温室气体减排的广泛知识要求以及更高的交易成本。VCO 则更加市场化，几乎没有监管，主要涉及寻求绿色证书的个人、非政府组织和具有社会责任感的公司。在抵消制度下，形成了新兴的碳抵消市场，该市场主要是将一些合适的项目和技术进行商品化，在强制性碳交易市场中，企业之间可以进行碳配额交易。例如，企业 A 的碳配额不足时，可以在碳市场中购买企业 B 盈余的碳配额。政府部门之间则进行碳配额分配，常见的碳配额分配方法有两类：第一类是指标法，常用于初始碳配额分配；第二类是优化法，常用于研究碳配额如何重新分配能够更有效，因此与碳税相似，碳配额也是通过减少碳排放量实现碳中和目标。

在自愿碳抵消市场中，主要涉及的行业是航空业，航空飞行过程中不可避免地会产生一些碳排放。作为航空碳排放的一个碳抵消项目，自愿碳抵消计划的目的是减轻旅游航空业对碳排放的影响。由于自愿碳抵消主要依靠的是公众的自愿行为，因此从消费者的角度对公众的态度和意愿等进行研究是重要且必要的。相关研究通常是选取社会调查的方法，调查方式主要有两种，一种是选取机场作为实地调查地点，另一种是采取网络调查的形式。研究表明，旅客对碳抵消的了解程度、旅客对环境的态度、生产者的行为、碳抵消项目的性质、个人特征和家庭特征因素等均会对消费者的碳抵消支付行为产生影响。实际上，有研究表明自愿碳抵消对于航空业碳减排的作用微乎其微，对旅客行为的影响也很小。因此，仅通过自愿碳抵消来实现碳中和是不太可能的，自愿碳抵消只能够作为一种辅助性的工具。

4．技术层面

第四种思路是通过碳捕集与封存（CCS），碳捕集、利用与封存（CCUS），直接空气捕集等技术，从技术层面实现碳中和这一目标。CCS 是指从排放源分离出二氧化碳，并将其运输到指定地点与大气隔离开来。CCUS 包括捕集二氧化碳并将其进行利用或储存，是实现碳中和的重要技术路径之一。直接从空气中捕集二氧化碳并将其永久储存，可将二氧化碳从大气中去除，在实现净零路径中发挥着越来越重要的作用。尽管 CCS、CCUS 等方法是实现碳中和的重要技术路径，当前也取得了一定的成效，但是其应用还十分有限，最终能否广泛应用还需要通过技术研发进一步降低现有工艺的成本。也就是说，需要在技术方面进行更多的投入来降低捕集二氧化碳的成本。可以看出，通过能源转型、碳税、碳交易市场等传统方法只能约束和减少碳排放总量，并不能彻底消除或达到净零排放，最终决定碳中和能否实现的关键仍然在于碳捕集与封存等关键技术的突破。

国内典型 CCUS 示范项目

中国石油化工集团：该公司在石油化工领域实施了多个 CCUS 项目，启动了我国首个百万吨级 CCUS 项目——齐鲁石化-胜利油田 CCUS 项目建设，该项目将充分发挥公司上下游一体化优势，将齐鲁石化捕集的二氧化碳输送至胜利油田注入地层封存并驱油，实现变废为宝，每年可减排二氧化碳 100 万吨，相当于植树近 900 万棵。此外，中国石化南化研究院是国内 CCUS 技术领域的领先企业，拥有国内领先、国际先进的二氧化碳捕集技术，应用范围广泛，包括传统的合成气二氧化碳捕集到天然气、炼厂气、EO/EG 循环气、F-T 合成循环气、各种烟气、高炉气、窑气等领域。

思考与探索

1. 讨论清洁能源替代传统化石能源在减少碳排放方面的作用及挑战。

2. CCUS 技术在减少碳排放方面的潜力是什么？其在实际应用中的挑战和限制有哪些？

五、加强新污染物治理工作

（一）新污染物环境风险

新污染物是指那些具有高生物毒性、环境持久性、生物累积性等特征的有毒有害化学物质，这些有毒有害化学物质对生态环境和人体健康造成较大的危害性风险。自 2023 年 3 月 1 日起，《重点管控新污染物清单（2023 年版）》（以下简称《清单》）正式施行，包括抗生素、环境内分泌干扰物壬基酚等 14 类新污染物被列入重点管控范围。新污染物是一类处于"治理不足"状态的污染物，在当前所引发的环境风险已受到公众的关注。

1. 高生物毒性

新污染物的高生物毒性可以造成累积性环境健康风险。新污染物一般具有致癌性、致畸性、致突变性以及内分泌系统干扰性等影响生殖和发育等高生物毒性的特点，该类物质对生物体危害较大，一些新污染物的低剂量达标排放，短期而言可能危害不明显，但长期来看会对生态环境与人体健康造成严重影响。如放任新污染物一直处于"未治"

的状态，则为其在生态环境空间不断积聚提供了条件，相应的环境健康风险势必也会日益加剧。

2. 环境持久性

新污染物一般在自然环境中难以降解，可长期滞留，其中持久性有机污染物（POPs）便是一类典型的难降解且具有很强亲脂憎水性的新污染物，如滴滴涕、灭蚁灵、毒杀芬等有机氯类农药，以及多氯联苯等工业化学品，这类物质大多由人类活动产生并排放到自然环境，其可以通过风和水流传播到很远的距离。POPs 一般还是半挥发性物质，在室温下就能挥发进入大气层，它们能从水体或土壤中以蒸汽形式进入大气环境或者附着在大气中的颗粒物上。因此，与常规污染物的生态环境风险不同，新污染物对生态环境会产生长期性、远距离、跨介质迁移而带来的弥散性风险，而正是这种弥散性特点，又会给监管者对这些污染物的来源状况、传播方式、分布状态以及污染现状的监测评估带来困难，导致治理者只能"对点不对面"，被动接受新污染物对生态环境所可能产生的侵蚀与破坏，生态环境质量持续恶化的后果。

3. 生物累积性

新污染物的生物累积性特征易诱发突发性环境社会风险。如不对其进行有效治理，这种污染物将通过传播链条不断蓄积在环境中和生物体内，并逐步从生产端走向消费端，从自然界走向公众的社会生活，一旦在一定区域或时间段环境污染超过生态环境所能承受的阈值，便会引发重大生态环境或公众健康事件的后果。此外，因为新污染物造成显著与实质损害往往是长期积累的结果，在消费终端出现的污染事件可能无法确定致害主体，因此，对造成以上损害的侵害主体进行判定与追责殊为不易，公众对损害赔偿的诉求则将大概率转向社会组织或者政府，进而诱发治理秩序混乱、群体性社会冲突等社会风险，助推环境风险向社会风险的演化。

（二）新污染物治理的国际典型经验

自 20 世纪 70 年代起，美国、日本、欧盟等发达国家和地区逐步建立新污染物环境风险管理法律体系，并不断完善，近年来部分发展中国家逐步建立新污染物治理体系。自 20 世纪 90 年代起，许多国家和国际组织便启动针对新污染物现状、危害等方面的调查和研究工作，通过不断地探索和实践，构建起以全生命周期管理、优化分级理念为核心的新污染物风险防范与治理体系，并形成了一系列的成功经验和做法，对我国具有很好的借鉴意义（图 5-3）。

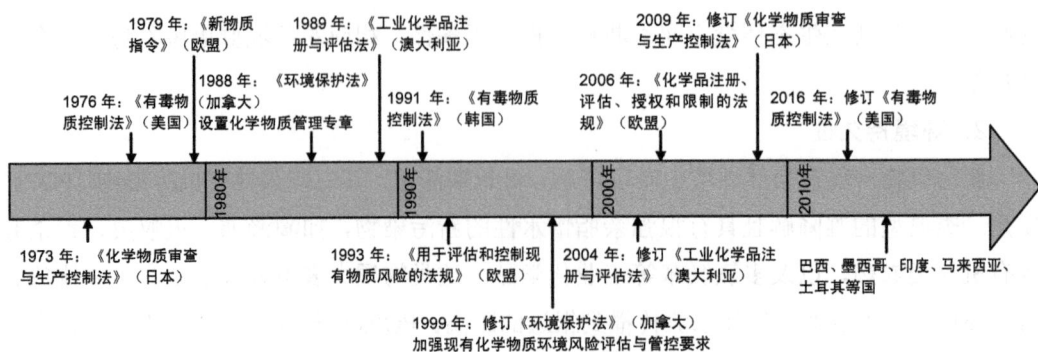

图 5-3　新污染物治理关键历程

1．构建多方统筹协调机制

一是建立国家间合作机制。1996 年，经济合作与发展组织（OECD）成立了化学品测试导则国家协调员工作组、内分泌干扰物（EDCs）测试与评估顾问组等，统筹成员国开展 EDCs 风险防范工作；2010 年，阿根廷与乌拉圭联合成立海上前线技术委员会，加强微塑料源头的跨界管控；2014 年，UNEP 成立了由政府和非政府组织共同参与的 EDCs 环境暴露与影响咨询组，开展 EDCs 跨国防控的战略与政策研究。二是建立国家层面的协调机制。EPA 于 1996 年成立了 EDCs 筛选和监测顾问委员会，成员主要来自 EPA 及其他联邦当局、各州相关部门、工业界代表、环保团体、公共健康团体和学术界等，统筹协调 EDCs 筛选与监测工作。1997 年，日本成立由环境省、经济产业省和厚生劳动省组成的 EDCs 委员会，协调 EDCs 研究工作。

2．建立新污染物治理法律法规和标准体系

一是制定法律法规。在履行国际公约方面，美国为履行《关于持久性有机污染物的斯德哥尔摩公约》，建立了以《国家环境政策法》为基本法、以《有毒物质控制法》等为支撑的覆盖全生命周期的法律政策体系。为严格控制某类新污染物生产、使用环节的风险，欧盟于 2006 年宣布所有成员国全面停止使用促生长类抗生素，且在《兽医药品法典》中对广泛使用抗生素的兽药作出严格的环境管理规定，美国食品药品监督管理局将四种全氟化合物列入食品接触材料禁用清单。在微塑料污染控制方面，美国于 2015 年出台《无微珠水域法》，加拿大于 2018 年出台《化妆品中塑料微珠法规》，禁止生产、进口与销售含塑料微珠的化妆品。二是及时修订相关标准。日本于 2015 年修订饮用水水质标准，在水质指标中新增五种 EDCs 物质，并作出较为严格的限值规定。欧盟于 2018 年修订生物农药 EDCs 标准，对 EDCs 的判定和使用提出更为严格的要求；2023 年 3 月，新修订的《欧盟物质和混合物的分类、标签和包装法规》正式发布，引入内分泌干扰特性、持久蓄积迁移性物质等新的危害类别，适用于工业化学品、日用化学品原料、农药等多类化学产品，以确保在人类健康和生态环境方面形成更高水平保护。

3．开展新污染物多级风险评估和监测

一是建立筛选、评估和监测框架。自 20 世纪 90 年代以来，OECD、欧盟、美国、日本等先后建立了 EDCs 筛选监测基本框架，并构建了两级评估框架。OECD 自 2002 年起构建"现有信息采集—体外实验—简单的体内实验—信息验证—复杂的体内实验"五级 EDCs 评估框架，指导各成员国评估 EDCs 风险。二是发布测试导则和清单。EPA 于 2008 年发布 14 种测试导则用于实施层级筛选，又分别于 2009 年、2013 年发布化学品测试清单。三是制订监测计划并开展实际监测。在欧洲监测及评估项目（EMEP）框架下形成并于 1988 年生效的欧洲《远程越界空气污染公约》（LRTAP）的 43 个成员国中，已有 24 个成员国设立了共计 100 个新型 POPs 监测点并开展监测，以了解新型 POPs 在欧洲的发展趋势；欧盟委员会于 1999 年制订了 EDCs 战略计划，其中包括建立监测计划，以估计优先列表中 EDCs 的暴露和效应。

4．重视新污染物治理的科学研究

开展 EDCs、持久性有毒物质等新污染物的生态毒理、健康危害、生态风险、形成机理、迁移转化以及减排、控制、处置和替代技术等研究，并不断提出新的关注物质。

长期以来，美欧等发达国家和地区已开展了多项针对 EDCs 的研究工作，涉及 EDCs 识别、筛选、危害测试等各个方面。近年来，国际机构和发达国家将研究重点转向持久性有毒物质（PTS，包括 POPs、有毒有机金属化合物和典型重金属等），开展其生态毒理、健康危害、环境风险、形成机理、迁移转化及减排、控制、处置和替代技术等研究，已经执行和正在执行一系列重大的研究计划。例如，环境和生态健康影响评价的方法学；已知和未知污染源解析；PTS 高风险区鉴别及其修复技术；PTS 的形成、反应、迁移、转化、毒性毒理；PTS 的污染削减、控制、替代技术；基于生物工程和高级化学氧化发展的 PTS 污染末端控制技术等。

（三）新污染物治理策略与技术

我国生态环境部提出了以有效防范新污染物环境与健康风险为核心，遵循全生命周期环境风险管理理念，以"筛、评、控"和"禁、减、治"为新污染物治理工作思路（图 5-4）。

1．加强顶层设计，建立健全新污染物治理的制度体系

一是加强各级人民政府的总体统筹领导，充分发挥新污染物治理部际协调小组的统筹协调作用，统筹新污染物防治与产业发展、产品质量管理、市场监管、危险化学品管理、农药管理等领域相关工作，推动相关部门和各级政府共同形成新污染物治理合力。

二是制定和完善新污染物治理的法律法规。在现行的化学品管理和水、大气、土壤、固体废物等常规污染防治的法律法规中，增加典型新污染物防治条款。如推动《中华人民共和国清洁生产促进法》《中华人民共和国循环经济促进法》《生态环境监测条例》

《排污许可管理条例》《化学物质环境风险评估与管控条例》等的修订，增加新污染物监管和防治条款。加强源头预防、流程控制、末端治理方面的立法和制度建设，强化对生产企业主体污染减排责任的全链条追溯。如立法限制典型内分泌干扰物、全氟化合物、溴代阻燃剂、抗生素等的生产和使用，制定"化学物质环境风险管理办法""有毒有害化学品安全管理办法"，建立优先控制化学品筛选和风险评估、有毒物质排放转移报告等核心制度。

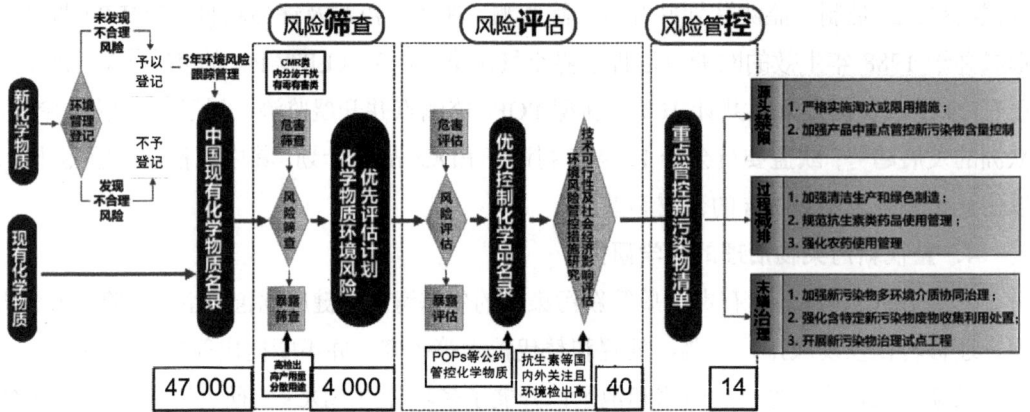

图 5-4　新污染物治理工作思路

三是建立和完善新污染物治理的标准体系。将涉及抗生素、微塑料、多氯联苯等的新污染物纳入大气、水、土壤等环境质量标准和技术规范，如《环境空气质量标准》《土壤环境质量标准》《地表水环境质量标准》等；修订或制定涉及新污染物的产品质量标准和卫生标准；建立重点行业产品低环境风险生态设计标准，推动重点行业新污染物排放标准的制修订。

四是加快修订和补充完善新污染物相关的管理名录，将典型新污染物逐步纳入常规污染物的名录管理。补充完善优先控制化学品名录、环境保护综合名录等管理名录，增加具有较大健康和生态风险的典型新污染物；修订产业结构调整指导名录，从源头限制涉及新污染物的产品生产；动态调整禁止、严格限制和优先控制化学品名录。

2．强化科学引领，加强新污染物治理科学研究和技术创新

一是加强基础研究。启动新污染物治理重大科技专项，加强对典型新污染物的环境基准、毒性机理、源、汇和人群暴露特征研究，提升对各类新污染物环境健康风险的科学认知。二是加强各类新污染物的监测预警、控制、替代、清洁生产、减排和深度处理等技术的研发。研制能从源头减少新污染物排放的替代材料；开发成本可行的自来水和工业"三废"深度处理技术。三是打造高水平技术创新平台，促进科技成果应用转化。

优先选择长江经济带等重点地区和重点行业，建立新污染物防治技术创新平台，加强技术交流和成果应用转化。四是开展数字信息技术在新污染物防控领域的创新应用。建立覆盖重点行业、贯穿全生命周期的重点管理化学品大数据平台和智慧化风险预警、防控体系，解决新污染物治理难、成本高的问题；开展缺少基础数据的新污染物的生产使用状况调查、监测和来源解析，建立国家统一的污染物释放、暴露、危害数据库；建立数字化、智能化全过程追踪溯源与监管体系，打造新污染物治理专业服务平台，为跨区域、跨行业全链条综合治理提供支撑。

3. 加强监管能力建设，建立新污染物检测、监测和预警体系

一是成立优先控制新污染物筛选和监测的顾问委员会，组织筛查我国正在生产和使用、具有较大潜在环境风险、可产生新污染物的化学物质。二是加强对新污染物的监测能力建设。将新污染物纳入现有的环境监测系统，完善监测网络体系，在现有环境监测站点的基础上，部署建设一批典型新污染物监测设施设备，加强对关键区域、重要河湖断面和饮用水水源地的监测，形成开展全国性监测新污染物的能力，为全面掌握新污染物排放和污染状况奠定基础。三是组织开展评估工作。建立新污染物的监测指标和标准分析方法，开展新污染物防治成效和国家实施计划的绩效评估，建立奖惩机制和通报、限期整改制度；建立评估体系，定期评估各类新污染物给人体和生态系统健康带来的风险。四是加强专业技术队伍建设。加强对科研机构、高等院校等的支持，开展新污染物防治管理人才培养，培养和建立一个稳定的专职专家技术团队，提高新污染物风险评估的科学性和规范性；鼓励企业技术团队针对企业的管理和技术定期开展培训；加强行政监管和执法能力建设；定期开展针对行政管理人员的监督执法技术培训。

思考与探索

1. 如何评估和预测新污染物对生态系统及人类健康的潜在影响？
2. 目前有哪些针对新污染物的治理技术？它们的优缺点是什么？

六、推进生态系统保护与修复

（一）山水林田湖草沙冰生命共同体理念

改革开放以来，我国经济迅速发展，但同时产生了一系列生态环境问题。由此，我国开始实施一批生态修复工程，助力经济发展和国民生活水平提高，在这个过程中"生态—环境—地质"理论体系不断发展，在指导生态修复工程的同时根据反馈不断修复完善理论框架，并产生了符合中国生态环境实际的山水林田湖草沙冰生命共同体理念。

1. 理念发展历程

目前国内山水林田湖草沙生命共同体理念的发展主要以"生态—环境—地质"的内在联系为主要研究方向，两者所涉及的理论和框架体系基本一致，可以将山水林田湖草沙生命共同体理念理解为"生态—环境—地质"理论以中国实情为基础的理论发展。我国生态环境地质学理论起步较晚，张宗祜、袁道先就指出生态环境地质学在环境地质学中处于研究前沿。之后，我国越来越多的学者将目光投在这个新兴学科领域。生态环境地质刚开始的研究是基于单个生态系统单元，如城市、河流、湿地、森林等单个生态系统。在对国内各种生态系统单元进行评价时，由生态地质环境理论带来的应用研究也逐渐走入研究人员的视野，包括森林退化、草原沙化、矿山修复、水资源治理等多个研究领域，对不同生态系统的内在要素联系进行了一定的分析，为后面的研究积累了丰富的理论和方法。2013 年，习近平总书记提出了"山水林田湖是一个生命共同体"的理念，意味着我国的生态地质环境研究进入一个新的阶段。2017 年，国家相关文件发布，"草"被加入山水林田湖草生命共同体，使得该体系更加完善全面。2020 年，自然资源部办公厅、财政部办公厅、生态环境部办公厅联合印发《山水林田湖草生态修复保护工程指南》，对我国山水工程实施具有重要指导意义。2021 年 7 月，习近平总书记在林芝尼洋河大桥听取雅鲁藏布江及尼洋河流域生态环境保护和自然保护区建设等情况时强调，要"坚持山水林田湖草沙冰一体化保护和系统治理"。

2. 理念内在联系

山水林田湖草沙冰生命共同体的理念来源于生态学、环境、地质学和可持续发展理论，旨在说明生态系统内人类及其他生态系统要素之间相互依存的关系。地质环境能够承载生态环境，反之生态环境保护地质环境，相对生态环境而言，地质环境具有不可恢复性。山水林田湖草沙生命共同体是一个多层次、关系复杂且有序的系统，系统内各要素相互影响，单个要素的变化都会在其他要素中反映出来。

正因如此，生态保护修复必须按照生态系统的内在规律，统筹考虑自然生态各要素，进行整体保护、系统修复、综合治理。要认识到，生态保护修复遵循"自然恢复为主、人工修复为辅"的原则，分类施策，但"自然恢复为主"不代表放任不管，而是以最小化的人工干预实现目标，对于受到严重破坏的生态系统则需通过人工干预进行生态重建。与此同时，生态保护修复不可能一蹴而就，要以提升生态效益为主要目标，同时兼顾社会效益和经济效益，实现人与自然和谐共生。

（二）生态保护修复工程进展

2016 年，《关于推进山水林田湖生态保护修复工作的通知》印发。"十三五"期间，全国分三批遴选了 25 个山水林田湖生态保护修复试点项目，由中央安排资金。"十四五"

期间，财政部、自然资源部、生态环境部在总结试点经验的基础上，继续支持开展山水林田湖草沙一体化保护和修复工程，目前已支持 19 个省份开展系统治理。

2020 年，国家发展改革委、自然资源部联合印发了《全国重要生态系统保护和修复重大工程总体规划（2021—2035 年）》，围绕全面提升国家生态安全屏障质量、促进生态系统良性循环和永续利用的总目标，主要在青藏高原生态屏障区、黄河重点生态区（含黄土高原生态屏障）、长江重点生态区（含川滇生态屏障）、东北森林带、北方防沙带、南方丘陵山地带、海岸带"三区四带"布局重大工程。

2021 年，国家发展改革委牵头印发了《生态保护和修复支撑体系重大工程建设规划（2021—2035 年）》。"十四五"期间，"天空地"一体化自然生态监测监管网络基本建立，自然生态系统保护和重大工程建设监管能力显著提升，各类生态系统调查监测体系更加完善，生态保护和修复支撑体系基本满足全国生态保护和修复重大工程建设需求，重点支持生态保护和修复领域国家级科技支撑项目 100 项。

山水林田湖草沙生态保护修复试点工程重点部署在青藏高原、黄土高原、云贵高原、秦巴山脉、祁连山脉、大小兴安岭和长白山、南岭山地地区、京津冀水源涵养区、内蒙古高原、河西走廊、塔里木河流域、滇桂黔喀斯特地区等国家重点生态功能区内，是国家生态安全的保障区域。

自然资源部发布的信息显示，"十三五"时期以来，我国在"三区四带"国家生态安全屏障累计完成生态保护和修复面积约 537 万公顷，"山水工程"既保护恢复了多种类型的自然生态系统，也保护修复了高强度的土地利用系统，减少了生态安全隐患，改善了生态系统质量，优化了国土空间格局，让神州大地生态"颜值"持续提升。实践证明，生态保护修复是守住自然生态安全边界、促进自然生态系统质量整体改善的重要措施。

红树林变"金树林"助推实现碳中和——广东湛江红树林造林项目

广东湛江红树林面积占全国红树林面积之首，却面临减少和生态系统退化的挑战。为应对此情况，2021 年 6 月，湛江红树林国家级自然保护区管理局、自然资源部第三海洋研究所与北京市企业家环保基金会合作，完成了我国首个"蓝碳"交易项目，转让了 5 880 吨碳减排量。

该项目的成功得益于红树林种植与保护策略，特别是通过 VCS 和 CCB 标准开发的碳汇项目。此举不仅恢复了红树林面积，还产生了碳减排量，被基金会购买以抵消其碳排放。项目收益将用于红树林管护和社区参与，形成良性循环。

此举效果显著：一是提升了红树林生态系统的质量和稳定性，为候鸟提供了重要栖息地，保护了如勺嘴鹬等濒危物种；二是通过市场交易机制，实现了红树林生态产品的价值，推动了生态效益和经济效益的统一；三是构建了生态修复长效机制，激发了各方参与红树林修复的积极性，增强了公众的保护意识。这一项目为蓝碳生态系统的保护和修复提供了宝贵经验，助力实现碳中和目标。

（三）山水林田湖草沙生态保护修复策略

1．科学厘清山水林田湖草沙生态保护修复的工作思路

一是摸清生态环境突出问题。要从山水林田湖草沙生命共同体的理念着眼，以问题和生态功能为导向，认真分析生态环境现状，梳理各环境要素方面存在的突出问题，深入研究这些问题之间存在的相互联系和因果关系，做到细致梳理问题、全面看待问题、系统分析问题，真正摸清生态系统状况与变化趋势。

二是划定生态保护与修复片区。依据区域生态环境突出问题与主要生态功能定位，确定生态保护与修复工程部署区域。按照"一块区域、一个问题、一种技术、一项工程"的思路，形成生态保护修复关键技术整体解决方案。

三是制定生态保护与修复工程。改变按生态要素或资源种类保护治理的工作模式，在明确生态环境主要矛盾的基础上，全面开展水环境保护治理、农牧用地保护、水土流失预防、生物多样性保护、矿山开采治理等，筛选出一套针对性和适用性强的生态保护与修复技术，统筹实现山水林田湖草沙的整体保护修复。

四是建立健全工程实施保障措施。生态保护与修复工程涉及左右岸、上下游，是一个复杂的系统，必须从整体上系统谋划布局。要在实地调研生态保护体制机制的基础上，从组织领导、干部绩效考核、资金筹措与投入、基础设施建设、监测预警、信息化管理、公众参与监督等方面，提出生态保护修复体制机制的创新方向、任务和路径。

2．规范指引山水林田湖草沙生态保护修复的工程实施

一是强化系统思维，注重各种要素协同治理。要从生态系统整体性和流域系统性出发，追根溯源、系统治疗，防止头痛医头、脚痛医脚。要找出问题根源，从源头上系统开展生态环境修复和保护。要加强协同联动，强化山水林田湖草沙等各种生态要素的协同治理，推动上、中、下游地区的互动协作，增强各项举措的关联性和耦合性。要注重整体推进，在重点突破的同时，防止畸重畸轻、单兵突进、顾此失彼。要把治水与治山、治林、治田、治湖有机结合起来，通过对自然生态进行系统的保护、治理和修复，不断增强生命共同体的活力，切实保障区域高质量发展。

二是加强本底调查，摸清自然生态环境概况。本底调查范围应包括区域（或流域）、生态系统等不同尺度、不同梯度，深度应不低于同类工程的有关要求，制作基础调查图表数据应符合自然资源及相关专项、专业调查要求。区域（或流域）尺度上需关注生态

空间格局，明确组成生态系统的类型、数目及分布；生态系统尺度需关注构成生态系统的群落特征，明确动植物组成、生境质量、关键物种分布等。若工程区涉及保护区，还应明确保护区范围及对象。除自然生态系统状况之外，还应调查生态系统受威胁情况，识别主要胁迫因子，尤其是污染、采矿、放牧、农业或城镇开发、外来物种入侵等与人类活动相关的胁迫因子的强度及分布。

三是遵循自然规律，因地制宜开展保护修复。针对各类型生态保护修复单元应分别采取以保护保育、自然恢复、辅助再生或生态重建为主的保护修复技术模式。对于代表性自然生态系统和珍稀濒危野生动植物物种及其栖息地，应采取建立自然保护区地、去除胁迫因素、建设生态廊道等保护保育措施，保护生态系统的完整性，提高生态系统质量，保护生物多样性；对于轻度受损、恢复力强的生态系统，应主要采取消除胁迫因子的管理措施，进行自然恢复；对于中度受损的生态系统，应结合自然恢复，在消除胁迫因子的基础上，采取改善物理环境，移除导致生态系统退化的物种等中小强度的人工辅助措施，引导和促进生态系统逐步恢复；对于严重受损的生态系统，应在消除胁迫因子的基础上，围绕地貌重塑、生境重构、恢复植被和动物区系、生物多样性重组等方面开展生态重建。

四是开展监测评估，探索建立长效机制体制。对生态保护修复区域采用遥感、自动监测、实地调查、公众访谈等方式，开展生态保护修复工程全过程动态监测和生态风险评估。在结果和风险可控原则下，借鉴已有经验做法，对可能导致偏离生态保护修复目标或者对生态系统造成新的破坏的保护修复措施和技术、子项目的空间布局和时序安排等按规定程序报批后进行相应调整和修正。对技术成熟、风险可控、结果有效的工程和措施，要及时实施，避免延误时机、增加修复成本；对评估后难以预测效果的工程和措施，要及时调整。同时，要建立山水林田湖草沙生态保护修复相关管理部门的协调机制和统一监管机制，实现源头预防、过程控制、损害赔偿和责任追究全链条管控。

3. 系统加大山水林田湖草沙生态保护修复的监管力度

一是构建生态保护修复监测监管系统。依托"三线三区"划定成果与国土空间规划数据平台，加强生态保护修复大数据管理，实现生态保护修复信息系统管理与集成。以国土空间基础信息平台为基础，构建生态保护修复工程监测监管专题应用，提供生态保护修复工程信息汇集、监测预警、绩效评价、智能辅助、信息共享等核心功能模块，对接相关部门与行业数据，推进各类数据共建共享，构建国家—地方互联互通的全国重要生态系统保护和修复重大工程监测监管平台。对重点区域生态保护和修复以及自然保护地建设重大工程实施动态监测。

二是完善生态保护修复行业监管平台。加强国家公园与自然保护地等重点领域动态监测、智慧监管和生态风险预警，推进重点项目落地上图、绩效评价等精细化管理。建立健全水生态监测体系和信息平台，提高河湖、地下水监管能力。加强海洋尤其是海岸带与美丽海湾生态保护修复监管能力建设，提升海洋生态环境智能化、精准化监管水平。建立多部门联合的国家生态监测网络，及时跟踪掌握生态格局、功能、生物多样性状况及生态胁迫情况。完善国家生态质量监测评价体系，以维护生态系统稳定性、保护生物多样性、推动生态功能持续向好为导向，系统开展全国重点区域、县域重点生态功能区等不同尺度生态质量监测评估和监管。

三是建立生态系统调查监测预警体系。充分利用国土三调（第三次全国国土调查）以及其他有关专项调查成果，建立生态调查监测预警体系，系统开展森林、草原、河湖、湿地、海洋等生物多样性与生态演变调查，全面摸清我国陆域和海域生态状况的同时，兼顾自然地理单元的完整性与流域上下游的生态耦合关系，在各类生态监测站点的基础上，灵活采用新建、改建、共建等方式建设区域生态综合监测站，定期开展重点区域流域、生态保护红线、自然保护地、县域重点生态功能区等评估。结合评估结果，研判重大生态问题和风险，监测和分析生态承载力阈值与机理，建立生态模拟与反演技术，完善生态风险预警技术体系。

四是健全重要生态系统生态评价体系。增强森林资源监测评价数据采集和分析评价能力，建立健全草原生态基本状况和监测评价体系，有序开展林草碳汇监测、陆地生态系统碳监测等专项评价监测。开展全国河湖生态状况普查，摸清河湖生态底数，逐步实现水生态健康状况动态监测。构建国家级湿地生态监测体系，建立国家、省级和重要湿地三级监测体系。健全海洋生态监测网，形成以海岸带为重点、覆盖管辖海域的"岸—海—空—天"一体化监测体系，开展海洋微塑料等新型污染物的长期监测，升级生态灾害监测预警能力。持续开展生物多样性状况监测评价，建立生物多样性保护管理监测制度。完善生态碳汇监测相关理论、方法与技术体系，提高碳汇监测与评价能力，对我国生态碳汇现状空间分布格局、动态变化规律及其驱动机制开展调查监测。

思考与探索

1. 如何定义和评估一个生态系统的健康状态？
2. 介绍你所知的一种创新生态系统保护与修复技术，并分析其优势和局限性。

七、提升核与辐射监管水平

（一）核与辐射安全的重要性

自 20 世纪以来，核能与辐射技术一直是人类文明进步的重要推动力。作为一种清洁能源，核能在降低煤炭消费、有效减少温室气体排放、缓解能源输送压力等方面具有独特的优势和发展潜力，是实现"双碳"目标的重要能源组成。除传统的核能发电外，核能综合利用的内涵广泛、应用场景多样，可用于区域供暖、工业供热（冷）、海水淡化、核能制氢、同位素生产等。此外，在太空航行、深海探测、海岛供能等特殊场景中，核能还具有持续性强、供能形式多样等特殊优势。

联合国欧洲经济委员会、世界核学会等多个权威机构报告指出，作为低碳电力和热力的重要来源，核能在减少二氧化碳排放、实现碳中和方面将发挥重要作用，是推动全球清洁转型发展、构建现代能源体系的关键驱动力。根据国际原子能机构（IAEA）发布的2021年版《世界核电反应堆》报告，截至2020年年底，在全球32个国家总计442台在运核电机组中，有11个国家69台机组除核能发电外，还实现了包含区域供暖、工业供热、海水淡化等其中一项或两项的综合利用。

然而，核能技术的开发和应用也带来了潜在的风险，具体如下。

（1）放射性污染：核能发电过程中产生的放射性物质，如果处理不当，会对环境和生物造成长期影响。

（2）核废料处理：核废料中含有大量放射性物质，其处理和处置是一个全球性的难题。目前，尚未找到一种既安全又经济的处理方法。

（3）核扩散风险：核技术的发展和应用也增加了核材料和核技术扩散的风险，从而可能引发国际冲突和恐怖主义活动。

切尔诺贝利事故

1986年4月26日凌晨1时23分，乌克兰普里皮亚季邻近的切尔诺贝利核电厂的第四号反应堆发生了爆炸，连续的爆炸引发了大火并散发出大量高能辐射物质到大气层中，这些辐射尘涵盖了大面积区域。这次灾难所释放出的辐射线剂量是"二战"时期爆炸于广岛的原子弹的400倍以上。事故中有31余人当场死亡，200多人受到严重的放射性辐射，之后15年内有6万~8万人死亡，13.4万人遭受不同程度的辐射疾病折磨，方圆30千米地区的11.5万名民众被迫疏散。该事故被认为是历史上最严重的核电事故，也是首例被国际核事件分级表评为第7级事件的特大事故。

（二）我国核安全管理成效

党的十八大以来，我国核能与核技术利用事业进入安全高效发展的新时期。2012年至2022年年底，我国大陆地区核电机组由47台增至75台，增幅约60%，在建机组数世界第一、机组总数世界第二;在用放射源由 9.9 万枚增至 16 万枚,射线装置由 11.8 万台(套)增至 25.3 万台(套),核技术利用规模翻一番。这是我国核事业发展最快、核电机组增长最为迅速的 10 年,并且始终保持了良好的核安全业绩,从未发生过 2 级及以上核事件或核事故,全国辐射环境质量总体良好。IAEA 2016 年对我国的核与辐射安全监管综合评估表明,我国的监管是有效和可靠的。世界核电运营者协会 2021 年对全球 393 台运行机组进行综合指数排名,77 台满分机组中我国大陆地区占 34 台。我国始终以安全为前提发展核事业,按照最严格标准实施监督管理,积极适应核事业发展的新要求,不断推动核安全与时俱进、创新发展,走出一条中国特色的核安全之路。

1. 核安全政策法规体系

《中华人民共和国核安全法》的出台填补了核安全领域的立法空白;实施了国家核安全战略,将核安全纳入总体国家安全体系;制定了核安全中长期发展规划,持续完善法规标准,形成了一套既接轨国际又符合国情的法规标准体系,包括 2 部法律、7 部行政法规、26 项部门规章和 100 项安全导则以及众多技术标准,确保核安全管理要求从高不从低、管理尺度从严不从宽。

2. 核安全监管体制机制

我国强化了生态环境部(国家核安全局)本级机关、地区监督站、技术支持单位"三位一体"监管机构,中央本级监管队伍发展壮大至千人;成立了国家核安全专家委员会、全国核安全标准化技术委员会,为监管提供技术支持;全国 6 个地区监督站对核设施实施全生命周期监管,对重点核设施派驻监督员实行 24 小时驻厂监督,保障了核安全监管的独立性、权威性和有效性。

3. 强化核安全监管

坚持从严监管,做到源头严防、过程严管、后果严惩。我国严格审批新建核电机组,颁发了 AP1000、"华龙一号"等诸多全球首台第三代核电机组建造、运行许可证;坚持问题导向,积极推进风险指引型监管方式,对违规操作和弄虚作假行为"零容忍",近五年实施例行核安全检查 1 366 次、非例行核安全检查 541 次、行政处罚 50 余次;实施了加强放射源安全行动计划,实现放射源和射线装置 100%纳入许可管理,废旧放射源100%安全收贮,通过对高风险移动放射源安装 GPS 进行实时监控;推动建成龙和核电集中废物处置场,彻底解决我国核电发展中的低放废物处置问题。

4. 核安全基础保障能力

建成了全国辐射环境质量监测、重点核设施周围辐射环境监管性监测、核与辐射应急监测"三张网",布设了 1 835 个监测点位,实现对全国辐射环境全天候、全覆盖监测并实时发布,让老百姓心中有数。完善核与辐射事故应急管理体系,指导建成 3 支核电集团核事故快速支援队伍,对事故进行快速有效处置;建成投运国家核与辐射安全监管技术研发基地，开展核安全关键技术研发，创新审评监督技术手段。

（三）核与辐射监管策略与技术

1. 完善核应急管理体系

制修订民用核设施核事故预防和应急管理条例、核应急预案、核电站场外应急预案等，编制新建核电站的场外应急预案，制修订核应急物资储备标准；完善省级、区域性、地级市、现场等核应急指挥体系，明确区域性应急指挥中心和现场指挥所的功能定位；建立并持续完善统筹有力、权责分明、部门协作、分工负责、运转高效的核安全工作协调机制。

2. 提升核应急救援能力

研究组建辐射防护、医疗救援等省级核应急专业救援队，探索建立区域性核与辐射应急支援队伍和物资储备中心，组织各涉核区域开展核应急能力自评估，加强核应急能力建设；强化核电站前沿综合核应急设施，建设核应急前沿指挥所、洗消站等；加强核安全文化建设，加快推进核与辐射安全科普展厅建设。

3. 促进核设施保持高安全水平

开展低放固体废物处置场选址、建设工作；推动核能综合利用及核技术利用产业安全健康发展；监督核设施单位严格落实核设施安全的法律法规要求，加强核设施外围环境陆地γ辐射水平，气溶胶、沉降物、水体、土壤和生物等介质放射性核素含量以及流出物监督性监测；完善并严格落实核应急值班制度，强化核安全应急准备，加强核应急电力保障、通信保障、监测能力保障和物资储备，组织做好重要时段核安全应急保障。

4. 强化核技术利用监管

每年开展辐射源安全专项检查行动，查找并消除安全隐患，依法查处违法违规行为；完善核技术利用单位辐射安全管理，规范使用国家核技术利用辐射安全监管系统，加强企业上报数据质量把关，提升辐射安全监管工作规范化、精准化、专业化水平；升级改造高风险移动放射源在线监控系统，提升在线监控系统风险预警能力；定期对测井用放射源运输与使用开展监督检查；加强废旧放射源安全管理，实现100%收贮；适时对放射性废物库进行评估和升级改造，全面提升放射性废物库安防水平。

5. 加强电磁辐射监管

持续优化电磁环境管理和监测平台，强化电磁环境信息化管理；对输变电工程、通信基站等典型电磁辐射设施开展监督性监测；建立电磁辐射环境监测网络，建设一批电磁环境自动监测站；对主城区电磁环境质量进行网格化监测，绘制主城区电磁环境质量热力图；推进直流输电设施电磁环境监测能力建设。

思考与探索

1. 我国核安全法规标准体系与国际接轨的程度如何？

2. 如何理解和实施风险指引型监管方式？其在核安全监管中的实际运用有哪些案例和成效？

参考文献

[1] 汪亚萍. 大气污染形成原因及防治管理方法研究[J]. 皮革制作与环保科技，2023，4（12）：81-82，85.

[2] 贾美欣. 环境工程中大气污染防治管理分析[J]. 清洗世界，2022，38（11）：161-163.

[3] 黑龙江省水利学会，辽宁省水利学会，吉林省水利学会，等. 东北四省区 2024 年水利学术年会暨水利先进技术（产品）推介会论文集[C]. 2024.

[4] 邸琰茗，张蕾，叶芝菡，等. 北运河上游南沙河段与下游城市副中心段鱼类群落分布特征及影响因子研究[J]. 环境科学学报，2021，41（1）：156-163.

[5] 刘静，刘仁志，邹长新，等. 河流突发性二元重金属复合污染暴露风险研究——以东江下游为例[J]. 应用基础与工程科学学报，2023，31（1）：13-23.

[6] 郜涛，骆碧涛，卢海勇. 污染场地土壤修复技术研究现状与发展趋势[J]. 化工设计通讯，2022，48（4）：187-190.

[7] 杨海霞. 土壤污染风险评估研究现状综述[J]. 中国资源综合利用，2020，38（1）：123-125.

[8] 杨玉，李浩，冷艳秋. 土壤污染现状与土壤修复产业进展及发展前景研究[J]. 清洗世界，2022，38（9）：126-128.

[9] 张军，王硕. 有机物污染土壤修复技术研究现状[J]. 山东化工，2019，48（21）：55-56，59.

[10] 张瑜，金海峰，于遥. 污染土壤修复技术选择与策略探究[J]. 南方农业，2019，13（6）：180，184.

[11] 苗旭锋，杜晓濛，张少彬，等. 污染场地土壤修复的问题及策略[J]. 四川水泥，2018（10）：130.

[12] 陈文颖，周丽，柴麒敏，等. 中国"减缓气候变化"研究进展——中国《第四次气候变化国家评估报告·第三部分》解读[J]. 中国人口·资源与环境，2023，33（1）：87-92.

[13] 任宏洋，杜若岚，谢贵林，等. 中国碳排放影响因素及识别方法研究现状[J]. 环境工程，2023，41（10）：195-203，244.

[14] 陆旸，郭艺扬. 碳中和相关问题研究综述与展望[J]. 北京工业大学学报（社会科学版），2024，24（1）：116-134.

[15] 王腾. 面向新污染物风险治理的环境监管[J]. 中国人口·资源与环境，2024，34（1）：106-117.

[16] 孟小燕，黄宝荣. 我国新污染物治理的进展、问题及对策[J]. 环境保护，2023，51（7）：9-13.

[17] 许向宁，张丹丹，向国萍，等. 山水林田湖草综合生态修复研究综述[J]. 地质灾害与环境保护，2023，

34（2）：109-113.

[18]　张修玉，郑子琪，陈星宇，等. 生态保护与修复要坚持一体化理念——科学系统推进山水林田湖草沙生态保护与修复的几个要点[J]. 中国生态文明，2023（Z1）：47-49.

[19]　丁志良，朱捷缘，徐望朋，等. 流域山水林田湖草生态保护修复策略——以湖北省宜昌市为例[J]. 中国土地，2023（2）：51-53.

[20]　生态环境部核设施安全监管司. 深入贯彻落实核安全观　持续推动核安全监管高质量发展[J]. 环境与可持续发展，2023，48（3）：51-54.

第六章

倡导低碳生活方式

一、开展绿色生活创建

（一）什么是绿色生活方式

1. 绿色生活方式的定义

绿色生活方式是亲近自然、注重环保、绿色消费、节约资源的生活方式，是生态文明建设的具体实践之一。西方国家在研究绿色生活方式时往往把绿色生活等同于"极简主义"的生活，学术界倡导的绿色生活是对传统观念下的"物质丰裕即是幸福"产生的质疑，希望人们能够有正确的物质观。"极简主义"倡导简朴的生活方式，人们在生活中尽量做到低消耗、低能耗、低排放、低污染。虽然绿色生活与极简并不是完全等同，但也能为我们理解绿色生活方式提供理论借鉴。作为一个广泛倡导的生活方式概念，绿色生活方式是从生活中着手最终实现人与自然和谐共生的生态理念，包括对于个人实践绿色生活方式以及形成对生活环境友好的外部条件，美好生活的形成需要完整的配套措施和政策。同时，个人要树立勤俭节约的生活理念，从内部和外部两个方面促进实现个人的绿色生活方式。

《公民生态环境行为规范十条》明确指出践行绿色消费，理性消费、合理消费，优先选择绿色低碳产品，少购买使用一次性用品，外出自带购物袋、水杯等，闲置物品改造利用或交流捐赠；选择绿色出行，优先步行、骑行或公共交通出行，多使用共享交通工具，家庭用车优先选择新能源汽车或节能型汽车，为公民的绿色生活方式指出了具体方法。绿色生活方式对于公众来说是一种生活态度，更是一种责任。我们应积极响应党的"绿色发展理念"号召，积极践行低碳生活，从自身做起，从现在做起，从生活中的点点滴滴做起，为建设生态文明社会、创造美丽中国作贡献。

2. 绿色生活方式的内涵

绿色生活方式是一种适度合宜的文明生活，是生态文明对工业文明生活理念和生活方式的反思。绿色生活以人与自然和谐共存的价值为导向，充分考量人的现实需要与自然的承受能力之间的平衡，兼顾人的全面发展与自然的可持续发展，把美好生活建立于环境优美的基础之上。适度合宜的绿色生活体现和实现了生态公平的原则，通过适度地节制过度消费、不良消费，尽量少地占用自然资源，确保资源的横向代内公平和纵向代际公平，避免过度挤占弱势群体的应得生态利益和下一代的生态发展权益，实现经济社会的全面和可持续发展。

绿色生活方式是一种人与环境友好相处的生活方式。近年来，自然灾害的频发都是大自然对我们掠夺性开发自然敲响的警钟，这就需要建立起人与自然和谐相处的关系模式，改变人类对自然的主人意识，建设人与自然和谐相处的环境友好型社会，成为关系到人类发展前途和命运的重大命题。以保护自然环境、珍惜生态资源为主旨的绿色生活是新时代生态文明建设的重要内容，这一生活方式旨在从生活细微之处入手，培育良好的生态生活习惯和生态生活理念，是夯实生态文明社会根基的必然选择。

绿色生活方式是一种全面健康的生活方式。人类的全面发展、追求健康生活以及多样化的生活方式展现了人们需求的多样性。社会生产力的持续提升带动了人类生活方式的变迁。在新的时代背景下，绿色生活成了人类文明演进至高级阶段的必然生活方式选择。绿色生活不仅是社会文明进步的象征，体现为高质量的生活方式，还强调和谐共存的人与自然关系，主张适度利用自然资源，旨在实现物质与精神双重需求的全面健康平衡。

（二）绿色生活方式的基本导向

1. 绿色低碳

绿色低碳生活强调资源的节约和循环使用，减少对自然资源的过度开采。通过推广节能产品、鼓励重复使用和回收，不仅能减少资源消耗，还能减轻垃圾处理的压力，促进资源的可持续循环利用，维持生态平衡。

首先，实现绿色低碳可持续发展，已成为全世界应对气候变化的迫切需求。二氧化碳等温室气体的过量排放是造成全球变暖的主要原因之一。绿色低碳生活通过减少化石燃料的消耗，提倡使用可再生能源，如太阳能、风能等，有效降低碳排放，对抗全球变暖，保持地球气候系统稳定。其次，绿色低碳理念推动了绿色经济的发展，鼓励创新和投资于清洁能源、环保技术等领域，创造新的经济增长点。绿色生活创建通过引导消费者选择绿色产品和服务，促进了绿色市场的扩大，为经济转型和产业升级提供了动力。最后，绿色低碳作为市民的一种社会职责、一种自觉行为，真正让环保生态成为一种主动意识。绿色低碳生活鼓励步行、骑行等低碳出行方式，以及鼓励消费主体在消费时选择绿色产品与服务，这些都有助于提高公众的环保意识和身体素质。

2．勤俭节约

绿色生活不仅是个体行为，更是社会责任的体现。勤俭节约作为中华民族的传统美好品德，提倡市民践行厉行节约的生活习惯，从细微处做起，珍惜粮食、节约水电、减少使用一次性用品，自觉做绿色生活创建活动的倡导者和践行者。一方面，勤俭节约意味着合理使用资源，减少浪费。在自然资源日益紧张的今天，这一点尤为重要。通过节约用水、用电、减少食物浪费等行为，可以有效减轻对自然资源的开采压力，保护生态环境，促进资源的可持续利用。这与绿色生活的宗旨——实现人与自然和谐共生不谋而合。另一方面，勤俭节约能促进资源的高效配置和使用，减少无效或低效的生产与消费，有利于经济的可持续增长。当消费者更加注重产品耐用性和性价比时，企业也会相应调整生产策略，开发更环保、耐用的商品，形成良性循环。

3．文明健康

文明健康要求个体遵纪守法、树立文明意识、养成良好习惯、维护公共卫生等，从而形成有益于身心健康和社会文明的生活方式。一方面，公众追求健康的理念，践行健康的生活方式，从物质层面来说，倡导均衡营养与规律锻炼，推崇科学饮食与烹饪卫生，鼓励餐桌文明，培育健康生活素养；从精神层面来说，重视心理健康，倡导积极向上的价值观和理性消费观，通过普及健康教育，提升全民健康意识，共同推动社会形成绿色、文明的生活风尚。另一方面，文明卫生习惯的培养是实现绿色生活的重要途径。要求民众在日常生活中体现对他人的尊重与关爱，比如在公共餐饮中使用公筷、维持个人及环境的清洁、避免公共场所的不雅行为，共同营造一个绿色、整洁、和谐的生活环境。

（三）绿色生活创建的七大领域

2019年10月，国家发展改革委印发《绿色生活创建行动总体方案》，提出开展节约型机关、绿色家庭、绿色学校、绿色社区、绿色出行、绿色商场、绿色建筑等创建行动。2020年10月，党的十九届五中全会审议通过的《中共中央关于制定国民经济和社会发展第十四个五年规划和二〇三五年远景目标的建议》再一次将"绿色生活创建活动"纳入我国经济社会发展的轨道，提出开展绿色生活创建活动。绿色生活创建活动内容十分广泛，涉及多个领域。具体如表6-1所示。

表6-1　绿色生活创建及七大领域方案

领域	文件名称	发布时间	发布部门
绿色生活创建	《绿色生活创建行动总体方案》	2019年10月29日	国家发展改革委
节约型机关创建	《节约型机关创建行动方案》	2020年3月11日	国管局、中直管理局、国家发展改革委、财政部

领域	文件名称	发布时间	发布部门
绿色家庭创建	《绿色家庭创建行动方案》	2020 年 11 月 8 日	全国妇联、国家发展改革委
绿色学校创建	《绿色学校创建行动方案》	2020 年 4 月 3 日	教育部、国家发展改革委
绿色社区创建	《绿色社区创建行动方案》	2020 年 7 月 22 日	住房和城乡建设部、国家发展改革委、民政部、公安部、生态环境部、国家市场监督管理总局
绿色出行创建	《绿色出行创建行动方案》	2020 年 7 月 23 日	交通运输部、国家发展改革委
绿色商场创建	《绿色商场创建实施工作方案（2020—2022 年度）》	2019 年 12 月 31 日	商务部、国家发展改革委
绿色建筑创建	《绿色建筑创建行动方案》	2013 年 1 月 1 日	国家发展改革委、住房和城乡建设部

1．节约型机关创建

节约型机关创建行动以县级及以上党政机关作为创建对象。要健全节约能源资源管理制度，强化能耗、水耗等目标管理。加大政府绿色采购力度，带头采购更多节能、节水、环保、再生等绿色产品，更新公务用车优先采购新能源汽车。推行绿色办公，使用循环再生办公用品，推进无纸化办公。截至 2022 年 11 月，全国 70%以上的县级及以上党政机关建成节约型机关。

2．绿色家庭创建

绿色家庭创建行动以广大城乡家庭作为创建对象。努力提升家庭成员的生态文明意识，学习资源环境方面的基本国情、科普知识和法规政策。优先购买使用节能电器、节水器具等绿色产品，减少家庭能源资源消耗。

3．绿色学校创建

绿色学校创建行动以大、中、小学作为创建对象。开展生态文明教育，提升师生的生态文明意识，中小学结合课堂教学、专家讲座、实践活动等开展生态文明教育，大学设立生态文明相关专业课程和通识课程，探索编制生态文明教材读本。打造节能环保绿色校园，积极采用节能、节水、环保、再生等绿色产品，提升校园绿化美化、清洁化水平。

4．绿色社区创建

绿色社区创建行动以广大城市社区作为创建对象。建立健全社区人居环境建设和整治制度，促进社区节能节水、绿化环卫、垃圾分类、设施维护等工作有序推进。推进社区基础设施绿色化，完善水、电、气、路等配套基础设施，采用节能照明、节水器具。营造社区宜居环境，优化停车管理，规范管线设置，加强噪声治理，合理布局建设公共绿地，增加公共活动空间和健身设施。

5．绿色出行创建

绿色出行创建行动以直辖市、省会城市、计划单列市、公交都市创建城市及其他城区人口 100 万人以上的城市作为创建对象，鼓励周边中小城镇参与创建行动。推动交通基础设施绿色化，优化城市路网配置，提高道路通达性，加强城市公共交通和慢行交通系统建设管理，加快充电基础设施建设。

6．绿色商场创建

绿色商场创建行动以大中型商场作为创建对象。完善相关制度，强化能耗、水耗管理，提高能源资源利用效率。提升商场设施设备绿色化水平，积极采购使用高能效用电用水设备，淘汰高耗能落后设备，充分利用自然采光和通风。

7．绿色建筑创建

绿色建筑创建行动以城镇建筑作为创建对象。引导新建建筑和改扩建建筑按照绿色建筑标准设计、建设和运营，提高政府投资公益性建筑和大型公共建筑的绿色建筑星级标准要求。因地制宜实施既有居住建筑节能改造，推动既有公共建筑开展绿色改造。加强技术创新和集成应用，推动可再生能源建筑应用，推广新型绿色建造方式，提高绿色建材应用比例，积极引导超低能耗建筑建设。

二、促进绿色低碳消费

（一）绿色产品与绿色消费

党的二十大报告明确指出："倡导绿色消费，推动形成绿色低碳的生产方式和生活方式。"2024 年政府工作报告提出要"培育壮大新型消费，实施数字消费、绿色消费、健康消费促进政策，积极培育智能家居、文娱旅游、体育赛事、国货'潮品'等新的消费增长点"。

1．绿色产品

绿色产品（green product）主要包括环保建筑、绿色日化产品、有机食品、新能源汽车、节能家电、生态旅游等。这些产品的共同点是对环境的危害性小。在绿色产品寿命周期全过程中，与相关的环境保护要求相适应，对环境生态危害最少甚至完全无害，能耗较低且资源利用率较高。绿色产品体现了 3R（Reduce、Reuse、Recycle）原则，产品及生产过程的能源资源占用量少、对环境的污染伤害较少、产品本身可回收。

常见的环境标志如图 6-1 所示。

有机产品标志   绿色食品标志   中国节能产品标志

中国环境标志   回收标志   中国节水标志

图 6-1 常见的环境标志

2. 绿色消费的概念与特点

20 世纪后半叶，传统工业文明消费模式弊端逐步显现，人们开始提倡新的环境消费理念——绿色消费。1987 年，英国学者约翰逊·埃尔金顿（John Elkington）和茱莉亚·黑尔斯（Julia Hailes）在《绿色消费者指南》一书中首次系统地提出了绿色消费的概念，他们认为绿色消费是一种避免造成大量资源消耗，避免危害人体健康、生态平衡的商品的消费模式，被认为是一种环境友好型的消费方式。

在"双碳"目标实现的背景下，需要政府、企业和消费者齐心协力，践行绿色生活方式，倡导绿色消费，推动我国经济社会发展全面绿色转型。绿色消费是指消费者在产品或服务购买、使用以及处理的过程中，自觉地减少对环境的负面影响，从而达到减少碳排放、节约资源、促进可持续发展的目的。绿色消费回答了我们如何拥有和拥有怎样的消费方式与对象，以及怎样利用它们来满足我们不同层次需求的问题。同时，绿色消费也充分反映了当代消费者正在以对社会和后代负责任的态度，在消费过程中积极实现低能耗、低污染和低排放。

绿色消费模式与传统消费模式有着重大的区别。传统的消费模式本质上属于资源耗费型的消费模式，这种消费模式把人与自然摆在敌对的位置，一味地追求消费数量无节制的增加，无视资源的节约、回收和再生利用，给环境带来巨大的危害，是不可持续的消费。绿色消费则完全相反，绿色消费讲求人与自然的和谐，注重生态平衡、环境保护、资源有序，从而实现可持续发展。首先，绿色消费把人和自然摆在平衡协调的位置，反对传统消费中片面的人类中心主义立场和对自然的片面功利主义态度，宣传和倡导人与自然的一体化和协调发展。说到底，人是自然的一部分，从而人的一切创造性活动都必须纳入自然的进程来理解，应当把人与自然、人本主义与自然主义统一起来。其次，绿色消费强调人的消费需求的多样性，注重消费结构和消费方式的变革与优化，倡导和实施人的物质消费需要和精神消费需要的紧密结合。因为人不仅是一种肉体的存在，而且作为特殊的高等动物具有精神的机能与属性，必须充分重视人的多方面的精神文化需要，克服人的"物化"倾向，反对人无节制地开发与利用自然资源。所以，绿色消费是一种适度消费、一种有节制的消费，是一种保持物质与精神之间平衡的消费。

绿色消费的本质特征直接体现在以下五个方面：①节约资源，减少污染。倡导消费者在消费过程中优先选择那些资源利用率高、环境污染小的产品和服务，减少对自然资源的过度开采和减轻对环境的负担。②绿色生活，环保选购。鼓励消费者在购物时选择环保标志产品、有机食品、可降解材料制品等，支持生产过程环保、产品本身安全无害的商品。③重复使用，多次使用。强调商品的耐用性和可重复使用性，反对一次性消费文化，提倡修理、维护旧物而非频繁更换新品。④分类回收，循环再生。教育消费者进行垃圾分类，支持回收利用体系，选择可循环利用或包装简易的产品，促进资源的循环流动。⑤保护自然，万物共有。提升公众对生态保护的认识，避免消费行为对生物多样性的破坏，支持生态友好型产品，尊重自然生态系统。

（二）绿色消费市场发展

2022 年 1 月，国家发展改革委等七部门出台《促进绿色消费实施方案》，提出具体目标：到 2025 年，绿色低碳循环发展的消费体系初步形成；到 2030 年，绿色消费方式成为公众自觉选择，绿色低碳产品成为市场主流，重点领域消费绿色低碳发展模式基本形成，绿色消费制度政策体系和体制机制基本健全。在促进绿色消费系列政策的支持下，绿色消费市场发展呈现出以下三大亮点。

1. 绿色消费意识不断增强

近年来，绿色生活方式快速兴起，绿色消费理念渐入人心。《中国电子商务绿色发展报告》显示，超过 60% 的受访者了解"绿色消费"，其中，"90 后"和"00 后"对"绿色消费"的理解程度明显高于其他年龄段，分别达到 70% 和 79%。可见，年轻群体对绿色消费意识的觉醒程度更高。同时，公众对于绿色产品的支付意愿也不断提高。《公民生态环境行为调查报告（2022）》显示，在践行绿色消费方面，经常做到购买绿色产品的人数占比从 2020 年的不到四成增长到 2022 年六成以上，能够基本做到重复使用和多次利用各类物品的人数占比达到了五到六成。《2023 中国消费趋势报告》显示，有 73.8% 的消费者会在日常生活中优先选择绿色、环保的产品或品牌，其中，"90 后"消费者对绿色产品的溢价接受度最高。

2. 绿色消费需求不断提升

全社会绿色低碳消费需求不断提升，绿色消费水平的提高也扩大了绿色产品与服务的市场需求，重点领域绿色消费规模增长迅速。新能源汽车方面，我国新能源汽车年销量从 2012 年的 1.3 万辆迅速提升到 2023 年的 949.5 万辆，自 2015 年起产销量连续 7 年位居世界第一。绿色智能家电方面，2023 年，京东"6·18 开门红"28 小时数据显示，省电空调、超薄嵌入式冰箱、智能集成灶蒸烤一体机等部分绿色智能家电成交额同比明显上升。二手商品交易方面，《2022 年度中国二手电商市场数据报告》显示，2022 年二手电商交易规模达 4 802 亿元，用户规模为 2.63 亿人，同比分别增长 20%、17.9%。

3. 绿色产品供给更加多元

越来越多的生产企业加入绿色转型行列，推出更多节能环保、绿色有机的产品，以满足消费者对绿色生活的需求。2022 年《"6·18"消费趋势洞察报告》显示，打上节能标签的商品种类同比增长 22%，打上有机标签的商品种类同比增长 39%。《中国农业绿色发展报告 2022》显示，截至 2022 年年底，全国绿色食品、有机农产品有效用标单位达 27 246家，产品总数达 60 254 个，同比分别增长 10%、8.3%，绿色优质农产品供给持续增加。服务行业绿色发展也正在兴起。截至 2022 年，全国已经创建了 500 多家绿色商场，基本实现了 2022 年年底 40%以上的商场建设为绿色商场的目标。绿色化正成为餐饮住宿企业发力的重要方向。中国饭店协会数据显示，截至 2023 年第一季度，我国已创建绿色饭店 1 500余家，相较于传统型企业，创建绿色饭店行动为企业实现平均节电 15%、节水 10%。

三、绿色生活方式实践

（一）全面实现垃圾分类

垃圾分类是按一定规定或标准将垃圾分类储存、分类投放和分类搬运，从而将其转变成公共资源的一系列活动的总称。分类的目的是提高垃圾的资源价值和经济价值，实现资源的节约和再利用。垃圾分类减少生活垃圾中不易降解的废塑料对土地和其他生物的伤害，不可降解和可回收的垃圾占垃圾总量的 60%。垃圾分类不仅将可回收垃圾变废为宝，还能将其转化为资源，如食品、草木可以堆肥。

目前世界上实行垃圾分类的国家大多根据垃圾的成分构成、产生量，结合本地垃圾的资源利用和处理方式来进行分类。如德国一般将垃圾分为纸、玻璃、金属和塑料等。澳大利亚一般分为可堆肥垃圾、可回收垃圾和不可回收垃圾。日本十分重视垃圾的回收循环利用，为所有居民践行垃圾分类建立了一整套科学的分类体系，将垃圾划分为 5 大类和 12 小类。

2017 年 3 月，国务院办公厅转发《生活垃圾分类制度实施方案》，确立了全国生活垃圾分类工作的总目标，要求到 2020 年年底，基本建立垃圾分类相关法律法规和标准体系。随后，上海、北京、广州等地方政府实施了严格的垃圾分类规定。我国目前试行垃圾分类的城市大多将垃圾分成四类：可回收物，主要包括废纸、塑料、玻璃、金属和布料等；厨余垃圾（又称湿垃圾），包括剩菜剩饭、骨头、菜根菜叶、果皮等食品类废物；有害垃圾，指含有对人体健康有害的重金属、有毒的物质或者对环境造成现实危害或者潜在危害的废弃物；其他垃圾（又称干垃圾），指除上述几类垃圾之外的砖瓦陶瓷、渣土、卫生间废纸、纸巾等难以回收的废弃物及果壳、尘土、食品袋（盒）。厨余垃圾一般采用生化处理、产沼、堆肥等方式进行资源化利用或者无害化处置；有害垃圾一般采用高温处理、化学分解等方式进行无害化处置；其他垃圾一般采用焚烧等方式进行无害化处置；可回收物则可以通过回收再利用。

生活垃圾分类"上海模式"

2019 年 7 月 1 日，《上海市生活垃圾管理条例》（以下简称《条例》）正式实施，建立了从分类投放、收集、运输到处理的全链条管理体系，为垃圾分类提供了法律依据和强制力。

一是精细化管理和差异化策略。根据不同区域和场所的特点，上海采取了差异化的分类规则和管理策略。例如，城市与农村、社区与学校、办公区域及公共场所的垃圾分类方案各有侧重，确保了垃圾分类政策的针对性和有效性。二是明确责任主体与居民教育。在推广垃圾分类初期，上海市政府投入大量资源与居民进行沟通，明确了垃圾分类的主体责任在于产生垃圾的居民本身，而非物业或志愿者。通过广泛的宣传教育活动，增强了居民的垃圾分类意识和责任感，改变了"付费即服务"的传统观念，确保了源头分类的有效执行。三是硬件设施改造与标准化建设。上海市各个社区进行了大规模的硬件改造，如撤除零散垃圾桶，集中设置垃圾分类投放点，并新建垃圾分类厢房。这些厢房通常配备有洗手池、照明设备、遮雨棚等便利设施，以提升居民的使用体验。此外，上海还推出了一套清晰易懂的可视化垃圾分类标识系统，帮助居民快速准确地辨认各类垃圾的归属。四是反馈机制与持续优化。上海建立了垃圾分类的反馈和评估机制，定期公布分类成效数据，如可回收物、有害垃圾和湿垃圾的分出量等，以此来衡量政策效果并不断调整优化策略。

自《条例》实施以来，全市居住区（村）、单位垃圾分类达标率稳定在 95% 以上，生活垃圾"三增一减"（干垃圾减少，其他三类垃圾增加）趋于稳定，源头减量率达 3%。上海生活垃圾已全量无害化处理，实现了原生生活垃圾"零填埋"。截至 2023 年 6 月，上海市已建成 15 座焚烧厂、10 座湿垃圾集中处理设施，上海生活垃圾焚烧和湿垃圾资源化利用总能力超过 3.6 万吨/天，生活垃圾回收利用率达 42%。

我国垃圾分类工作持续推进。截至 2022 年年底，我国 297 个地级及以上城市居民小区垃圾分类平均覆盖率达到 82.5%，人人参与垃圾分类的良好氛围正在逐步形成，力争 2025 年年底前基本实现垃圾分类全覆盖。实现垃圾分类全覆盖是一项复杂且持久的社会工程，要求多方面力量的协同参与。首先，这是一项全民行动，跨越了所有社会群体界限，深入每一个家庭。提升公众对垃圾分类的认知，普及其基本原则，鼓励每个人在日常生活中践行，是基础中的基础。其次，垃圾分类的推广需全面铺开，无缝衔接城乡，涵盖社区、校园、工作场所及公共区域等所有环境。这意味着垃圾分类不仅限于城市或家庭范畴，而是要根据实际情况，为不同场景定制合适的分类标准，确保这一进程无死角推进。最后，成功实施垃圾分类，既离不开高层级的规划指导，也急需细腻的操作策略。政府在设计整体框架的同时，必须出台既严谨又接地气的政策措施，平衡好法规的刚性与公众接受度的柔性，确保垃圾分类制度既严格又具备广泛的适应性和可操作性。

（二）倡导"无污染"绿色外卖

在当今这个强调高效与快速的社会背景下，外卖作为一种新兴餐饮模式，已迅速渗透进大众的日常生活，并转变成了一种主流的饮食消费趋势。随之而来，外卖所产生的垃圾也日渐增多，成为城市垃圾的重要组成部分。据统计，"2019 年美团外卖日单量已突破 3 000 万单，各大外卖平台每日的订单总量已经超过 5 000 万单。假设每个订单只用一个塑料袋和一个塑料餐盒，每个塑料袋和塑料餐盒均为 0.06 平方米，据此计算，各订餐平台每天产生的废弃塑料面积达 300 万平方米，大约相当于 422 个足球场"。可见，外卖垃圾已经成为形成绿色生活方式的障碍之一。实行"无污染"绿色外卖，需要商家、外卖平台以及消费者共同努力。商家应该积极履行社会责任，选择纸质的或可降解的餐盒、餐具和餐袋，外卖平台应当承担外卖垃圾的回收和处理，可以采用可回收的外卖餐具餐盒，并且提供上门回收外卖垃圾的服务，消费者要减少购买外卖的频率，采用堂食或者带餐的就餐方式，如上班族可选择自主带饭等方式解决就餐问题。同时在购买外卖时，尽量减少使用餐具和餐盒，要避免使用一次性餐具和餐盒。政府应当建立外卖的强制性包装配送标准，采用强制力督促商家和平台使用可降解材料进行外卖包装。要建立"谁产废谁负责"的生产责任制，同时对再生资源企业和垃圾分类处理企业给予税收减免和财政补贴等政策。

（三）引导"低排放"绿色出行

低碳出行是绿色生活方式的重要组成部分。当前，我国在出行方面主要面临高碳的问题，在出行方式上相对于公共汽车，公众更倾向于选择私家车，相对于新能源汽车，公众更倾向于传统汽车。因而，要实现"无排放"的绿色出行方式，公众要树立绿色出行的意识，在外出时主动选择公共交通或者共享单车等出行方式，尽量减少私家车的使用频次，在购买汽车时也要选择新能源汽车，减少二氧化碳的排放。政府要进一步完善公交、地铁等公共交通系统，利用互联网和现代科技建立"智慧出行"等公共交通信息平台，发放专门的公共交通津贴，鼓励公众选择公共交通出行，要完善共享单车租赁、使用、清洁、维护等方面的服务，可以将雄安新区碳积分制度在全国普遍推行，建立个人低碳信用账户，公众可以通过乘坐公共交通、租赁或使用共享单车等方式获取账户积分，账户积分累计到一定数值可兑换相应的生活奖励，从而引导公众绿色出行，营造绿色出行的良好氛围，实现绿色交通共治共享。

低碳节能、绿色出行的"深圳样板"

1. 绿色出行成为深圳的"城市名片"

2021年，世界银行发布首个全面电动化实际案例报告，将深圳巴士集团的"绿色公交"模式向全球189个国家发布推广。2017年深圳在全球率先实现公交全面电动化，2018年成功实现出租车全面电动化，绿色低碳早已成为深圳公交的代名词，获评"全球绿色交通代表案例"。

截至2024年3月，深圳全市公共交通日均客流量达到1 143.35万人次，高峰时段公共交通占机动化出行分担率达到52.2%。据统计，深圳市公交车辆每年减少二氧化碳排放量135.3万吨，并减少氮氧化物、非甲烷碳氢、颗粒物等污染物排放量431.6吨。纯电动公交车辆较传统柴油大巴节能72.9%，年度总节能约36.6万吨标准煤，替代燃油总量34.5万吨。

纯电动公交车和出租车是绿色交通工具，不仅可以运载更多的乘客，而且使用的能源较少，因而排放物较少。节约能源方面，纯电动巡游车较汽油车节能67.36%，2.16万辆纯电动车年度总节能22.88万吨标准煤，替代燃油15.54万吨。二氧化碳减排方面，2.16万辆纯电动车一年减少碳排放量71.57万吨。污染物减排方面，氮氧化物、非甲烷碳氢、颗粒物等年度污染物减排量达412.28吨。

2. 绿色机场支撑世界级湾区发展

作为深圳的城市门户、国际化空港，深圳机场近年来在绿色低碳领域不断创新发展。为打造高品质创新型国际航空枢纽，支撑世界级湾区建设，深圳机场在节能减排、污染防治等方面进行一系列探索，绿色发展机制初步建成，机场绿色发展水平全国领先。

深圳机场完成了环境和能源管理体系建设和认证，获评"2019年全球能源管理领导奖"和"2018—2019年全国优秀能源管理案例"，成为当年度唯一获此两项奖项的机场；2018—2020年依次通过国际机场碳排放（ACA）一级、二级、三级认证，成为国内认证等级最高的机场。

（四）少些"一次性"、多些"可循环"

随着生活节奏的加快和人们消费习惯的改变，便宜、方便的一次性物品受到部分消费者青睐。一次性产品的出现为生活提供了很多便利，但是不能循环利用的东西会造成资源的浪费，不能被大自然分解的塑料日用品日积月累会造成环境破坏。一次性物品种类越来越多，使用场景不断丰富，造成生态环境压力逐渐增大。如何减少一次性产品的消耗是绿色生活方式必须要回答的一个问题。近年来，中国不断完善相关法律法规，鼓励减少使用一次性物品，科学推广应用可循环、易回收的替代产品，引导公众养成简约适度、绿色低碳的生活方式。

塑料在一次性物品中占很大比例。当前，全球已形成塑料绿色发展共识，近 90 个国家和地区出台了控制或者禁止一次性不可降解塑料制品的相关政策或规定，全球范围内掀起了塑料绿色发展新浪潮。塑料回收再生符合绿色低碳和循环经济的要求，随着碳交易价格提升、碳边境调节税的征收，再生料强制添加将成为大趋势。

我国从 20 世纪 80 年代开始废塑料回收再生工作，建立了较为完整的废塑料回收再生利用产业链。2019 年我国塑料回收率为 30%，高于世界平均水平（图 6-2），废塑料回收率排在世界前列。2020 年，国家发展改革委与生态环境部发布《关于进一步加强塑料污染治理的意见》，涵盖塑料制品全生命周期各个阶段管理处置要求，对废塑料回收处理及再生所有环节中的各种问题提出了相应要求和发展建议。2021 年，国家发展改革委印发《"十四五"循环经济发展规划》，将加大包括塑料在内的材料回收力度，构建循环型社会。2021 年 9 月 15 日，国家发展改革委、生态环境部印发《"十四五"塑料污染治理行动方案》，提出到 2025 年，进一步完善塑料污染全链条治理体系，积极推动塑料生产和使用源头减量，科学稳妥推广塑料替代产品，加快推进塑料废弃物规范回收

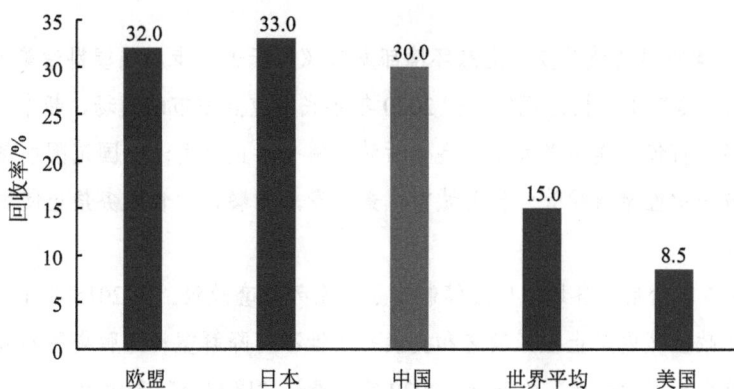

图 6-2 2019 年世界及主要国家、地区塑料回收率

利用，着力提升塑料垃圾末端安全处置水平，开展塑料垃圾专项清理整治，大幅减少塑料垃圾填埋量和环境泄漏量，使白色污染得到有效控制。2023 年 4 月，中国物资再生协会再生塑料分会发布的 2023 年度中国再生塑料行业发展报告显示，2023 年中国废塑料回收量为 1 900 万吨，较 2022 年（1 800 万吨）增加 100 万吨，废塑料回收价值为 1 030 亿元。

从"限塑令"到"禁塑令"

随着社会经济的高速发展，地球有限的自净能力已难以承受日渐沉重的压力。其中，被称为"超级垃圾"的塑料已经成为全球环境污染的一大重要因素。地球分解一块纸巾需要 30 天，分解一个牛奶盒需要 3 个月，而分解一个塑料瓶需要 500 年。《中国塑料的环境足迹评估》报告显示，1950—2015 年，人类累计排放了约 63 亿吨塑料垃圾，其中只有 9% 被回收，12% 被焚烧，79% 的塑料垃圾被填埋或遗弃在自然环境中。

我国是塑料制品的生产和消费大国。我国每天使用塑料袋约 30 亿个。2022 年我国软包装塑料消耗量约 3 280 万吨。巨大的消耗量以及对环境造成的负面影响，使社会各界对塑料污染治理普遍关注。

2008 年 6 月，我国开始明令推动"限塑"，《国务院办公厅关于限制生产销售使用塑料购物袋的通知》规定，自 2008 年 6 月 1 日起，在全国范围内禁止生产、销售、使用厚度小于 0.025 毫米的塑料购物袋（简称超薄塑料购物袋）；自 2008 年 6 月 1 日起，所有超市、商场、集贸市场等商品零售场所要实行塑料购物袋有偿使用制度，一律不得免费提供塑料购物袋。"限塑令"的出台有效限制了塑料制品的生产销售，我国塑料袋使用量年均增速由 2008 年的近 20% 下降为当前的 3% 以内。2008—2016 年，超市、商场的塑料购物袋使用量普遍减少 2/3 以上，累计减少塑料购物袋 140 万吨左右，相当于减排二氧化碳近3 000 万吨。

2020 年，国家发展改革委、生态环境部发布《关于进一步加强塑料污染治理的意见》（又称新"限塑令"）。根据规定，到 2020 年年底，重点城市的商场、超市、药店、书店等场所以及餐饮打包外卖服务和各类展会活动，率先禁止使用；全国范围内餐饮行业禁止使用不可降解一次性塑料吸管；相关城市、景区景点的餐饮堂食服务禁止使用不可降解一次性塑料餐具。

"限塑令"出台后，各地政府陆续制定了一系列配套政策。自 2015 年 1 月 1 日起，吉林省在全省行政区域内禁止生产销售和提供一次性不可降解塑料薄膜袋制品和餐具。吉林省成为全国首个全面"禁塑"的省份。2020 年，浙江"限塑令"升级为"禁塑令"，商场、超市等场所塑料袋使用也从"有偿使用"变成了"禁止使用"。自 2020 年 12 月 1 日起，海南实施全面"禁塑"，被列入《海南省禁止生产销售使用一次性不可降解塑料制品名录

（第一批）》的塑料制品将禁止生产和销售。2021 年 4 月，北京推出餐饮外卖"禁塑令"，规定北京建成区范围内外卖禁止使用不可降解塑料袋，建成区、景区景点堂食禁止使用不可降解一次性塑料餐具。2022 年 1 月 5 日，河南省人民政府发布《城市生活垃圾分类管理办法》，自 2022 年 3 月 1 日起，依法禁止生产、销售和使用不可降解的一次性塑料制品。不可降解塑料袋、一次性塑料餐具等塑料制品将逐步减少直至被禁止使用，成为大势所趋。

（五）低碳教育实践模式

绿色低碳教育的目标有五个层次，除了教授有关环境知识以外，还必须提升受教育者的环境意识、可持续发展观念、态度和价值观，教育的最终目标是培养学生保护环境的能力和促进其参与保护环境的行动。在 1992 年 11 月召开的全国第一次环境教育工作会议上，国家环境保护局局长曲格平提出"环境保护，教育为本"，肯定了"把环境教育纳入教学计划，寓环境教育于课堂教学与课外活动之中是学校开展环境教育的主要渠道"。中共中央宣传部、国家环境保护总局、教育部联合下发了〔2001〕85 号文件，印发了《2001—2005 年全国环境宣传教育工作纲要》，指出环境教育是素质教育的重要组成部分，要采取多种方式把环境教育渗透到学校教育教学的各个环节，努力提高环境教育的质量和效果。各级各类师范院校要逐步把环境教育列为必修课或选修课。在全国新一轮的中小学课程改革中，不但在各科教学内容上加大了环境教育的渗透力度，还设置了一门新的综合实践课，课程把环境教育列为重要内容。

2022 年 10 月，教育部印发《绿色低碳发展国民教育体系建设实施方案》，把绿色低碳发展理念全面融入国民教育体系各个层次和各个领域，培养践行绿色低碳理念、适应绿色低碳社会、引领绿色低碳发展的新一代青少年。然而，据环境教育领域研究，在学校里传授的环境知识，只有 10% 可以转化成环境意识，而环境意识和保护环境的行为之间也只有 10% 的转化率，这说明更多地传授知识并不一定意味着行为的改变，因为从知识到行动只有 1% 的转化率。绿色低碳教育实践的这一发展趋势对未来教师提出了新的要求，提高现在和未来教师的环境意识、优化教师环境教育素质和加强教师环境教育能力建设已经迫在眉睫。

华南师范大学环境学院在全校范围内开设了《环境与可持续发展》《环境与健康》等多门通识课和公共选修课，同时也开设了《环境教育学》《低碳生活实践》等系列课程。在低碳实践教学中，形成了一种绿色低碳教育实践模式，学生在教学团队教师指导下进行低碳实践项目设计，并组成低碳生活实践小组，低碳实践活动深入基层单位，主要包括幼儿园、小学、中学、社区及企业等试点单位。大学生是实践课程的核心和纽带，大学生作为"环境教育技能"的学习者，同时也是"低碳生活实践"的组织者和实施者，实践完成后会形成典型实践教学案例。课程旨在培养具有环境教育技能的"新师范"人才，通过深入基层的低碳实践，搭建大学与社会各方面的桥梁。通过试点单位以点带面的泛社会化环境教育，促进循环型社会建设，为新时代生态文明建设服务。《低碳生活实践》课程的实践方式、学时分配及建设目标如图6-3所示。

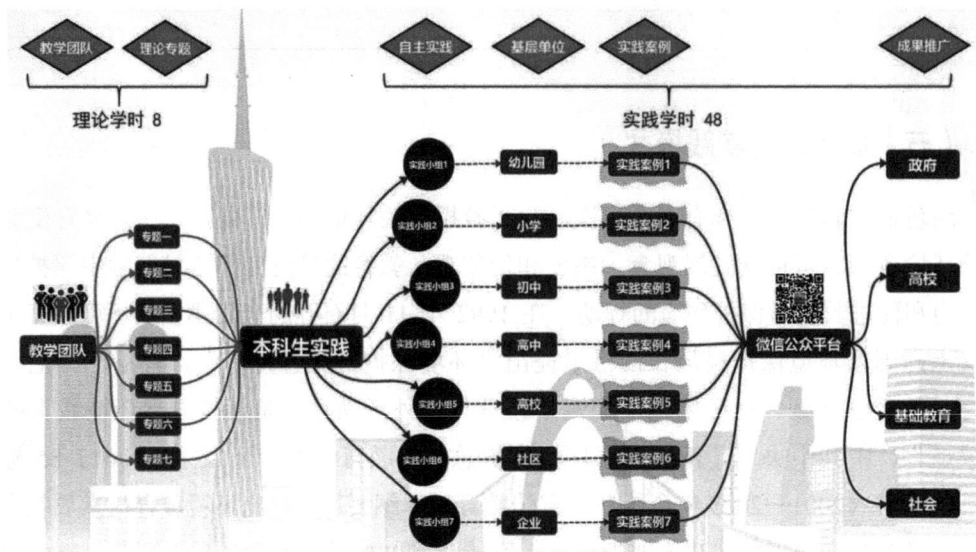

图 6-3　高校低碳教育实践模式

参考文献

[1]　孙倩文. 生态文明建设与绿色生活方式构建研究[D]. 南昌：南昌大学，2021.

[2]　生态环境部环境与经济政策研究中心.《公民生态环境行为调查报告（2022 年）》发布[EB/OL].（2023-06-29）[2024-04-28]. http://www.prcee.org/zyhd/202306/t20230629_1034892.html.

[3]　杨旭，张卫海. 新时代绿色生活的价值意蕴与践行路径[J]. 江苏航运职业技术学院学报，2023，22（3）：5-10.

[4]　杨旭静，李传乾. 绿色产品设计及其关键技术研究综述[J]. 机械设计，2001（3）：13-44.

[5]　程贤福，周健，肖人彬，等. 面向绿色制造的产品模块化设计研究综述[J]. 中国机械工程，2020，31（21）：2612-2625.

[6]　邵继红，李彬竹. 绿色消费的研究综述[J]. 中国集体经济，2024（5）：103-106.

[7]　贾靖，陈璐. 让绿色消费成为一种生活方式[J].人民论坛，2024（3）：87-89.

[8]　李正希，靳国良. 低碳发展与生态文明的中国梦[M]. 北京：中国经济出版社，2015.

[9]　知萌咨询.2023 中国消费趋势报告[R].北京：知萌咨询，2023.

[10]　杨道玲，钟晓萌. 打通绿色消费堵点 有效释放绿色消费市场潜力[J]. 可持续发展经济导刊，2023（Z2）：89-92.

[11]　曾刚，易臻真. 垃圾分类在上海｜生活垃圾分类"上海模式"成效与前瞻[EB/OL].（2023-06-02）[2024-04-28]. https://www.thepaper.cn/newsDetail_forward_23312507.

[12]　每天5 000万份外卖垃圾威胁城市生态[EB/OL].（2019-12-19）[2024-04-28].http://finance. people.com.cn/n1/2019/1219/c1004-31512932.html.

[13]　高冉. 新时代绿色生活方式研究[D]. 郑州：郑州大学，2020.

[14]　李超. 回收再生将成为塑料绿色发展主流[J]. 中国石化，2022（4）：31-34.

[15]　寇江泽. 有力有序有效治理塑料污染[N]. 人民日报，2021-01-19.

[16]　马桂新. 环境教育学（第二版）[M]. 北京：科学出版社，2007.

第七章

培育特色生态文化

　　生态文化是一种重要的文化形态，蕴含着人类生态文明建设中的智慧、价值追求和审美情趣，强调的是人类与自然环境之间的和谐关系以及保护生态环境、促进可持续发展等方面的生活方式、思维方式、价值观念和行为准则等。生态文化的形成，意味着人类统治自然的价值观念的根本转变，这种转变标志着人类中心主义价值取向到人与自然和谐发展价值取向的过渡。习近平总书记在全国生态环境保护大会上强调，要加快建立健全以生态价值观念为准则的生态文化体系。2023 年 12 月，《中共中央　国务院关于全面推进美丽中国建设的意见》发布，其中第八部分"开展美丽中国建设全民行动"中突出强调了培育弘扬生态文化。生态文化是中国特色社会主义文化的重要组成部分，是生态文明建设的重要内容。

一、培育弘扬生态文化

（一）生态文化的起源与发展

　　生态文化最早起源于人类图腾时代，行至现代生态文明，历经了漫长的岁月。图腾是人类最早的文化现象，社会生产力的低下和原始民族对自然的无知是图腾产生的基础，他们运用图腾解释神话、古典记载及民俗民风。在原始社会，部落或公社被分成若干群体或氏族，他们在采集生活物资的过程中，同自然界的动植物发生密切的关系，并用原始思维认识和理解生活实践中的相关问题。他们认为自然界的某一植物或动物或虚拟的某一生物同自身有着血缘亲属的关系，因此予以崇拜。世界各民族信仰的图腾是多种多样的，有植物的、动物的，还有几种结合在一起的综合图腾，如中国人的图腾一般为龙，俄罗斯则有熊图腾的崇拜传统，印度人崇拜大象，日本的图腾是菊花和樱花，韩国崇拜木槿，等等。但任何图腾都是原始人早期与自然关系的产物，是早期的自然环境在人类主观意识上的反映。

　　原始社会之后，随着人口逐步增加及人类对自然的认识能力、改造能力的增强，原来的采集—狩猎文化已不能满足人们生存的需要，中华民族开始进入农耕时代，在殷商时期就有了稳定的农业生产。这时人类社会由部落向民族形态演替，出现了风格各异、五彩缤纷的民族文化，但生态文化仍处于狭义的阶段，当生态文化由狭义转向广义时，正是民族文化向科学文化转化的阶段。在这个阶段，产生的儒、道思想均是我国朴素的生态文化的体现。人们依靠自然、适时耕作的生产方式和观念意识，推动了"天人合一"思想的产生。

进入工业社会以后，随着人们对物质生活的苛求，工业生产开始飞速前进，从 18 世纪 60 年代，世界上第一台蒸汽机的发明和应用，到工业经济达到空前的规模，这时候的文化也被称为工业文化，随之而来的资源危机、环境危机，使人类在享受社会进步的甜头之后不得不面临自己种下的可能毁灭人类文明的"苦果"：温室效应加剧、臭氧层耗损、酸雨现象、森林资源大量毁灭、水土流失、土地沙漠化、水资源危机、环境污染、自然灾害频发……摆在当代人类面前的一系列日益严重的问题，使人类从祖先那里继承下来的绿色意识开始觉醒，使人类必须创造出一种新的文明来支撑人类的继续存在并发展。这种新的文明就是生态文明，也被称为绿色文明，而支撑这种文明的文化，被称为生态文化。

（二）生态文化的内涵

生态文化是一种价值观，是人类社会与自然界和谐协调的精神力量。生态文化以文化的形式固化、传承人类认识自然、改造自然的优秀成果，它是人类思想认识和实践经验的总结。近代社会的人类中心主义价值观仅关注人类的价值，漠视自然的价值，最终导致生态环境恶化、自然资源枯竭、生态灾难频发，严重阻碍人类社会的继续发展，于是人类重新审视人与自然的关系，把人类自身价值和自然本体价值有机地融合起来，形成生态文化的基本价值观。

生态文化是一种人文文化。生态文化把和谐、协调、秩序、稳定、多样性以及适应等观念纳入自己的伦理体系，着眼于可持续发展，既关心人的价值和精神，也关心人类的长期生存和自然资源增值，体现了人类对人与自然关系的深度认识。

生态文化是一种先进文化。生态文化倡导人与自然和谐相处的价值观念，是人类根据人与自然生态关系的需要和可能，最优化地解决人与自然关系问题所反映出来的思想、观念、意识的总和。它包括人类为了解决所面临的种种生态问题、环境问题、经济问题和社会问题，为了更好地适应环境、改造环境、保持生态平衡、维持人类社会的可持续发展，实现人类社会与自然界的和谐相处，求得人类更好地生存与发展所必须采取的手段，以及保证这些手段顺利实施的战略、策略和制度。可以说，生态文化是人类文明发展的成果集成，是先进文化的重要组成部分。

（三）生态文化的特征

1. 层次性

与人类历史上所有成功的文化一样，生态文化也具有其特定的层次性，即由表及里表现为生态文化的物质表层、形式浅层、体制中层、观念深层。

（1）生态文化的物质表层。生态文化的物质表层，是指承载着生态文化内涵的物质实体。这类物质实体通过人类感官而逐渐影响个体的思维方式和行为模式，从而使生态文化得以深入人心。无公害食品、绿色食品、有机食品、绿色建材、生态建筑等都是这类物质实体，它们通过经济社会的生产、分配、交换、消费等环节，传播着它们自身所承载的生态文化内涵。

（2）生态文化的形式浅层。透过物质表层，便是生态文化的形式浅层，即承载着生态文化内涵的仪式、形式、过程等。近30多年来轰轰烈烈的中国生态农业运动，在物质表层提供了大量的生态农业产品，在形式浅层同时也有效地传播着生态与环保的信息和观念；近20年来迅速发展的中国休闲农业，以承载乡村旅游的形式来传播传统农耕文化和现代生态文化，唤醒人们的生态文化意识；各类生态文化节庆活动、回归自然的休闲旅游、蕴含生态文化内涵的媒体宣传等，增加大众对自然的亲切感和依赖感，营造人与自然和谐发展的总体氛围。

（3）生态文化的体制中层。生态文化的体制中层，是指国家、地区、部门或经济实体，为了弘扬生态文化、保护生态环境而制定的承载生态文化内涵的各类约束性的法律、法规、政策、制度、规定、纪律等以及与之相应的管理机构和管理体制，用以规范公众的行为，传播生态文化。

（4）生态文化的观念深层。生态文化的观念深层属于"形而上"的范畴。剥开生态文化的表层、浅层和中层。进入生态文化的深层或核心层，就是体现生态文化的价值观和行为理念，以及受这种价值观和行为理念所支配的行为方式。受支配的具体行为方式和抽象的观念、准则、规范、心理状态是紧密结合在一起的，所以，生态文化的传播，必须立足于改变公民的价值观念、行为理念和具体的规范、准则及心理状态。

2. 整体性

虽说生态文化表现出其特定的层次性，但生态文化的四个层次并不是孤立存在、独立发挥作用的，而是相互联系、相互影响，综合地显现其功能。生态文化整体性的重要表现之一就是社会的总体氛围和公民的道德意识，若社会的总体氛围和绝大部分公民的道德意识都高度认同生态文化，说明生态文化已深入人心，表明生态文化已成为一种主流文化。

《易经·系辞》有云："形而上者谓之道，形而下者谓之器。"简单地讲，形而下是指具体的、感性的事物，形而上则是指抽象的观念、规范、原则。从生态文化的四个层次来看，生态文化的观念深层作为一种形而上者之"道"，支配着个体的行为方式。对于个体而言，这种"道"的形成，需要依赖物质表层的感官刺激、形式浅层的情操陶冶、体制中层的约束性管理和先觉者的引导。在这种"道"的形成过程中，个体逐步接纳生态文化的价值观和行为理念，使其受价值观和行为理念支配的行为方式都能体现生态文化的内涵，从而形成承载生态文化的特有的行为模式。接纳了生态文化价值观以后，个体的行为模式必然受其生态价值观和行为理念支配，从而自觉地形成符合生态价值观的行为模式，并为生态文化的体制中层、形式浅层、物质表层建设作贡献。

3．传承性

生态文化的传承性是文化具有传承性的重要表现形式。人类为了繁衍和生存，先民们把自己积累的知识和经验不断地传授给新的一代，从而形成人类文化的传承性。可以说，当今生态文化的很多内容都是受传统文化的影响衍生而来，是传统文化的进一步发展。

我国生态文化遗产极其丰富，早在先秦时期，各种典籍就有原始生态文化的内容，如《礼记·月令》记载："孟春之月，禁止伐木。"我国各民族的传统行为里，孕育着博大精深的自然生态文化因素。这些传统文化思想，通过代际交流世代传承扎根于民间，有的以宗教形式或图腾崇拜根植于乡民观念深层；有的以约定俗成或乡规民约形成体制中层的自发监控机制；有的以乡风民俗或传统节庆活动流传于村野，形成形式浅层的朴素生态伦理；更多的是各种自然遗产和人文景观，以物质表层方式传承传统的朴素生态文化。这些传统的生态文化，在历史的大潮中代代相传，不断创新、不断丰富内涵，虽然在现代经济生活的冲击下有所毁损，但其思想内核对现代生态文化的发展具有十分重要的意义。在生态文化的建设中，一定要注重生态文化传统的再教育和政策诱导，使扎根于老百姓中的生态文化传统发扬光大。

4．多样性

生态文化的核心是人与自然协调发展，在这个系统中的"人"和"自然"都是多样化的，从而使生态文化表现出多样性特征，这种多样性具体表现为地域多样性、人本多样性和时序多样性。

（1）地域多样性。由于地球表面气候差异和地质结构、地理环境的差异，形成了与之相适应的生态环境多样性，不同地域的人类为了实现与自然环境的和谐协调发展，从而使生态文化也表现出丰富的地域多样性。生态文化是人类与自然关系的某种推演和表现，而人类与自然关系的发生、发展都是在特定的地域中进行的。不同地域的自然生态系统也存在差异性，自然产生带有区域环境特色的思想意识，创造具有地域特色的生态文化。

（2）人本多样性。地球上各个区域、不同国家、不同民族之间存在着传统思想和经济文化的差异，决定了民族文化具有多样性，这种因人类在不同文化基础上进化发育而成的多样化生态文化，就是生态文化的人本多样性。

（3）时序多样性。随着人类社会的发展，也会产生不同阶段的生态文化，从而形成生态文化的时序多样性。也就是说，不同时代或阶段的生态文化，其内涵和外延可能是不同的。这基于两个方面的原因：一是生态文化必须顾及人类生存和发展的需要，不同生产力的发展水平是不同时序阶段的生态文化发展的基础和前提；二是生态文化的内涵和外延取决于人类对自然的认识水平，以及在此基础上建立的与自然发生关系的方式、方法、手段和工具，从而形成生态文化的时代性。

（四）培育生态文化

习近平总书记指出："生态兴则文明兴，生态衰则文明衰。"生态文明建设是功在当代、利在千秋的伟业。我们必须通过培育系统的生态文化，不断提升生态文明水平，并通过教化、规制、示范、样板等进行生态文化培育，旨在为推进生态文明建设提供系统的理念文化、制度文化、行为文化和物质文化支撑。

第一，以价值认同与观念创新为主要内容，不断培育生态环境保护的理念，为推进生态文明建设提供理念支撑。生态文明建设是一场涉及思维方式、生产方式和生活方式的伟大变革，是一项基于理念支撑和公众参与的复杂而艰巨的系统工程。随着我国经济社会的持续发展和各项经济权益的不断实现，人们从祈求温饱到谋求环保、从渴望生存到渴求生态、从讲求生活水平到追求生活品质，对生态环境质量的诉求越来越强烈，心理诉求与现实状况的反差，使得生态环境的短板越发凸显。诚然，人们的生活品质与生态环境的质量密切相关，良好的生态环境质量可以为人们提供安心、放心、舒心、开心的衣食住行。然而笔者在基层调研中发现，人们不同程度地对生态环境保护形势、资源能源挑战、生态权益共享等方面存在认识偏差，从而在生态文明建设的价值认同与观念创新上失之偏颇，影响了公众生态参与的自觉性与主动性。为此，首先，要对全国开展的生态文化教育活动进行统一规划与部署；其次，要大力加强生态环境质量及其保护知识的宣传与教育，形式应喜闻乐见、灵活多样，如利用知识竞赛、公益讲座、企业征文、电视互动等形式，不断增强人们的环境危机意识、环保知识教化与生态情感认同；最后，要通过政策引导和鼓励以生态环境保护为内容的文学和影视作品的艺术创作，利用艺术形象在全社会营造"保护生态环境光荣，破坏生态环境可耻"的良好舆论氛围，增强人们对于生态环境保护的观念认可与价值追求。

第二，以完善制度与落实制度为主要抓手，不断培育生态环境保护的制度文化，为推进生态文明建设展现制度规范。马克思主义经典作家认为，从表面上看，资本主义社会制度下的资本逆生态性，加剧了资本对自然生态的掠夺、资源能源的消耗和环境的污染破坏。但就其本质而言，资本主义社会制度是人类生态环境危机的根本诱因。这一论断表明，有效的生态环境保护在根本上依赖于合理的社会制度安排。2016 年 2 月 5 日，习近平总书记在中共中央政治局就大力推进生态文明建设进行的集体学习时指出："只有实行最严格的制度、最严密的法治，才能为生态文明建设提供可靠保障。"生态文明建设的制度安排，应当做到在程度上必须威严、在内容上必须全面、在过程上必须衔接，形成全社会的制度认同与制度思维。这就说明，好的制度重在落实。好的制度设计必须见诸实践，使之成为行动的规制、规约和规范，才能取得预期的善治效果。应当充分推广生态文明示范区和试验区在"先行先试"进程中所探索与形成的生态补偿和常态化等生态责任制，并使其落地生根开花结果。尤其是由实践而形成的制度理念与范式，是培育形成主体合力的生态制度文化的重要内容和重要载体。

第三，以榜样示范与先进带动为主要路径，不断培育生态环境保护的行为文化，为推进生态文明建设树立行为典范。在观念文化认同和制度文化内化于心的基础上，做到在实践中外化于行，以此促进形成生态文明的价值取向、道德内省，先进带动、榜样示范，才能将生态行为文化贯彻于人们的具体实践中，形成强大的精神动力与行动合力。首先，积极倡导节约资源、保护环境行为并使之成为人们的行为习惯。由于人们的认识上不到位、观念上不跟进、行为上不规范，总在不知不觉中浪费资源能源、破坏生态环境。其次，推广先行示范区与试验区建设的经验与做法，发掘和培育先进典型，使之成为生态文明建设的行为导向与实践典范。

第四，以优美生态与共享成果为主要载体，不断培育生态环境保护的物质文化，为推进生态文明建设彰显物质外化。从理念到制度、行为再到物质，由内而外，内与外之间相互促进、相得益彰，生态物质文化作为生态文化外显的表征，是培育生态文化的物质具象与重要平台。生态文明建设的物质成就如蓝天、碧水、青山，人们看得见、摸得着、感受得到，尤其是人们能够分享到，容易唤起和激发人们内心的生态情结与情感依存，增强投身于生态文明建设的自觉性与自信心。鉴于此，首先，要宣传和推广"海绵城市""绿色银行""天然氧吧"建设中的先进典型与成功案例，让生态环境保护的物质文化广为传颂、深入人心；其次，在全国生态文明先行示范区和试验区建立若干个生态文化展示馆，通过生态文明建设成就向社会公众推广生态文化所蕴藏的理念支撑、制度范式与行为典范。

综上所述，通过顶层设计与区域创新相结合、理念支撑与制度范式相衔接、行为典范与物质外化相契合，不断推动生态文化教育的补位、生态文化宣传的到位、生态文化示范的进位，有效地凝聚观念认同、增强价值共识、促进公众生态参与，不断推进生态文明建设，实现绿色发展。

思考与探索

1. 如何理解生态文化建设与全面推动美丽中国建设之间的关系？
2. 结合生态文化的内涵，谈谈关于培育弘扬生态文化的路径与做法。

二、传承地方历史文化

（一）中华传统生态文化

文化是一个国家、一个民族的灵魂。纵观中华文明五千多年的发展史，古代先贤将尊重自然的思想落实到具体的措施与制度中，形成了闪烁着生态智慧的关于人与自然关系的思想宝库。中华优秀传统生态文化是中华优秀传统文化的重要内容，是留给我们的珍贵遗产，其中蕴含着丰富的哲理思考和价值观念，时至今日仍具有十分重要的启示和借鉴价值。传承中华优秀文化，是推动生态文化实现创造性转化和创新性发展的重要举措。

中华民族向来尊重自然、热爱自然，绵延五千多年的中华文明孕育着丰富的生态文化。中国历史上的儒家、道家、墨家等学派都包含着丰富的生态思想。中华优秀传统文化中蕴含的生态智慧，经过数千年的传承和发展已经渗透到广大人民群众的生活实践之中，成为中华民族特有的生态文化基因，为生态文化建设提供了重要基石。生态文化建设必须内化到日常生活中，形成厚重的人文情怀。

中国古代生态哲学思想的内容非常丰富，这里主要就"阴阳五行说""三才论"以及儒家与道家等部分学说的生态伦理观或传统自然观予以论述。

1. "阴阳五行说"

"阴阳五行说"是中国古代朴素的唯物论和自发的辩证法思想。它认为世界是物质的，物质世界在阴阳二气作用的推动下滋生、发展和变化；阴阳属于"阴阳五行说"立论的基础。阴阳与五行属于形式与内容的关系，是指无论阴的内部或阳的内部包括阴阳之间都具备着木、火、土、金、水五种物象表达的那种生克利害的基本关系，并认为金、木、水、火、土五种最基本的物质是构成世界不可缺少的元素，这五种物质相互滋生、相互制约，处于不断的运动变化之中。

这种学说对后来古代唯物主义哲学有着深远的影响。中国古人也用"阴阳五行学"解释处理自然界的奥秘以及人与自然之间的关系。金、木、水、火、土反映了古人对自然界组成和自然界各种物质与事物相互之间相生相克关系的认识。中华民族在漫长的发展历程中，始终遵循着这种朴素的系统生态观，并以全面、整体和联系的观点来协调社会与自然的关系，逐渐形成和完善与生产力水平和环境条件相适应的社会系统及其支持体系，从而成功地支持着中华民族生态文明建设的持续发展。

2．"三才论"

天地人宇宙系统论，简称"三才论"，中国古代的"三才"思想是指"天、地、人"的和谐、统一思想。《易传·系辞下》通过研究生命现象来探讨自然和社会现象，首次提出了"三才之道"，即"《易》之为书也，广大悉备。有天道焉，有人道焉，有地道焉。兼三才而两之，故六。六者非它也，三材之道也"，认为"天时、地利、人和"的配合是取得成功、维持繁荣的重要因素。"三才论"可以说是贯穿我国生态文明发展的始终，数千年的中华文明之所以能够从不间断地持续发展，其基本原因也在于此。社会生产离不开"天"（气候、季节等）、"地"（土壤、地形等）、"人"（从事生产的主体，包括人的劳动和经营等）因素，中国历史文明正是通过长期的生产实践，在逐步加深对上述诸因素认识的过程中建立和发展起来的。注重生物、自然环境等各种因素之间的相互关系，从而使人与自然之间比较协调，使社会生产能够持续发展，这与今天生态文明建设中强调"整体协调、循环再生、区域分异"的原则是一致的。

在传统农学中，《吕氏春秋》也提出"三才论"，即"夫稼，为之者天也，生之者地也，养之者人也"，是中国传统农业理论中最核心的思想。我国是一个以农业为主的传统农业国，"靠天吃饭、靠地立身"的思想深深植根于人们的心中。《管子·禁藏》说："顺天之时，约地之宜，忠人之和，故风雨时，五谷实，草木美多，六畜蕃息，国富兵强。"《管子·富国篇》说："上得天时，下得地利，中得人和，则财货浑浑如泉源，沕沕如河海，暴暴如丘山。"反之，如果"上失天时，下失地利，中失人和"就会"天下敖然，若烧若焦"。这些都是把"三才论"与生产实践和财富的创造直接联系起来的论述，强调要尊重自然规律，处理好人与自然的关系，也就是说要处理好自然再生产和经济再生产的关系。"天、地、人和"的人与自然和谐相处的生态伦理思想是几千年来中国社会的主流思想，历久弥新，至今仍具有重要意义，对当代社会的生态文明建设仍具有重要的启迪作用。

3．儒家思想生态哲学观

儒家思想生态哲学观是中国传统文化的精华之一，儒家的生态伦理思想主旨是唤醒人们的道德自律，如孔子爱人的思想就是要求人们应该有宽广的胸怀，"老吾老以及人之老，幼吾幼以及人之幼"。儒家思想不仅要爱人，而且要爱物，人不仅不能破坏自然，而且在管理和利用自然资源时，应该使它们按照各自固有的方式自由发展，并把自然保护作为"爱物"的落脚点，如《荀子·王制》提出："草木荣华滋硕之时，则斧斤不入山林，不夭其生，不绝其长也；鼋鼍、鱼鳖、鳅鳝孕别之时，罔罟、毒药不入泽，不夭其生，不绝其长也。春耕、夏耘、秋收、冬藏四者不失时，故五谷不绝，而百姓有余食也；污池渊沼川泽，谨其时禁，故鱼鳖优多而百姓有余用也；斩伐养长不失其时，故山林不童而百姓有余材也。"荀子的"爱物"思想明显地表现出可持续发展的思想。荀子的论述包含了自然资源的可持续性和人类经济和社会的可持续性，指出了自然资源的可持续性是经济和社会可持续的基础，对自然资源的可持续性提出了种际公平的问题，这也是我们当今建设生态文明与和谐社会的理论依据。

儒家传统思想还提出了尊重生命的生态伦理原则。"天地是万物之母""与天地合其德""天地合气，万物自生"，认为万物相生是自然生态的自身功能，人自身是自然界的一部分，人类也是天地的产物即自然的产物，人应该"乐天知命"，发挥德行的作用，约束自己与自然对抗的思想和行为，使人与自然生态和合而生生不息与合而生生日新。为了维持自然界的正常运转特别是生物的再生和可持续利用，儒家提出了一系列的禁止人类破坏自然和生态行为的主张，如禁止从根本上违背生态节律的行为，以便维护生物的可持续性生存等。因此，人类在改造自然的过程中，应该尊重生物的"生存权利"，尊重自然界生物相互作用、优胜劣汰的权利，按照生物自主原则，尽量地顺应自然、利用自然，维护生物多样性，保护生态系统的良性循环，促进人类社会与生态环境的和谐与协调发展。

4．道家思想生态哲学观

"天人合一"的思想观念最早是由庄子阐述的。《庄子·达生》曰："天地者，万物之父母也。"认为这些因素均属自然，具有相通、相融、相合之处，主张天道与人道、自然与人类的相通、相类和统一，认为人是天地所生，人与天地的关系是部分与全体的关系，而不是敌对关系，人与万物是共生共存的关系，应该和谐相处，人类作为全球生态系统中一个具有高度智慧的生物种群，与其他生物和环境要素一样，仅仅是其中的一个组成部分，如果生态系统被破坏了，人类又谈何生存和发展，这与生态学上生态系统的基本理论是吻合的，也与今天所说的尊重自然、顺应自然，追求人与自然和谐、生物与环境协同进化的生态学观点是一致的，从而与人类无所不能、人类利益至上的"人类生态中心论"生态伦理观，以及人类"无能"与"无为"的"生态中心论"形成了鲜明对照。

《庄子·知北游》则认为天下万物都是由"气"组成的，"故万物一也，是其所美者为神奇，其所恶者为臭腐，臭腐复化为神奇，神奇复化为臭腐，故曰：通天下一气耳"。南宋杨万里《诚斋易传》进一步把"五行说"纳入"元气论"的系统之中，认为"太极者，一气之太初也；一气者，二气之祖也；二气者，五行之母也"。又说"一气即太极，一气生二气，二气生五行。二气散杂，化生万物"。明代刘宗周在《圣学宗要》中说："太极之妙，生生不息而已矣，生阴生阳，而生水火木金土，而生万物，皆一气自然之变化。"《老子》对元气论作了具有代表性的表述："道生一，一生二，二生三，三生万物。万物负阴而抱阳，冲气以为和。"其中的"一"就是元气；由元气生出阴阳二气，谓之"一生二";由阴阳二气化生出天地人,谓之"二生三";再由天地人化生出万物,谓之"三生万物"。"冲气以为和",就是阴阳二气在运动中的对立统一。总之,他们把世界万物看作是统一的、互相联系和不断发展变化的,这种联系观、变化观和整体观,对中国的生态文明建设具有深远的影响。

中国传统道家还提出了"道法自然"的生态伦理观和生态行为准则,其本质也是把自然(天、地)与人以及它们的相互作用作为一个统一的整体考虑,强调建立一个和谐协调的统一体,认为应该让自然万物以自己固有的方式生存和发展,不能将人类自己的主观价值尺度强加于自然,让自然万物自由地发展,这也是道家"无为"的态度。道家的老子将一切有悖于"道"或"自然"的行为都列入禁止的范围。他们从自然主义的立场出发,要求人们禁止破坏生态和自然的行为,提出了一些具有自然保护价值的对策,这对今天实施可持续发展战略与生态文明建设仍具有重要的启迪作用。

(二)民族生态文化

民族生态文化是生态文化的重要组成部分,同时也是我国文化遗产的重要组成部分。在各民族的发展历程中,生态文化发挥着维护生态平衡的重要作用。在开展生态文明建设的过程中,民族生态文化能为民族地区生态文明建设提供文化基础、生态智慧和精神动力。民族生态文化是生活在一定自然环境中的各少数民族协调人与自然关系的知识系统,其核心思想是人与自然共生,具体包括崇敬自然、利用自然、保护自然的观念、技术、制度。

1. 民族生态文化的地域性形成

为了生存和发展的需要,对自然环境的适应包括顺应和应对两个方面。顺应主要是指对特定自然环境下的资源顺而用之,也就是因地制宜的生产生活方式。这在传统生计方面表现得较为突出,北方、西北草原民族以游牧为生,东北林区民族以采集、狩猎为获得生存资料的主要方式,南方民族则以稻作为主,西南山地民族则采取农牧混合的方式。应对是指针对不利于生产生活的自然环境采取的方法和措施,如逐水草而居以确保牧业稳定,南方稻作民族大多居住干阑式房屋以应对潮湿、炎热的气候特征,山地民族把村寨建在森林茂盛之处以确保水源及生存资料的获取。无论是顺应还是应对,都是少数民族适应自然环境过程中积累的生态智慧,因自然环境的差异,相应的方式方法也有较大差异,促使着民族生态文化多样性的形成。

因生计方式、传统习俗受自然环境因素的影响较大,因此,相同自然环境下不同民族的生态文化具有较大的趋同性。相同或者相似的自然环境中不同民族的生态文化具有明显的同质化特征,如游牧民族、狩猎民族、渔业民族、稻作民族的生态技术、观念、制度等具有诸多相似之处。根据自然环境及少数民族的经济类型,可把中国少数民族生态文化划分为不同的区域，大概可分为采集渔猎生态文化区、游牧生态文化区、刀耕火种生态文化区、山地耕牧生态文化区、绿洲耕牧生态文化区、山地耕猎生态文化区、稻作生态文化区、平原农耕生态文化区等。

2. 民族生态文化的民族性形成

从宏观层面看，各族系的生态文化有较大差异。东胡族系民族以游牧为主要生计方式，在狼崇拜中表现为维护草原生态平衡的理念，存在着大量保护草场的制度。氐羌族系民族耕牧兼营，其生计方式与森林密切相关，在神山、神林、神树崇拜中饱含与森林和谐相处的生态观，有许多对森林保护有利的禁忌和乡规民约。百越族系民族多滨水而居，以稻作为主要生计方式，形成一套"林—水—田—人"的生态排序，林崇拜与水崇拜中表现出对森林与水在决定自身生存方面的深刻认知，因此制度层面的生态文化主要倾向于管理森林和水资源。

从中观层面看，同一族系中不同民族的生态文化也具有差异性。傣族和侗族同属百越族系，有着底蕴深厚的稻作文化，然而又各有特点。傣族是林稻生态系统，森林为稻作生产提供水源、稳定的气候、减少病虫害等多种重要条件，良好的森林生态系统成为水稻生产的重要先决条件。侗族积累了一套稻、鱼、鸭共生的生计方式，稻、鱼、鸭促进了农田生态系统的平衡，并能获取多样化的收益。虽同为干阑式建筑，但傣族居住在下层全架空的竹楼，侗族居住在依山而建的吊脚楼。

从微观层面看，同一民族不同支系的生态文化也具有差异性。因为民族生态文化存在民族性差异，所以有必要从族系、单个民族、民族支系等不同的研究对象审视其生态文化的内涵和特征，进而呈现一个内涵准确、形式多样的民族生态文化群。

3. 民族生态文化的技术性形成

蒙古族的转场放牧、彝族的森林间伐、稻作民族的水资源分配、山地民族获取生存资源的多样性等技术中含有利用自然资源的适度和节制原则。例如，打猎忌打母兽和幼兽，表面看是一个道德伦理的话题，但如果从实用功能的角度去审视，这实际是为了猎物获取的延续。采集方面遵循有利于植物恢复再生的原则，春天采集讲求独花不采、留有嫩芽，夏天拾菌子不能破坏菌窝，秋天采摘果实要留种子。森林木材及其他多重资源功能强化着山地民族保护森林的意识，清水江流域明清时期的木材贸易成为苗侗民族重要的经济来源，这促使苗侗民族间形成互相关联的木材贸易和杉木种植文化，木材贸易获利驱动着杉木种植技术的提高及循环往复的杉木种植。

4. 民族生态文化的民俗性形成

民间文学中蕴含着丰富的生态文化内涵，传说、神话、史诗、歌谣、谚语、民间故事等以口传或文字的形式叙述着人与自然关系、生态伦理等诸多关涉生态文化的内容。少数民族民间文学中有许多关涉自然的内容，根据其所处自然环境的不同，天地、山川、河流、湖泊、潭泉、草原、森林、鸟兽虫鱼、花草树木相应囊括其中，彰显出对大自然的热爱及家乡故土的深情，为保护生态环境提供了情感动力。尤其是史诗和谚语中的生态文化内涵更为浓烈，神奇的动植物是少数民族史诗的母题之一，映示出自然崇拜的观念。少数民族史诗中包含着万物有灵的观念、顺应自然的生产生活方式、协调人与自然关系的机制等三个方面的生态文化内涵。

（三）典型案例

在与大自然的长期共处中，世居少数民族积累了深厚丰富的知识与实践经验，形成共通的"自然圣境"文化。例如，在云南省迪庆藏族自治州（以下简称迪庆州），多种形式的自然保护地多以"自然圣境"为基础建立。管理这些"神山"、风景林、湖泊海子等自然保护地，是当地少数民族在生态文明方面的重要实践，而"知行合一"也促进了民族生态文化的传承和发扬。

典型案例 1：迪庆州藏族的"自然圣境"信仰

居住于云南省迪庆州的藏族人民以藏传佛教为主要信仰。藏传佛教的核心是"善"，强调人与世间万物和谐相处。因此，当地民众敬山、敬水、敬树，将其视为"自然圣境"的一部分，认为只有约束和节制破坏自然的行为，才能得到平安和幸福。出于对自然的敬畏，当地人用心守护"神山""圣湖"和珍贵的动植物资源，白马雪山、梅里雪山等很多自然保护地因此得以妥善保护。

边疆少数民族地区生态文化历史悠久，在长期的传承中，生态文化与产业发展有机融合，形成一系列典型的民族生态文化产业，有效促进了生态价值转化。例如，内蒙古草原民族的游牧传统就来自崇尚自然的草原生态文化，让自然休养生息成为草原民族的行为规范与处事准则。草原文化核心理念的确立，不仅指明了草原生态文化的独特价值，也为草原生态产业发展提供了重要思想基础。

典型案例 2：蒙古族逐水草而居的游牧传统

内蒙古草原不仅提供了优质的畜牧业产品，还孕育着伟大的民族生态文化。自古以来，过着游牧生活的蒙古族牧民逐水草而居，平等地对待草原上的一切生命。在蒙古族的传统观念中，狼是图腾一样的存在，如果狼群数量急剧减少，那么草原和生活在草原上的人就会受到来自腾格里（"长生天"）的惩罚。显然，在当地人朴素的自然生态观念中暗含着现代生态文明思想，即只有各个组成部分和谐共生，草原生命系统才能生生不息、永续发展。

边疆少数民族地区将民族文化与生态文明建设有机结合，既让生态文明理念深入人心，也更好地传承了民族文化。在当地乡土社会，具有民族性、地方性的村规民约、禁忌和习惯法作为国家法律体系的重要补充，在提高生态文明意识、保护自然生态方面起到了关键作用，是数千年来人与自然和谐共生的文化保障。例如，广西壮族自治区百色市实施的文化生态保护区建设，就在加强民族生态文化宣教的同时，推动了其传承与保护。

典型案例3：广西百色壮族的文化生态保护区

百色壮族文化生态保护区以广西百色为中心，将集中分布、特色鲜明、形式和内涵保持完整的壮族传统文化及其他非物质文化遗产代表性项目，同特有的山水美景、自然生态结合起来，实行区域性整体保护。通过实施文化生态保护区建设，可以加强民族生态文化宣传教育，加大民族文化创新发展。目前，该文化生态保护区有国家级非物质文化遗产项目9个、市级非物质文化遗产展示中心1个，还建有40个生态环境良好、传统文化资源丰富、群众保护意识较强的壮族传统文化生态保护村。

思考与探索

1. 如何看待中华传统生态文化的产生与发展？
2. 你身边还有哪些传统生态文化（民族生态文化）的典型案例？

三、校园生态文明教育建设理念

人是社会发展的主体，教育对社会发展起着基础性、先导性的作用。在生态文明建设这一宏大历史任务面前，教育肩负着培养人才、传播理念、科技创新、示范引领的重要任务。

（一）校园生态文明教育理念

生态文明建设是一项长期的战略任务，需要几代人的持续努力。各级各类学校应该把生态文明教育作为核心素养的重要内容，培养学生对于生态文明建设的主体意识、基础知识和基本能力。引导学生在学习知识的过程中注重对人类生存与发展这一宏观问题的认识和思考，使他们承担起时代赋予的责任和使命，成为生态文明建设的设计者、建设者和传承者。

生态文明建设是一项具有广泛意义的社会活动，需要广大社会成员的积极参与。各级各类学校应该成为生态文明建设理念的传播基地，借助教育教学、社会实践、社区服务等多种形式，将先进的生活方式、消费方式、行为习惯向社会广泛宣传，影响每一个家庭及社会群体，为生态文明建设营造浓郁的社会舆论氛围。

生态文明建设具有较强的科学性和实践性，需要不断推出科技成果和发明创造。各级各类学校应该成为生态文明建设的实验室和成果推广中心，紧密结合专业课程教学内容，组织学生有针对性地开展专题研究，提出解决问题所需要的方案、途径和工具；在研究的过程中，深化师生对生态文明建设的认识，从理论上提升认知水平，把解决社会性的生态问题作为责任和担当。

生态文明建设要争取广泛的社会支持和认同，需要把深奥的理论变成现实中亟待解决或正在解决的问题，以此唤起社会的高度关注。各级各类学校应该成为生态文明建设成果的示范基地和展示窗口，在校园环境、教学设施、课程体系、校园文化、学生评价标准等方面融入生态文明建设的思想理念，体现设施设备的先进性和前瞻性，提高学生良好品德培养的显示度和积极效果，为全社会培育生态文明建设的意识发挥引领作用。

（二）推动建设生态校园

1. 生态校园建设原则

生态校园是对师生进行生态文明教育的载体。按照国家的总体要求，我们要充分利用和发挥生态校园在落实立德树人任务、培养学生生态文明素养方面的重要作用，深入探讨、积极实践，努力做到六个结合。具体如下。

第一，生态校园建设要与核心价值观的培育相结合。青少年时代是价值观形成的重要时期，学校是学生学习生活的主要场所，他们所接触到的新理念、新知识、新风尚、新事物数量多，他们接受的速度快、印象深刻。生态校园建设的总体设计要充分反映社会主义核心价值观教育的要求，把"生态"与德育紧密结合，在环境设置中突出主题元素，把政治概念转化成生动有趣的学习、活动场景，使学生置身于其中，在物质环境体验中受到启发，在主动思考中逐渐形成与自然和谐相处、尊重自然、爱护环境、保护自然、从身边的事情做起的自觉意识。

第二，生态校园建设要与中华优秀传统文化教育相结合。中华优秀传统文化博大精深，包括思想文化、风俗文化、戏曲艺术、诗词歌赋、琴棋书画、传统建筑等，包罗万象。生态校园建设要注意根据学校所处区域的历史文化特点和学生的年龄特点，有针对性地汲取传统文化的精华部分纳入整体规划。力求在总体布局中突出"和合相生，和谐共生"的文化生态观，主题指向明确，逻辑关系清晰，表现形式活泼有趣，符合学生思维特点。特别要避免过于将文化元素简单堆砌而出现"散、乱、杂"的问题，从而影响文化育人的系统性。

第三，生态校园建设要与培养学生生态行为习惯相结合。学生是校园一切活动的主体，校园是学生学习、成长和发展的必备空间，是学校教育的主阵地。生态校园建设要紧紧围绕"生命、生活、生态"的教育主题，以有利于培养学生良好生态行为习惯为目标进行精心设计。在认知自然、保护环境、节约能源、低碳生活、尊重他人、热爱劳动等多个方面，通过建筑物的合理设计和环境布置，使学生在潜移默化中受到启发影响。同时，应该注意教室环境的建设，通过增加生态文明教育的元素，增强学生生态行为习惯的自觉性、常态性，形成互相促进、共同提高的内在动力。

第四，生态校园建设要与课程教学改革相结合。课程是育人的重要载体，课程教学的过程是彰显办学特色的过程。在生态校园建设中，要统筹考虑、充分利用已有生态资源和新增生态资源，紧扣"生态"这一核心主题，广泛融入学科教学知识，将课程教学范围向"生态资源、生态环境、生态经济、生态安全、生态文化、生态国际比较"等领域扩展，努力开发具有特色的校本课程，形成师生参与、人人学习、教学互动、生动活泼的生态教育机制，丰富实践育人的途径，培养学校生态文化，增强生态环境育人的效果。

第五，生态校园建设要与培养师生动手能力相结合。建设生态校园不仅是为师生提供良好的生活学习空间，还应该为师生创造参与生态建设、在实践活动中加深对生态文明认知理解的教学条件。生态文明教育不是"精英教育"，不能满足在"可看、可讲"的层面，还要"可体验、可创造、可提升"，要让每一名师生尽可能多地参与实践。在方案设计、日常维护、宣传讲解、主题活动以及课程讨论等环节中提供动手实践的机会，充分调动师生热心参与的积极性，发挥他们的聪明才智，使师生成为生态校园建设的主人。

第六，生态校园建设要与培养学生科学研究的能力相结合。生态校园建设的内涵丰富，既有基础性的设施建设，又有现代化的装备配置，其中蕴含了很多的新理念、新工艺、新技术、新材料以及文化元素，为学生开展科学研究提供了众多的机会和课题。借助这些条件，引导学生结合生态校园建设存在的难点问题和关键环节，设立研究方向和研究课题，拓宽学生的视野，培养学生的观察能力、分析能力、解决问题的能力。通过实验和讨论，提升学生的认知水平，既能收获解决实际问题的科研成果，也能使生态文明的意识牢牢扎根于学生的思想之中。

2. 生态校园类型

生态校园建设要遵循因地制宜、因势利导、培育特色、注重实效的原则；要紧密结合学校所在地区的经济社会发展水平，结合当地历史文化特征和教育发展水平，采取适宜的建设模式。近年来，全国各地都在积极开展生态校园、绿色校园建设的实践，总结积累了成功经验，创造了很多建设典范。归纳起来，大致可以分成以下四种类型。

（1）天然生态型。在自然生态条件良好的地区，可以充分利用现有的绿地、植被、水系、土地等资源，按照学习、生活、活动的基本功能，合理规划学校布局，建设花园式美丽校园。突出空气清新、空间开阔、植被繁茂、水系丰富的特点，彰显自然生态的优势。建设中要减少对环境的人为干预，顺势而为，降低人工营造生态的成本，增强师生对环境的亲切感和舒适感。

（2）特色生态型。在校园自有资源不足的情况下，借助校园周边的资源优势，如山水、园林、特殊地貌、文化古迹、特色产业等，确定相应的建设主题。力求资源利用精准，空间布局紧凑，文化元素组合恰当，寓教育内容于环境布局之中。校园的生态特色与学校历史沿革、办学定位、育人理念、校歌校训匹配合理，有助于开发出特色校本课程，形成比较完整的环境育人体系。

（3）科技生态型。在自然资源相对缺少的城镇地区学校，尤其是在人口密度大、办学空间紧张且难以拓展空间的城市中心区的学校，在精细化设计生态校园结构布局、充分利用每一寸土地的同时，还需要采用先进的科技手段，配置先进的现代化设备，在节能节电、水处理综合利用、太阳能光伏发电、室内空气治理等重要项目上有较高的体现度，增加生态校园建设的科技含量，使学生直接观察和亲身感受生态校园建设的效果，从而增强生态文明教育的吸引力和感召力。

（4）智能生态型。这是生态校园建设的高级形态，是智慧校园的重要内容。这种模式需要依靠高科技手段的支撑，运用大数据、云计算系统构建学校教学、科研、实践体验、学生活动、生活管理的综合体系，统筹校内外各类教育资源和管理数据，为开设生态课程、组织生态观测、开展生态研究实验、进行学生生态环保行为评价、增强校园自然和谐程度提供全方位的精细服务，使生态文明教育的针对性更强、方法手段更灵活，对学生的生态文明意识培养更扎实、层次更高。

3. 生态校园建设评价标准

生态校园建设是一项培养新时期优秀人才的战略任务，需要做好统筹协调、顶层设计，特别是要探索体制机制创新。要在普遍实验的基础上加强规范化指导和评估评价，保证建设质量，力争取得更好的效果。制定生态校园建设评价标准的总体原则是：导向正确，因地制宜，彰显特色，鼓励创新，总体设计，分步提升。

理念先导：把生态校园建设作为一项系统工程整体谋划设计，体现以教育为中心，以育人为目的，集建筑、园林、设施设备、网络环境、文化元素等于一体的生态教育系统，符合安全、环保、和谐、智慧的要求。

文化特色：按照中华优秀传统文化、地域特色文化和学校历史文化的递进关系，设计出与生态文明相适合的校园文化框架并在建设实施中显现；强调融入主题、融入教学，自然协调，避免出现生搬硬套、千校一面。

基本环境：在达到办学标准的前提下，校园功能布局合理，绿化美化程度较高，节能节水设施齐备，污水处理和垃圾分类达到要求，教室空气质量高，教室亮度适宜，室内空间利用充分，教学活动组织顺畅，师生满意度较高。

技术应用：在生态校园建设方案设计中坚持节能省地原则，合理利用建筑物空间；采用符合节能环保标准的新技术、新工艺和新材料；实行能源消耗精细化管理监测，使用节能节水设备和太阳能集热设备，有效解决生活污水排放和垃圾分类处理。

课程融合：充分利用生态校园的物质条件和传播手段，与学科教学紧密结合，开发与培养学生生态素养目标相一致，与学生所处学段课程内容相匹配，具有学校特点的生态文明专门课程、教材和专业讲座，在普及生态基本知识的基础上，提高师生的专业水平。

实践参与：在生态校园建设中，注重增加师生的参与度，把相关课程的教学活动安排在生态文明教育场景中，组织开展与生态教育相关的知识竞赛、实践能力训练和教学讨论活动，使学生在实践中加强对生态文明的理解，掌握相关的基本技能。

科技发明：设置生态校园实验室，针对国家或所在区域存在的生态建设重点任务和难题，开展各种形式的科学小实验，撰写有关节能减排、绿色生活、空气治理、恢复生态等专题小论文、小创意，在对学生兴趣爱好的培养中融入生态文明教育的思想理念。

机制创新：生态校园建设实行政府、学校、社会相结合的模式，广泛动员社会各方投入资源并参与建设管理；学校内部教学、管理、服务各部门协同配合、全员参与，生态文明教育渗透在教学计划、管理制度、评价办法之中；构建学校教育与家庭教育相衔接的生态教育体系，使生态教育的效果得到巩固放大。

示范效应：生态校园建设的方案有重要借鉴推广价值，建设内容和主要节点具有先进性和前瞻性，可视效果明显，建设思路的阐述和建设效果的总结具有一定理论高度并在国内外同行中产生积极的影响。

发展潜力：研究制定生态校园建设总体规划，对生态校园的建设维护有持续提升的投入机制；保持生态校园建设水平与经济社会发展水平同步提高，生态教育效果、师生参与程度、课程开发水平逐步提高，社会反响好，师生对校园环境、教学条件、生活条件的满意度逐步提高。

（三）典型案例

1. 课堂有生态，生态进校园

课程教学是实施生态文明教育的重要方式。近年来，各地各校普遍以节约资源、保护环境等为主题，将生态文明教育纳入校内课程。

浙江省在中小学深入开展生态文明教育活动，要求开展森林、河湖、土地、水、粮食等资源的基本国情教育，普及"林长制""河长制"等知识内容，因地制宜开发校本课程。浙江省湖州市吴兴区城南实验学校利用地方课程"人·自然·社会"，结合当地自然资源、人文底蕴及城市乡村发展等典型案例，帮助学生了解山水林田湖草沙的一体化保护和系统治理。

"蚕的感觉器官有哪些？""蚕卵有什么特征？"云南省昆明市中华小学科学教师在教学"蚕的一生"单元时，引导学生用图文方式记录观察，强化人与自然和谐共生的理念。

上海市推进"绿化精品课进校园"项目，市绿化管理指导站、园林科学规划研究院及植物园等成立课程教研组，负责课程研发，一批系统的绿化精品课程走进中小学校园。

北京市将垃圾分类与生态文明教育相结合，纳入中小学生生态文明宣传教育实施方案，从课程、活动、管理等方面提出具体工作要求。

与此同时，在劳动教育环节，不少学校通过普及校园种植，践行垃圾分类，组织参与卫生打扫、绿化美化等，让学生在劳动中体验生态文明建设的重要意义。

"白菜耐寒，适合现在种植。那为什么将种植时间选在下午？"走进贵州省遵义市第十二中学劳动实践教育基地，生物老师手持锄头，带领八年级学生开展种植。"我知道！现在蒸腾作用弱，有利于白菜幼苗的存活。"围拢的人群中，传来学生响亮的回应。

自2016年起，遵义第十二中学建立"悠悠南山"劳动教育基地，将园地分给30余个班级。师生一起翻土、播种、精心浇水、除草。辣椒、西蓝花、豌豆苗……伴随一季又一季收获的，是学生对自然的热爱以及对生态环境的深入了解。

"不仅如此，社团活动也是扩大生态文明教育半径的有效方式。"该校校长介绍，如生物兴趣社团学生养乌龟、种花草，动手做生态瓶，多形式认识生态系统；DIY创意手工社团学生变废为宝，利用废纸、塑料瓶制作精美的笔筒等摆件。"通过开展浸润式的生态文明教育，学生热爱生态、保护环境的品质得到进一步涵养。"

---

2. 参与生态实践，增强环保意识

生态文明教育不只是课程教育，更是生活教育和行动能力的培养，校园之外的社会大课堂则成为重要资源。当前，不少地区和学校支持引导学生开展生态文明社会实践活动。

内蒙古自治区鄂尔多斯市康巴什区东部，成片的沙化土地连成沙墙。一群"红领巾"小心翼翼地穿过沙丘，眼睛紧盯每一丝绿色的线索，寻找着沙生植物和种子……每到秋季学期，康巴什区第一小学二、三年级学生都会到学校的治沙实践基地参与实践课程。

初次参与治沙的学生充满好奇，有的俯下身，仔细观察夹缝中的植物；有的挖掘沙土，触摸坚韧的叶子。采回的种子被送到鄂尔多斯生态环境职业学院，进行脱水、密封处理并制成标本，之后带回学校"红领巾"治理荒漠课程馆，供学生们参观学习，从而丰富治沙知识。

"在春季学期，老师和专家会进行现场指导，帮助孩子们不断摸索沙柳等植物新的栽种方法，提供更好的成活环境。"一位四年级学生家长表示，非常赞同这类生态实践，"孩子们亲身探索植绿护绿，有思考、有实践、有互动，在实践过程中，他们热爱祖国山河的感情更深了。"

据介绍，康巴什区第一小学近年来开展"红领巾"治理荒漠综合实践，从 2019 年开始共有师生及家长近 4 000 人次参与其中，埋设纱网沙障 80 亩，成活沙柳沙障和沙生植物 80 多亩，固沙面积近 400 亩。"治理荒漠的每一小步，都能为建设祖国北疆的生态安全屏障作贡献。"康巴什区教育体育局相关负责人表示，当地还组织学生进行野外考察、社会调查、研学旅行等。如"保护母亲河"系列实践，学生调研了解乌兰木伦河生态状况，开展志愿服务活动，清理河边杂物、打捞垃圾，生态环保意识不断提高。

"什么是生态廊道""谈谈重金属污染""鱼儿去哪儿了——带你认识水污染"……近日，华东师范大学生态与环境科学学院"生环小课堂"实践团队走进上海市闵行区马桥镇，送课进社区的同时增强专业认同感、提升专业能力。

自 2024 年 4 月起，该学院"生环小课堂"学生讲师团面向马桥镇居民开展了 10 余场科普活动。"我将自己所学专业知识运用到宣讲中，帮助大家掌握环保技能，培养绿色生活习惯。"一名 2022 级硕士研究生说。

据介绍，从吉林长白山野外站到内蒙古额尔古纳野外站，学院还探索开展"大量美丽中国"野外考察实践，开辟大量青山、绿水、海疆等路线，带领学生前往最具生态特色的地区和国家重大生态工程开展野外调查、测量和研究。"我们为学生提供参与生态文明建设的历练平台，希望他们开阔视野，提升能力。"该项目指导教师表示。

3. 践行绿色低碳，建设美好家园

校园是学生学习生活的主要场所，良好的校园生态环境能够提供学习场域和教育资源，让学生随时随地感受自然的和谐美好，从而逐步树立起绿色发展理念、生态环保意识。一段时间以来，多地学校积极开展生态校园、美丽校园建设，与生态文明教育相融合。

作为一所百年老校，山东省潍坊市广文中学校园内拥有众多百年老树，树木葳蕤、种类繁多。每到秋末冬初，从教室向外望去，橙黄橘绿，各成一景。2024 年 11 月，学校充分发挥校园生态景观育人优势，组织开展了一年一度的"枫叶节"主题学习周系列活动。

语文学科的"枫叶颂"读诗、赛诗、颂诗会，历史学科"五角枫下的红色故事"，地理学科制作"中国赏枫地图和指南"……教师们精心设计，同学们探究成长，师生共赴一场美丽校园的聚会。

不仅如此，广文中学还特别设立秋叶缓扫区、"拾秋"大课间，学生可以捡拾树叶做书签，体验游戏"杠老根儿"，自制"落叶雨"，在真实体验中感悟诗意、收获快乐。生态校园焕发活力的同时，也在润物无声中完成了环境育人的使命。

青海发布地方标准《生态学校评定导则》，明确生态学校创建程序及评价内容、要求、条件。青海教育系统制定《青海省绿色学校创建实施方案》等文件，开展学校创建评定，打造一批高原生态示范学校，为加快建设生态文明高地贡献教育力量。

江苏省江阴市北㵢中心小学利用当地赤岸村美丽乡村的地域优势，将校园池塘、鸟类标本室、气象站、宣传画廊、植物园等建设成宣传、推进、实施生态文明教育的重要载体，构筑适合农村学生成长与发展的育人环境。

思考与探索

1. 你认为校园生态文明教育在培育弘扬生态文化过程中发挥着怎样的作用？
2. 结合生态校园建设的评价标准，谈谈推动建设生态校园应该从哪些方面发力？

四、大学生生态文明教育实践

大学生作为公众步入社会的最后一环，决定着全国生态文明意识行动提升的效果。因此，在推动生态文明建设、提升生态文明意识的过程中，大学生生态文明教育越发被关注和重视。生态文明教育发挥了普及生态文明知识、启发生态文明思想、推动生态文明建设等重要作用，其内涵丰富、意义深远，已经逐渐成为我国学校教育尤其是大学生素质文化教育的重要内容。高校肩负着培养社会主义建设者和接班人的重任，大学生是祖国的未来和希望，加强大学生生态文明教育，关系着一代代青年人牢固树立生态文明思想，关系着美丽中国梦想的实现。

（一）大学生生态文明教育现实意义

1．加强大学生生态文明教育是贯彻习近平生态文明思想的必然要求

引导大学生学习习近平新时代中国特色社会主义思想，就必然要学习习近平生态文明思想。思想认识的提升来源于理论的坚定，要想让大学生牢固树立生态文明理念，自觉投身于生态文明建设，必须加强生态文明理论的学习。学习习近平生态文明思想，可以帮助大学生系统地了解其起源、内涵和外延。习近平总书记对生态文明建设的相关论述结合中国实际、放眼全球，致力于推动人类可持续发展和中华民族的永续发展，语言生动、思想深刻，是进行生态文明教育的生动教材。因此，加强大学生生态文明教育，是贯彻落实习近平生态文明思想的必然要求，加强大学生生态文明教育，要以习近平生态文明思想为核心。

2．生态文明教育是激发大学生使命感和责任感的重要支撑

发展中的不平衡和不充分问题其实也包括经济快速发展所带来的环境问题，未来的发展不能是以破坏生态环境为代价的发展。因此，建设美丽中国，必须加强生态文明教育。当代大学生成长于我国经济快速发展的时期，大多数学生没有经历过困苦磨难，他们缺乏社会经验，对社情、国情了解不够深入，部分学生缺乏社会责任感和担负起民族复兴重任的使命感。生态文明建设已经被列为我国"五位一体"总体布局，是大学生了解社情、国情的重要组成部分。在大学生中加强生态文明教育，可以让当代大学生充分认识和深刻领会当前我国社会主要矛盾的内涵，正确看待我国面临的生态环境问题，理解人与自然和谐共生的生态理念，牢固树立"绿水青山就是金山银山"理念，进而激发大学生建设美丽中国的时代责任感和使命感。

3．生态文明教育可以为美丽中国建设凝聚青年力量

建设富强民主文明和谐美丽的社会主义现代化强国，需要一代代青年人的接续奋斗，如果当代大学生没有树立生态文明理念，建设美丽中国的目标将后继无人。美丽中国建设，既需要懂环境污染治理和生态文明建设的专业人才，更需要全民的参与。生态文明教育的内容丰富、受众广，生态文明教育是以科学发展观为指导，以社会和谐为出发点，针对全人类、全社会开展的教育活动。而青年大学生作为美丽中国建设的中坚力量，应该首先成为生态文明教育的受教育者，进而成为宣传生态文明理念的教育者。在大学生中加强生态文明教育，不但可以让学习环境和生态专业的大学生坚定专业信念，投身于

环境保护的科学研究，解决我国切实存在的环境问题，还可以让更多大学生树立生态文明理念，成为生态文明理念的宣讲者，成为未来每个小家庭的生态文明理念的教育者，带动整个社会，提升民众的生态文明理念，人人参与生态文明建设。因此，加强大学生生态文明教育可以为美丽中国建设凝聚青年力量，也是大学生思想政治教育的重要内容。

（二）大学生生态文明教育实践路径

1. 打造生态文明教育的高校建设理念

第一，高校应集思广益、拓宽思路，结合自身的校园环境特点、传统优势和文化底蕴，找到推广生态文明教育的校园建设切入点，打造出具有高校特色的生态文明教育校园理念。如部分高校自然环境优美、部分高校楼宇设备节能环保、部分高校具有绿色校园建设的传统、部分高校有相关学科的优势，这些都可以成为推广生态文明教育的校园建设理念。

第二，要将生态文明的理念融入校园建设的各个环节。校园建设的硬件和软件都要融入生态环保元素，楼宇节能设计、宿舍环保规划、垃圾分类处理、废水循环利用、清洁能源使用，在校园建设的每个环节体现生态环保理念。要加强校园文化渲染，在宿舍文化建设、教学楼文化建设和食堂文化建设中融入生态环保理念。

第三，要加强校园生态环保理念的宣传推广。要加强环境的营造和宣传，充分利用宣传栏、电子屏等校园宣传设施加强校园生态理念的宣传。要像开展校史教育一样，自学生入学起就加强校园生态环保理念的宣传教育，伴随学生的成长发展逐渐将这种理念内化为学生的主观意识和自觉行动。

2. 构建生态文明教育的高校课程体系

课堂主渠道仍然是开展生态文明教育、加强学生思想政治教育的重要途径。

第一，要积极构建生态文明教育的课程体系。可以从理论基础、历史脉络、生态伦理、科学创新等多个领域更加系统地做好课程传授，通过系列课程让学生更加系统地学习生态文明理念。尤其要以习近平生态文明思想为指导思想，基于高校相关学科优势，科学合理地设计课程，融入思政元素，组建师资队伍，研讨课程内容，形成课程体系。

第二，合理设计课程模式。多数高校的生态文明教育课程以选修课为主，也有一些是系列讲座，在班级设置上大班教学和小班教学相结合，这些都值得借鉴。为了更好地取得教育效果，科普和概论性课程建议采取大班教学，拓宽学生的受众面，在课程讨论实践环节建议采取小班教学，让学生得到充分的实践锻炼，在互动中提升对生态文明的理解认识。

第三，加强课程的研讨和交流。定期做好课程调研，了解学生对生态文明相关课程的学习情况和授课效果，对授课方式和讲授内容做及时调整，同时要加强课程内容研讨，紧跟生态文明发展的最新动态对授课内容进行调整。学校间加强生态文明课程的交流研讨，聘任在相关课程教学中经验丰富的教师来校为学生授课，也可通过课程的交流研讨会实现优质课程资源共享。

3. 搭建生态文明教育的大学生参与平台

生态文明教育需要学生的实践，无论是课程实践、服务实践、社会公益实践还是科学研究实践，都需要高校主动为学生搭建平台。

第一，充分利用第二课堂开展生态环保类课外活动。一方面高校要主动设计开展围绕生态环保相关的课外活动，如以"世界地球日"等环保纪念日为切入点开展相应的节能宣传活动；另一方面也可以充分发挥环保社团等学生组织的作用，安排专门的指导教师做好社团指导工作，开展主题鲜明、内容活泼、积极向上的课外活动，引导更多学生参与环保实践。

第二，开展各类生态环保相关的创新创业大赛。一方面可以在各高校已有的课外学术创新大赛和创业大赛中单独设计生态环保选题，另一方面可以积极筹划开展生态环保类的创新创业大赛，在促进学生专业学习、提升创新创业能力的同时引导更多学生关注生态文明建设，自觉将所学知识应用于服务国家生态文明建设中。

第三，为学生提供参与绿色校园建设的平台。学生们在参与过程中了解绿色校园建设理念，将所学知识应用于实际应用，不但可以提升学生的专业学习能力，更将生态文明思想根植于学生内心，在服务校园建设中树立生态文明发展观。

4. 聚合生态文明教育的社会资源

生态文明教育需要家庭、学校、企业、社会的协同，进而形成教育的合力。

第一，加强与生态环保相关企业的合作，建立生态文明教育实践基地。一方面，可以带领学生到相关企业实习参观，了解环境污染治理的过程，帮助学生客观认识企业需求，了解环保领域的最新动态；另一方面，也可以加强高校与企业的产学研合作，为学生提供参与解决实际环保问题的实践机会，自觉投身于生态文明建设中。

第二，加强各高校生态文明教育的资源共享。一方面，高校可以聘请生态文明教育的校外导师，既包括兄弟高校的专家、学者，也包括企业中具有丰富经验的工程技术人员；另一方面，可以经常性地举办交流研讨会来促进生态文明教育的资源共享。

第三，争取当地政府和企业等对高校生态文明教育的支持。通过企业捐赠等形式设立生态环保类奖学金，有针对性地奖励生态文明建设在学术科研、创新创业和公益服务方面有积极贡献的学生，吸引更多学生参与生态文明建设。

（三）典型案例

1. 清华大学生态文明教育的"三位一体"模式

清华大学是国内较早系统开展大学生生态文明教育的高校，教育成效显著，具有借鉴意义。清华大学的生态文明教育"三位一体"模式包含了课程教育、实践教育和文化教育三个方面。在课程教育方面，自 1998 年提出建设绿色大学起，清华大学就开始积极开展绿色课程的建设工作，全校的绿色课程曾达到 200 多门。自 2005 年起，清华大学开设了《生态文明十五讲》，该课包括大班理论课和小班实践课两个环节。课程由清华大学生态文明研究中心的十余名专家、学者为学生分析生态文明建设的有效途径和创新方向，涵盖了生态文明的基础理论、历史发展脉络、工业领域的生态文明实践等内容。实践教育方面，清华大学以绿色校园为载体，充分发挥校园的育人功能，开发打造了生态文明实践项目。如引入"校园实验室"项目，围绕学校节能减排和实验教学开展创新设计大赛，通过参与校园实践引导学生领悟绿色校园建设的含义，进而推进生态文明教育。文化教育方面，清华大学将生态文明概念融入学生入学教育、校园文化活动和毕业主题教育的各个环节，营造良好的绿色校园文化。如"绿色嘉年华""绿色生活校园游"等活动，吸引广大学生的积极参与，润物无声地浸润学生心灵。

2. 南开大学生态文明研究院统筹生态文明教育

南开大学 2015 年成立了生态文明研究院，该研究院有多学科交叉群，其一项重要目标定位就是中国传统生态文化与当代生态文明社会宣教，对于统筹和实施生态文明宣讲教育起到了重要的推动作用。在课程和讲座方面，举办了"生态文明大家谈"系列讲座并建立了生态文明慕课；在推动学生参与生态文明实践方面，举办了首届全国青年环保风云会和第四届东亚环境史学大会，发起成立了京津冀大学生生态文明联盟，为各高校关注生态环保的学生搭建了交流学习的平台，为推动生态文明建设聚合青年力量。在首届全国青年环保风云会上，提出了"生态文明与青年责任"这一议题，就是为了号召更多青年大学生认识到建设美丽中国离不开青年学生的参与，不仅是相关专业的学生们在科学研究领域的创新研究，也包括发动更多青年学生参与到生态文明的宣教、环保公益活动的推广和带动更多民众自觉参与到生态环境保护行动中。该研究院还发起建立了生态文明教育联盟，其目标就是实现全国高校师生在生态文明科研教育方面的深度交流、资源共享，创造更多供师生交流、合作、互动的平台。

典型案例：中国高校生态文明教育联盟

2018 年 5 月，伴随着由清华大学创作、南开大学学生合唱团倾情演唱的《生态文明之歌》，南开大学、清华大学、北京大学三校首倡的中国高校生态文明教育联盟正式成立，国内 150 余所高校加盟，旨在以生态文明理念化育人心、引导实践，构建高校生态文明教育体系，带动和引导全民生态文明教育，肩负起培育生态文明一代新人的新使命、新任务。

当天，清华大学钱易院士、北京大学唐孝炎院士和龚克分别作了《公共课〈环境保护与可持续发展〉〈生态文明十五讲〉教学体会》《从环境问题到生态文明》《担起生态文明教育的历史责任　培养建设美丽中国的一代新人》的主旨报告。

思考与探索

1. 作为大学生，你认为自身在日常学习生活中可以从哪些方面弘扬生态文化？
2. 你认为现阶段高校生态文明教育有何不足？你有哪些建议？

参考文献

[1] 胡伯项. 培育弘扬生态文化[N]. 光明日报，2024-02-19.

[2] 李甲亮. 大学生绿色教育导论[M]. 徐州：中国矿业大学出版社，2015.

[3] 余谋昌. 生态文化是一种新文化[J]. 长白学刊，2005（1）：99-104.

[4] 高志强，郭丽君. 学校生态学引论[M]. 北京：经济管理出版社，2015.

[5] 胡长生. 培育生态文化　支撑生态文明[N]. 学习时报，2019-09-05.

[6] 张士霞. 大力弘扬生态文化　共同建设美丽中国[N]. 中国环境报，2023-11-10.

[7] 白瑞雪. 汲取中华优秀传统文化中蕴含的生态智慧[N]. 光明日报，2022-12-12.

[8] 赵建军. 中华优秀传统生态文化的创造性转化创新性发展[N]. 人民日报，2022-07-18.

[9] 刘荣昆. 民族生态文化特征辨析[J]. 广西社会科学，2018（3）：178-184.

[10] 蒋洪强，董志芬，吴文俊. 让生态文明之花绚丽地绽放在民族地区[N]. 光明日报，2021-11-20.

[11] 徐浩，徐新华，杨百忍. 生态文明教育融入高校校园文化途径探讨[J]. 环境教育，2023（12）：50-53.

[12] 线联平. 以生态文明教育为主线，加快生态校园建设. 人民网，2020-10-26.

[13] 各地各校深入开展生态文明教育，引导广大学生——努力成为美丽中国建设参与者和推动者[N]. 人民日报，2023-12-17.

[14] 马丽娇. 加强大学生生态文明教育的有效途径探索[J]. 教育进展，2021，11（4）：1109-1115.

第八章

完善生态文明制度

党的十八大以来，全国人大及其常委会认真实施宪法关于生态文明的规定，加快生态环境资源保护立法修法步伐，不断健全生态文明制度体系，用最严格的制度、最严密的法治划定生态红线，守护绿水青山，推动美丽中国建设。2023年12月，《中共中央　国务院关于全面推进美丽中国建设的意见》发布，其中第九部分"健全美丽中国建设保障体系"中突出强调了改革完善体制机制。

2018年3月，十三届全国人大一次会议通过《宪法》修正案，将生态文明写入《宪法》。我国已有生态环境保护法律30余部、行政法规100多件、地方性法规1 000余件，还有其他大量涉及生态环境保护的法律法规规定，为形成并完善生态文明制度体系打下了坚实基础。中国特色社会主义生态环境保护法律体系包括《环境保护法》、《生物安全法》等综合性法律，针对大气、水、土壤、固体废物、噪声、放射性等污染防治的专门法律，涉及防沙治沙、水土保持、野生动物保护等环境和生物多样性保护的法律，森林、草原、湿地等资源保护的法律，《长江保护法》、《黄河保护法》、《黑土地保护法》、《青藏高原生态保护法》等流域性、区域性生态环保法律。

我国生态文明制度体系加快形成，已经建立起生态文明制度的"四梁八柱"，生态文明体制中源头严防、过程严管、损害赔偿、后果严惩等基础性制度框架初步建立。党的十九届四中全会从实行最严格的生态环境保护制度、全面建立资源高效利用制度、健全生态保护和修复制度、严明生态环境保护责任制度四个方面，提出了坚持和完善生态文明制度体系的努力方向和重点任务。

党的十九届四中全会

《中共中央关于坚持和完善中国特色社会主义制度　推进国家治理体系和治理能力现代化若干重大问题的决定》（节选）

十、坚持和完善生态文明制度体系，促进人与自然和谐共生

生态文明建设是关系中华民族永续发展的千年大计。必须践行绿水青山就是金山银山的理念，坚持节约资源和保护环境的基本国策，坚持节约优先、保护优先、自然恢复为主

的方针，坚定走生产发展、生活富裕、生态良好的文明发展道路，建设美丽中国。

（一）实行最严格的生态环境保护制度。坚持人与自然和谐共生，坚守尊重自然、顺应自然、保护自然，健全源头预防、过程控制、损害赔偿、责任追究的生态环境保护体系。加快建立健全国土空间规划和用途统筹协调管控制度，统筹划定落实生态保护红线、永久基本农田、城镇开发边界等空间管控边界以及各类海域保护线，完善主体功能区制度。完善绿色生产和消费的法律制度和政策导向，发展绿色金融，推进市场导向的绿色技术创新，更加自觉地推动绿色循环低碳发展。构建以排污许可制为核心的固定污染源监管制度体系，完善污染防治区域联动机制和陆海统筹的生态环境治理体系。加强农业农村环境污染防治。完善生态环境保护法律体系和执法司法制度。

（二）全面建立资源高效利用制度。推进自然资源统一确权登记法治化、规范化、标准化、信息化，健全自然资源产权制度，落实资源有偿使用制度，实行资源总量管理和全面节约制度。健全资源节约集约循环利用政策体系。普遍实行垃圾分类和资源化利用制度。推进能源革命，构建清洁低碳、安全高效的能源体系。健全海洋资源开发保护制度。加快建立自然资源统一调查、评价、监测制度，健全自然资源监管体制。

（三）健全生态保护和修复制度。统筹山水林田湖草一体化保护和修复，加强森林、草原、河流、湖泊、湿地、海洋等自然生态保护。加强对重要生态系统的保护和永续利用，构建以国家公园为主体的自然保护地体系，健全国家公园保护制度。加强长江、黄河等大江大河生态保护和系统治理。开展大规模国土绿化行动，加快水土流失和荒漠化、石漠化综合治理，保护生物多样性，筑牢生态安全屏障。除国家重大项目外，全面禁止围填海。

（四）严明生态环境保护责任制度。建立生态文明建设目标评价考核制度，强化环境保护、自然资源管控、节能减排等约束性指标管理，严格落实企业主体责任和政府监管责任。开展领导干部自然资源资产离任审计。推进生态环境保护综合行政执法，落实中央生态环境保护督察制度。健全生态环境监测和评价制度，完善生态环境公益诉讼制度，落实生态补偿和生态环境损害赔偿制度，实行生态环境损害责任终身追究制。

一、实行最严格的生态环境保护制度

为解决生态破坏、环境污染以及资源浪费的问题，一要健全源头预防、过程控制、损害赔偿、责任追究的生态环境保护体系。加强对生态环境的全程保护，建立生产、生活、生态三方综合立体的源头防控，构建事前预防、过程监督和事后追责的生态保护机制。二要完善污染防治区域联动机制和陆海统筹的生态环境治理体系。在尊重行政管理区域独立性与自然生态环境整体性的基础上，科学把握山水林田湖草的共生性、各种污染物的交互作用以及水、气、土跨界交互污染等客观规律，发挥陆海间、区域间、部门间的联动作用，解决生态环境治理过程中不统一、不协调、不一致的问题。三要完善绿色生产和消费的法律制度和政策导向，统筹推进绿色生产和消费领域的法律法规工作。全面废除现行法律法规中与绿色发展不相适应的内容，及时调整不符合新时代生态文明建设的条款，完善地方性生态环境保护法律规章制度。完善绿色产业发展支持政策，引导社会资本投入绿色产业发展领域。

（一）健全国土空间用途管控制度

建立全国统一、权责清晰、科学高效的国土空间规划体系，整体谋划新时代国土空间开发保护格局，综合考虑人口分布、经济布局、国土利用、生态环境保护等因素，科学布局生产空间、生活空间、生态空间，是加快形成绿色生产和生活方式、推进生态文明建设、建设美丽中国的关键举措，是保障国家战略有效实施、促进国家治理体系和治理能力现代化的必然要求。

扎实有效推进国土空间规划体系建设，要求体现国家意志和国家发展规划的战略性，自上而下编制各级国土空间规划，落实国家安全战略、区域协调发展战略和主体功能区战略，明确空间发展目标，优化城镇化格局、农业生产格局、生态保护格局，确定空间发展策略，高标准绘制全国国土空间开发保护"一张图"。尽快将主体功能区规划、土地利用规划、城乡规划等空间规划融入国土空间规划，真正实现"多规合一"，在一张底板上把各方面的规划整合进去，解决好各类规划不衔接、不协调的问题。此外，还要坚持节约优先、保护优先、自然恢复为主的方针，在资源环境承载能力和国土空间开发适宜性评价的基础上，科学有序统筹布局生态、农业、城镇等功能空间，划定落实好生态保护红线、永久基本农田、城镇开发边界等空间管控边界以及各类海域保护线，强化底线约束，注重留白，立足长远，为子孙后代留有空间，促进人与自然和谐共生。

在分类分级建立的国土空间规划中，全国国土空间规划是全国国土空间保护、开发、利用、修复的政策和总纲，省级国土空间规划是对全国国土空间规划的落实，市县和乡镇国土空间规划是对本行政区域开发保护作出的具体安排。专项规划包括海岸带、自然保护地、文物保护、生态环境保护，以及交通、能源、水利、农业、信息、市政等基础设施，公共服务设施，军事设施等。详细规划是对具体地块用途和开发建设强度等作出的实施性安排，是开展国土空间开发保护活动、实施国土空间用途管制、核发城乡建设项目规划许可、进行各项建设等的法定依据。

健全国土空间用途管控制度，要健全法律和制度保障，加快国土空间规划立法，重构技术标准体系。强化规划实施监督，严肃查处各类违反规划的开发建设行为。规划一经批准必须严格执行，确保严肃性、权威性。下级国土空间规划服从上级国土空间规划，相关专项规划、详细规划服从总体规划，不得违反国土空间规划进行各类开发建设活动。

要以国土空间规划为依据，对所有国土空间分区分类实施用途管制。在城镇开发边界内的建设，实行"详细规划+规划许可"的管制方式；在城镇开发边界外的建设，按照主导用途分区，实行"详细规划+规划许可"和"约束指标+分区准入"的管制方式。对以国家公园为主体的自然保护地、重要海域和海岛、重要水源地、文物等实行特殊保护制度。依托国土空间基础信息平台，建立健全国土空间规划动态监测评估预警和实施监管机制。健全资源环境承载能力监测预警长效机制，建立国土空间规划定期评估制度，结合国民经济社会发展实际和规划定期评估结果，对国土空间规划进行动态调整完善。

（二）健全生态环境保护制度体系

1. 生态环境规划制度

生态环境规划（ecological environmental planning）是人类为使生态环境与经济社会协调发展而对自身活动和环境所做的时间和空间的合理安排。它是以社会经济规律、生态规律、地学原理和数学模型方法为指导，研究与把握社会—经济—环境生态系统在一个较长时间内的发展变化趋势，提出协调社会经济与生态环境相互关系可行性措施的一种科学理论和方法。

生态环境规划是模拟自然环境而进行的人为规划，其目的是实现人与自然的和谐发展，有计划地保育和改善生态系统的结构和功能。首先，生态规划要以人为本。生态规划强调从人的生活、生产活动与自然环境和生态过程的关系出发，追求人与自然的和谐。其次，生态规划要以资源环境承载力为前提。生态规划要求充分了解系统内部资源与自然环境的特征，并在此基础上确定科学合理的资源开发利用规划。最后，生态规划目标要从优到适。生态规划是基于一种生态思维方式，采用进化式的动态规划，引导一种实现可持续发展的过程。

我国对生态环境规划的定义为：生态环境规划是运用整体优化的系统论观点，调查规划区域内城乡生态系统的人工生态因子和自然生态因子的动态变化过程和相互作用特征，研究物质循环和能量流动的途径，进而提出资源合理开发利用、环境保护和生态建设的规划对策。其目的在于促进区域与城市生态系统的良性循环，保持人与自然、人与环境关系的持续共生、协调发展，追求社会的文明、经济的高效和生态环境的和谐。从区域或城市人工复合生态系统的特点、发展趋势和生态规划所应解决的问题来看，生态规划不仅限于土地利用规划，而应是以生态学原理和城乡规划原理为指导，应用环境科学、系统科学等多学科的手段辨识、模拟和设计人工复合生态系统内的各种生态关系、确定资源开发利用与保护的生态适宜度，探讨改善系统结构与功能的生态建设对策，促进人与环境关系持续协调发展的一种规划方法。

"合理布局，规划先行。"生态环境规划是各方面在一定时期内开展生态环境保护工作的总目标和路线图。生态环境规划本质上是克服盲目性和主观随意性的科学决策活动，是在时间、空间上的总体布局和具体安排。制定生态环境规划，可以实现顶层设计，有利于从源头预防生态破坏和环境污染，进而推动形成绿色生产和生活方式，促进人与自然和谐发展。目前，我国形成了以国家发展规划为统领，以生态环境保护规划为基础，以专项规划、流域规划等为支撑的生态环境规划体系。

2．生态环境标准制度

环境标准是环境领域需要统一的各项技术要求。环境标准在国家的环境管理中起着重要的作用。环境标准以科学研究成果和实践经验为依据，具有科学性和可实施性，是环境目标、环境评价、环境监测以及环境执法的基础和依据。

（1）按执行范围分类

①国家生态环境标准：在全国范围或者标准指定区域范围执行。其包括国家生态环境质量标准、国家生态环境风险管控标准、国家污染物排放标准、国家生态环境监测标准、国家生态环境基础标准及国家生态环境管理技术规范。

②地方生态环境标准：在发布该标准的省、自治区、直辖市行政区域范围或者标准指定区域范围执行。其包括地方生态环境质量标准、地方生态环境风险管控标准及地方污染物排放标准。

地方生态环境标准可以对国家相应标准中未规定的项目作出补充规定，也可以对国家相应标准中已规定的项目作出更加严格的规定。

（2）按标准功能分类

①生态环境质量标准：包括生态环境质量标准、生态环境风险管控标准。

生态环境质量标准：为保护生态环境，保障公众健康，增进民生福祉，促进经济社会可持续发展，限制环境中有害物质和因素，制定生态环境质量标准。其按照环境要素分为大气环境质量标准、水环境质量标准、海洋环境质量标准、声环境质量标准、核与辐射安全基本标准。分国家和地方生态环境质量标准两级，在执行国家级生态环境质量标准不能改善区域环境质量时，则可以根据本地区实际情况的需要制定严于国家标准的地方性生态环境质量标准。国家环境质量标准中未作规定的项目，制定地方性生态环境质量标准。国家环境质量标准中已作规定的项目，制定严于国家标准的地方性生态环境质量标准。

生态环境风险管控标准：为保护生态环境，保障公众健康，推进生态环境风险筛查与分类管理，维护生态环境安全，控制生态环境中的有害物质和因素，制定生态环境风险管控标准。其包括土壤污染风险管控标准以及法律法规规定的其他环境风险管控标准。分国家和地方生态环境风险管控标准两级。

②污染控制标准：为改善生态环境质量，控制排入环境中的污染物或者其他有害因素，根据生态环境质量标准和经济、技术条件，制定污染物排放标准。污染物排放标准包括大气污染物排放标准、水污染物排放标准、固体废物污染控制标准、环境噪声排放控制标准和放射性污染防治标准等。

水和大气污染物排放标准，根据适用对象分为行业型、综合型、通用型、流域（海域）或者区域型污染物排放标准。行业型污染物排放标准适用于特定行业或者产品污染源的排放控制；综合型污染物排放标准适用于行业型污染物排放标准适用范围以外的其他行业污染源的排放控制；通用型污染物排放标准适用于跨行业通用生产工艺、设备、操作过程或者特定污染物、特定排放方式的排放控制；流域（海域）或者区域型污染物排放标准适用于特定流域（海域）或者区域范围内的污染源排放控制。

污染物排放标准分国家和地方污染物排放标准两级。国家污染物排放标准是对全国范围内污染物排放控制的基本要求。地方污染物排放标准是地方为进一步改善生态环境质量和优化经济社会发展，对本行政区域提出的国家污染物排放标准补充规定或者更加严格的规定。

③管理标准：包括生态环境监测标准、生态环境基础标准、生态环境管理技术规范。

生态环境监测标准：为监测生态环境质量和污染物排放情况，开展达标评定和风险筛查与管控，规范布点采样、分析测试、监测仪器、卫星遥感影像质量、量值传递、质量控制、数据处理等监测技术要求，制定生态环境监测标准。生态环境监测标准包括生态环境监测技术规范、生态环境监测分析方法标准、生态环境监测仪器及系统技术要求、生态环境标准样品等。生态环境监测技术规范应当包括监测方案制订、布点采样、监测项目与分析方法、数据分析与报告、监测质量保证与质量控制等内容。生态环境监测分析方法标准应当包括试剂材料、仪器与设备、样品、测定操作步骤、结果表示等内容。生态环境监测仪器及系统技术要求应当包括测定范围、性能要求、检验方法、操作说明及校验等内容。

生态环境基础标准：为统一规范生态环境标准的制定技术工作和生态环境管理工作中具有通用指导意义的技术要求，制定生态环境基础标准，包括生态环境标准制定技术导则，生态环境通用术语、图形符号、编码和代号（代码）及其相应的编制规则等。制定生态环境标准技术导则，应当明确标准的定位、基本原则、技术路线、技术方法和要求，以及对标准文本及编制说明等材料的内容和格式要求。制定生态环境通用术语、图形符号、编码和代号（代码）编制规则等，应当借鉴国际标准和国内标准的相关规定，做到准确、通用、可辨识，力求简洁易懂。

生态环境管理技术规范：为规范各类生态环境保护管理工作的技术要求，制定生态环境管理技术规范，包括大气、水、海洋、土壤、固体废物、化学品、核与辐射安全、声与振动、自然生态、应对气候变化等领域的管理技术指南、导则、规程、规范等。制定生态环境管理技术规范应当有明确的生态环境管理需求，内容科学合理，针对性和可操作性强，有利于规范生态环境管理工作。生态环境管理技术规范为推荐性标准，在相关领域环境管理中实施。

（3）按执行强度分类

按执行强度分类可分为强制性环境标准和推荐性环境标准两类。国家和地方生态环境质量标准、生态环境风险管控标准、污染物排放标准和法律法规规定强制执行的其他生态环境标准，以强制性标准的形式发布。法律法规未规定强制执行的国家和地方生态环境标准，以推荐性标准的形式发布。但如果推荐性环境标准被强制性生态环境标准或者规章、行政规范性文件引用并赋予其强制执行效力，被引用的内容必须执行，推荐性生态环境标准本身的法律效力不变。

3．环境影响评价制度

环境影响评价是环境管理的第一道闸门，对于贯彻以预防为主的原则，控制污染增量无序发展发挥着极为重要的作用。环境影响评价包括规划环境影响评价和建设项目环境影响评价。党的十八大以来，生态环境保护立法加强和完善了该项制度，包括强化规划环评的源头预防作用，规划的环评结论应当作为建设项目环评的重要依据；将环境影响登记表由审批制改为备案制，优化相关审批流程，提高行政效率；对"未批先建"出重拳，对"未批先建"违法行为由定额罚款修改为按照建设项目总投资额 1%以上 5%以下给予罚款，拒绝停建的，可给予拘留。

环境影响评价制度是指在进行建设活动之前，对建设项目的选址、设计和建成投产使用后可能对周围环境产生的不良影响进行调查、预测和评定，提出防治措施，并按照法定程序进行报批的法律制度。环境影响评价制度，是实现经济建设、城乡建设和环境建设同步发展的主要法律手段。建设项目不但要进行经济评价，而且要进行环境影响评价，科学地分析开发建设活动可能产生的环境问题，并提出防治措施。通过环境影响评价，可以为建设项目合理选址提供依据，防止由于布局不合理给环境带来难以消除的损害；通过环境影响评价，可以调查清楚周围环境的现状，预测建设项目对环境影响的范围、程度和趋势，提出有针对性的环境保护措施；环境影响评价还可以为建设项目的环境管理提供科学依据。

（1）应用范围

环境影响评价的范围，一般是限于对环境质量有较大影响的各种规划、开发计划、建设工程等。美国《国家环境政策法》规定，对人类环境质量有重大影响的每一项建议或立法建议或联邦的重大行动，都要进行环境影响评价。在法国，除城市规划必须作环境影响评价外，其他项目根据规模和性质的不同分为三类：必须作正式影响评价的大型项目，如以建设城市、工业、开发资源为目的的造地项目，占地面积 3 000 平方米以上或投资超过 600 万法郎的有关项目等；须作简单影响说明的中型项目，如已批准的矿山调查项目，500 千瓦以下的水利发电设备等；可以免除影响评价的项目，即对环境无影响或影响极小的建设项目。法国政府在 1977 年公布的 1141 号政令附则中，详细列举了三类不同项目的名单。在立法上这比使用"对环境有重大影响"这样笼统的概念要明确得多。有些国家或地方政府对适用环境影响评价的范围规定得较为广泛。瑞典的《环境保护法》规定，凡是产生污染的项目都须事先得到批准，对其中使用较大不动产（土地、建筑物和设备）的项目，则要进行环境影响评价。美国加利福尼亚州 1970 年《环境质量法》规定，对所有建设项目都要作环境影响评价。根据美国有关法律的规定，应该进行影响评价的项目，在两种特殊情况下可不进行，一种是法律另有专门规定的；另一种是为处理某种紧急事态而采取的措施或依法进行的特殊行为，如环境保护部门为保护环境采取的行动、国防和外交方面某些秘密事项等。

（2）评价内容

环境影响评价的内容，各国规定虽不一致，但一般都包括下述几项基本内容：①建设方案的具体内容；②建设地点的环境本底状况；③方案实施后对自然环境（包括自然资源）和社会环境将产生哪些不可避免的影响；④防治环境污染和破坏的措施和经济技术可行性论证意见。美国《国家环境政策法》对评价内容还规定了各种选择方案，以便进行比较和筛选。在实行计划管理的国家，如德意志民主共和国要求环境影响评价制度与国民经济计划相结合；其 1972 年《投资分配法》规定，各种投资计划必须包括环境影响报告，内容要有：①工程对环境的影响；②计划中消除或减轻有关环境污染的措施；③与废物相联系的潜在污染以及消除和综合利用废物的措施。

（3）评价程序

环境影响评价的程序，一般为：①由开发者首先进行环境调查和综合预测（有的委托专门顾问机构或大学、科研单位进行），提出环境影响报告书。②公布报告书，广泛听取公众和专家的意见。对于不同意见，有的国家规定要举行"公众意见听证会"。③根据专家和公众的意见，对方案进行必要的修改。④主管当局最后审批。

4. "三同时"制度

"三同时"制度是我国出台最早的一项环境管理制度。该制度是中国的独创，是在中国社会主义制度和建设经验的基础上提出来的，是具有中国特色并行之有效的环境管理制度。"三同时"制度是我国环境保护工作的一个创举，是在总结我国环境管理实践经验的基础上，由我国法律所确认的一项重要的环境保护法律制度。这项制度最早规定于1973 年的《关于保护和改善环境的若干规定（试行草案）》，在 1979 年的《环境保护法（试行）》中作了进一步规定。此后的一系列环境法律法规也都重申了"三同时"制度。

1986 年颁布的《建设项目环境保护管理办法》对"三同时"制度作了具体规定，1998 年对该办法作了修改并新颁布了《建设项目环境保护管理条例》，并对"三同时"制度作了进一步的具体规定。

（1）主要内容

在建设项目正式施工前，建设单位必须向环境保护行政主管部门提交初步设计中的环境保护篇章。在环境保护篇章中必须落实防治环境污染和生态破坏的措施以及环境保护设施投资概算。环境保护篇章经审查批准后，才能纳入建设计划，并投入施工。建设项目的主体工程完工后，需要进行试生产的，其配套建设的环境保护设施必须与主体工程同时投入试运行。

建设项目竣工后，建设单位应当向审批该建设项目环境影响报告书（表）的环境保护行政主管部门，申请该建设项目需要配套建设的环境保护设施竣工验收。环境保护设施竣工验收应当与主体工程竣工验收同时进行。需要进行试生产的建设项目，建设单位应当自建设项目投入试生产之日起 3 个月内，向审批该建设项目环境影响报告书（表）的环境保护行政主管部门申请验收该建设项目配套建设的环境保护设施。分期建设、分期投入生产或者使用的建设项目，其相应的环境保护设施应当分期验收。环境保护行政主管部门应当自收到环境保护设施竣工验收申请之日起 30 日内出具竣工验收手续，逾期未办理的，责令停止试生产，并可以处 5 万元以下的罚款。对建设项目需要配套建设的环境保护设施未建成、未经验收或者经验收不合格，主体工程正式投入生产或者使用的，由审批该建设项目环境影响报告书（表）的环境保护行政主管部门责令停止生产或者使用，并可以处 10 万元以下的罚款。

（2）主要特征

①主体的特征性。"三同时"制度适用的主体是所有从事对环境有影响的建设项目的单位，包括从事一切新建、扩建、改建和技术改造项目的主体，同时也包括区域开发建设项目以及中外合资、中外合作、外商独资的引进项目的主体等。"三同时"制度不像其他制度那样具有适用的广泛性，其只适用于环境保护管理的某一个方面，调整在建设项目的新建、扩建、改建过程中发生的对环保设施的设计、施工和投产使用过程中发生的某一特定部分或方面的社会关系，因此其适用的主体是特定的。

②范围的广泛性。凡是在中华人民共和国领域内的工业、交通、水利、农林、商业、卫生、文教、科研、旅游、市政、机场等从事对环境有影响的建设项目都要实行"三同时"制度。环境问题的多样性和综合性决定了"三同时"制度适用范围必然具有广泛性。"三同时"制度重在预防产生新的环境问题，"三同时"制度保护的是整个人类赖以生存的生活环境和生态环境，而不是只保护某一集团或某一个人的生活环境和生态环境。其预防保护对象包括大气、水、海洋、土地、矿藏、森林、草原、野生生物、自然遗迹、

人文遗迹、自然保护区、风景名胜区、城市和乡村等环境要素，凡是可能损害这些环境要素的建设项目都必须实行"三同时"制度。

③依靠行政手段实施。行政手段是指国家通过行政机构，采取带强制性的行政命令、指示、规定等措施，来管理环境的手段。这一手段在运用中具有以下几个特征：一是权威性。行政手段以权威和服从为前提，行政命令接受率的高低在很大程度上取决于行政主体的权威大小。提高领导者的权威有助于提高行政手段的有效性。二是强制性。行政强制要求人们在行动目标上必须服从统一的意志，上级发出的命令、指示、决定等，下级必须坚决服从和执行。三是垂直性。行政指示、命令是按行政组织系统的层级纵向直线传达，强调上下级的垂直隶属关系，横向结构之间一般无约束力。四是具体性。一定的行政命令、指示只在特定时间对特定对象起作用，事件、时间、地点都是具体的。五是非经济利益性。行政主体与行政对象之间的关系不是经济利益关系，而是一种无偿的行政统辖关系，两者之间不存在经济利益利害关系。六是封闭性。行政方法依靠行政组织和行政机构，以行政区划和行政系统的条块为实施基础，具有系统的内化约束力，因而产生封闭性。

④科学技术性。环境法本身是一门科学技术性很强的学科。科学技术是环境法产生的原因和发展的动力，科学技术的发展使人类拥有了利用和改造自然环境的能力，而对科学技术的不当利用导致资源浪费、环境污染和生态破坏等一系列问题。人类终于清醒地认识到环境保护的重要性，并且意识到这是一项科学技术性很强的事业，要通过环境法调整一定领域的社会关系来协调人与自然的关系。要依照客观的自然规律改造大自然，没有严肃的科学态度和严格的技术准则是无法实现的，环境问题是由于科学技术的不当使用造成的，"三同时"制度是为防止环境问题的产生而设计的一项制度，其本身的实施需要科学技术来保障，以各有关自然科学的技术成果为基础。如为防治污染而规定的生产工艺要求、为防污设施规定的性能要求、为某种污染物的排放规定的特殊要求，等等。我国的《大气污染防治法》《水污染防治法》《放射性污染防治法》《固体废物污染环境防治法》等都有技术方面的条款。

⑤社会公益性。"三同时"制度设置的目的是预防环境损害，保护的是环境这一公共利益，其环境保护设施的设计、实施和使用与项目建设单位的自身利益是相冲突的。环境法本身是公益性法律，生态环境问题已经发展到危及整个人类生存的灾难性程度，保护坏境、防治污染、维护生态平衡已成为全人类的共同利益。"三同时"制度正是在人类的这种认识和客观形势下产生和发展起来的。"三同时"制度的目的是预防产生新的环境问题，协调人与自然的关系，解决人与自然的矛盾，维持生态平衡与安全，确保人类健康和幸福，实现生态环境和自然资源的永续利用，实现经济和社会的可持续发展。

（3）主要作用

①防止产生新污染。"三同时"制度旨在从源头上消除各类建设项目可能产生的污染，从根本上消除环境问题产生的根源，减轻事后治理所要付出的代价，把环境影响控制在生态环境能够承受的限度之内。其作用主要以"防"为基础，要求集中力量治理老污染源，严格控制新的污染行为，减少污染物的产生和排放量，对已经造成的环境污染和破坏应积极采取措施加以治理，根据环境问题的具体特点和自然规律，改变过去"单纯治理、单项治理"的模式，推行综合整治加强建设项目环境管理，实现全面规划、合理布局，把环境保护纳入国民经济与社会发展计划中进行综合平衡。

②保证环境保护设施与主体工程同时设计和建设。因为"三同时"制度要求建设项目主体工程必须与污染防治设施同时设计、同时施工，那么，落实好这项制度，就可以保证项目主体工程的设计、建设和污染防治设施工程的设计、建设同时进行。这是防治污染的基础，是防治污染所需要的硬件建设和污染治理很重要的一环。

③确保生产经营活动与污染治理同步进行。"三同时"制度强调项目主体工程必须与污染防治设施同时投产使用，这就保证了生产过程中产生污染的过程与污染防治设施对污染进行治理同步进行，而且与主体工程配套建设的污染防治设施必须经环保验收合格后方能正式投产，这样就保证所建设的污染防治设施能够及时把生产过程中产生的污染予以治理，将污染消灭在生产过程中。

④保证治理污染的效果。"三同时"制度更注重对污染的预防和治理。因此，预防产生新的污染、治理旧的污染、恢复生态环境是"三同时"制度的重要功能。项目主体工程和污染防治设施同时投产使用，不仅为污染治理奠定了坚实的物质基础、提供了条件，也使彻底治理污染成为可能，而且污染防治设施停止运行必须提前报环保部门审批，经审查同意后方可停止运行，擅自闲置、拆除或不正常运行的，将承担相应的法律责任，这样就保证了治理污染的效果。

（三）完善生态环境治理制度体系

1. 总量控制制度

以环境质量目标为基本依据，根据环境质量标准中的各种水质参数及其允许浓度，对区域内各种污染源的污染物的排放总量实施控制的管理制度。在实施总量控制时，污染物的排放总量应小于或等于允许排放总量。区域的允许排污量应当等于该区域环境允许的纳污量。环境允许纳污量则由环境允许负荷量和环境自净容量确定。污染物总量控制管理比排放浓度控制管理具有较为明显的优点，它与实际的环境质量目标相联系，在排污量的控制上宽严适度。执行污染物总量控制，可避免浓度控制所引起的不合理稀释排放废水、浪费水资源等问题，有利于区域水污染控制费用的最小化。

所谓总量控制，就是在规定时间内，对某一区域或某一企业在生产过程中所产生的污染物最终排入环境的数量的限制。企业在生产过程中排放总量包括：以"三废"形式排放的有组织的排放量；以杂质形式附着于产品、副产品、回收品而被带走的量；在生产过程中以跑、冒、滴、漏等形式无组织排放的量。区域排放总量包括区域内工业污染源、交通污染源、生活污染源产生的污染物的排放量之总和。

国家提出"总量控制"实际上是区域性的，也就是说，当局部不可避免地增加污染物排放时，应对同行业或区域内进行污染物排放量削减，使区域内污染源的污染物排放负荷控制在一定数量内，使污染物的受纳水体、空气等的环境质量可达到规定的环境目标。

环境保护法（节选）

第四十四条　国家实行重点污染物排放总量控制制度。重点污染物排放总量控制指标由国务院下达，省、自治区、直辖市人民政府分解落实。企业事业单位在执行国家和地方污染物排放标准的同时，应当遵守分解落实到本单位的重点污染物排放总量控制指标。

对超过国家重点污染物排放总量控制指标或者未完成国家确定的环境质量目标的地区，省级以上人民政府环境保护主管部门应当暂停审批其新增重点污染物排放总量的建设项目环境影响评价文件。

实施污染物总量控制，将促进结构优化、技术进步和资源节约，有利于实现环境资源的合理配置，有利于贯彻国家产业政策，有利于提高治理污染的积极性，有利于推动经济增长方式的根本转变。实施污染物总量控制，有可能成为我国环境与发展的有力结合点。

2. 排污许可制度

生态环境许可，是指负有生态环境监督管理职责的行政机关根据公民、法人或者其他组织的申请，经依法审查，准予其从事特定活动的行为。如《水土保持法》规定了水土保持方案审批，《野生动物保护法》规定了人工繁育国家重点保护野生动物许可，《固体废物污染环境防治法》规定了跨省、自治区、直辖市转移危险废物的审批，《环境保护法》等法律规定了排污许可。排污许可是比较典型的生态环境许可制度。排污许可制度是对固定污染源进行监督管理的核心手段，是对排污行为实现精细化管理的重要手段。排污许可将环境管理具体要求贯穿衔接起来，集中通过排污许可证来实现，为污染防治提供了强有力的环境执法手段。

（1）法律依据

水污染防治法（节选）
第二十一条　直接或者间接向水体排放工业废水和医疗污水以及其他按照规定应当取得排污许可证方可排放的废水、污水的企业事业单位和其他生产经营者，应当取得排污许可证；城镇污水集中处理设施的运营单位，也应当取得排污许可证。排污许可证应当明确排放水污染物的种类、浓度、总量和排放去向等要求。排污许可的具体办法由国务院规定。 　　禁止企业事业单位无排污许可证或者违反排污许可证的规定向水体排放前款规定的废水、污水。
大气污染防治法（节选）
第十九条　排放工业废气或者本法第七十八条规定名录中所列有毒有害大气污染物的企业事业单位、集中供热设施的燃煤热源生产运营单位以及其他依法实行排污许可管理的单位，应当取得排污许可证。排污许可的具体办法和实施步骤由国务院规定。
环境保护法（节选）
第四十五条　国家依照法律规定实行排污许可管理制度。 　　实行排污许可管理的企业事业单位和其他生产经营者应当按照排污许可证的要求排放污染物；未取得排污许可证的，不得排放污染物。

（2）实施范围

排污许可制是覆盖所有固定污染源的环境管理基础制度，排污许可证是排污单位生产运营期排放行为的唯一行政许可。下列排污单位应当实行排污许可管理：

①排放工业废气或者排放国家依法公布的有毒有害大气污染物的企业事业单位；

②集中供热设施的燃煤热源生产运营单位；

③直接或间接向水体排放工业废水和医疗污水的企业事业单位和其他生产经营者；

④城镇污水集中处理设施的运营单位；

⑤设有污水排放口的规模化畜禽养殖场；

⑥依法实行排污许可管理的其他排污单位。

（3）分类管理

生态环境部根据污染物产生量、排放量和环境危害程度的不同，在排污许可分类管理名录中规定对不同行业或同一行业的不同类型排污单位实行排污许可差异化管理。对污染物产生量和排放量较小、环境危害程度较低的排污单位实行排污许可简化管理，简化管理的内容包括申请材料、信息公开、自行监测、台账记录、执行报告的具体要求。

（4）综合许可

对排污单位排放水污染物、大气污染物的各类排污行为实行综合许可管理。排污单位申请并领取一个排污许可证，同一法人单位或其他组织所有，位于不同地点的排污单位，应当分别申请和领取排污许可证；不同法人单位或其他组织所有的排污单位，应当分别申请和领取排污许可证。

3. 分区分类管理和环境名录清单制度

生态环境保护工作具有复杂性，对环境污染、生态破坏的预防和治理需要实行统一管理和分区分类管理相结合的综合治理方式。分区分类管理有利于区分不同的地域和情况采取有针对性的环境治理措施。有效的分类管理，往往需要通过环境名录和清单来实现。环境名录和清单是实现环境精细化管理的重要方式，是环境执法的重要依据。如《生物安全法》规定，国家建立生物安全名录和清单制度。《野生动物保护法》规定，国务院野生动物保护主管部门应当会同国务院有关部门，确定并发布野生动物重要栖息地名录。《土壤污染防治法》《大气污染防治法》《水污染防治法》《噪声污染防治法》等污染防治法在规定了名录制度的基础上，还对纳入名录的相关责任人规定了采取风险管控措施、实行自动在线监测等义务。

4. 区域限批制度

地方各级人民政府应当对本行政区域的环境质量负责。如何加强对地方政府的有效监督，督促地方政府切实负起责任是生态环境保护法律制度的一项重要内容。区域限批对督促地方人民政府履行生态环境保护责任、集中解决突出环境问题，推动区域环境质量改善具有积极意义。《环境保护法》规定，对超过国家重点污染物排放总量控制指标或者未完成国家确定的环境质量目标的地区，省级以上人民政府环境保护主管部门应当暂停审批其新增重点污染物排放总量的建设项目环境影响评价文件。《海南自由贸易港法》规定，环境保护目标未完成的地区，一年内暂停审批该地区新增重点污染物排放总量的建设项目环境影响评价文件。区域限批是监督地方政府的"尚方宝剑"和"撒手锏"。

5. 联合防治制度

近年来，生态环境保护的区域性、流域性特点凸显，亟待探索建立系统整合、综合治理、区域协调、部门联动的有效治理模式。联合防治分为以下几个层次：一是区域联合防治，比较典型的是大气污染防治；二是流域联合防治，比较典型的是长江保护、黄河保护；三是部门联合防治，如联合执法、交叉执法。《环境保护法》明确规定，国家建立跨行政区域的重点区域、流域环境污染和生态破坏联合防治协调机制，实行统一规划、统一标准、统一监测、统一的防治措施。"四统一"为破解地域性局限提供了顶层设计和全链条切实可行的路径。《大气污染防治法》单设"重点区域大气污染联合防治"一章，规定了比较完善的具体措施。《长江保护法》规定，长江流域相关地方根据需要在地方性法规和政府规章制定、规划编制、监督执法等方面建立协作机制，协同推进长江流域生态环境保护和修复。

（四）完善绿色生产消费制度体系

构建包括法律、法规、标准、政策在内的绿色生产和消费制度体系，加快推行源头减量、清洁生产、资源循环、末端治理的生产方式，推动形成资源节约、环境友好、生态安全的工业、农业、服务业体系，有效扩大绿色产品消费，倡导形成绿色生活行为，既是更加自觉地推动绿色低碳循环发展的内在要求，也是推动新时代我国经济高质量发展的重要内容。需要统筹推进绿色生产和消费领域法律法规的立改废释工作，结合实际促进绿色生产和消费，鼓励先行先试，做好经验总结。着力完善能耗、水耗、地耗、污染物排放、环境质量等方面标准，完善绿色产业发展支持政策，完善市场化机制及配套政策，发展绿色金融，推进市场导向的绿色技术创新。

2020年3月，国家发展改革委和司法部印发了《关于加快建立绿色生产和消费法规政策体系的意见》，是进一步完善生态文明制度体系、推动绿色发展的有力举措，对我国探索高质量发展新道路具有重要意义。

关于加快建立绿色生产和消费法规政策体系的意见

《关于加快建立绿色生产和消费法规政策体系的意见》（以下简称《意见》）牢牢把握问题导向、突出重点、系统协同、适用可行、循序渐进的原则，从源头减量、清洁生产、资源循环、末端治理，以及绿色产品消费的全过程，推进绿色生产和消费方式，并在重点领域、重点行业、重点产品和技术等方面，加快建立绿色生产与消费的相关制度和政策，逐步构建起激励与约束并重的法律法规、标准和政策体系。概括而言，《意见》有以下三个突出特点：

一是坚持问题导向的绿色生产和消费制度与政策。《意见》立足于加快推进绿色发展的总体要求，坚持问题导向、突出工作重点，对绿色生产和消费重点领域的相关法律法规、标准、政策的推行、修改、创新和完善作出综合部署。鉴于绿色生产和消费涉及面广，且已初步形成法律法规和政策框架，《意见》不追求重新搭建系统完备的制度体系，而是在已有框架上，针对当前绿色生产和消费的法律法规、政策的不足，提出方向性的改革安排，倡导循序渐进。这一定位较好地把握了构建绿色生产和消费法律法规、标准和政策体系的动态变化和逐步提升的规律，既符合当前改革工作的需要，又为未来不断完善制度和政策体系留出必要的空间。

二是强化激励导向的绿色生产和消费制度和政策。在价格政策方面，提出完善基于能耗、污染物排放水平的差别化电价政策，提高资源环境绩效；提出完善居民用电、用水、用气阶梯价格政策和污水处理收费制度，激励绿色生活方式。在税收优惠方面，提出落实好节能、节水、环保、资源综合利用产业的税收优惠政策。在绿色产品采购方面，提出积极推行绿色产品政府采购制度，加大绿色产品相关标准在政府采购中的运用，并要求国有企业率先执行企业绿色采购指南，建立健全绿色采购管理制度，支持绿色消费，并反过来促进绿色生产。

三是突出相关法律法规和标准的制修订工作。《意见》高度重视法律法规等制度运用，提出强化标准制定规划，加强绿色标准体系建设，扩大标准覆盖范围；提出按照稳定连贯、可控可达的原则制修订污染物排放标准。《意见》还提出统筹推动绿色生产和消费领域法律法规的立改废释工作，各有关部门要按照职责分工，加快并与时俱进地推动相关制度和政策的制修订工作，从而为形成绿色生产和消费方式奠定良好的制度和政策基础。

1. 环境保护税制度

环境保护税是由英国经济学家庇古最先提出的，他的观点已被西方发达国家普遍接受。欧美各国（地区）的环保政策逐渐减少直接干预手段的运用，越来越多地采用生态税、绿色环保税等多种特指税种来维护生态环境，针对污水、废气、噪声和废弃物等突出的"显性污染"进行强制征税。

（1）中国环境保护税

环境保护税源于排污收费制度。我国于1979年开始排污收费试点，通过收费促使企业加强环境治理、减少污染物排放，对防治污染、保护环境起到了重要作用，但实际执行中存在执法刚性不足等问题。为解决这些问题，党的十八届三中、四中全会明确提出"推动环境保护费改税""用严格的法律制度保护生态环境"。2018年环境保护费改税后，排污单位不再缴纳排污费，改为缴纳环境保护税。开征环境保护税，主要目的不是取得财政收入，而是使排污单位承担必要的污染治理与环境损害修复成本，并通过"多排多缴、少排少缴、不排不缴"的税制设计，发挥税收杠杆的绿色调节作用，引导排污单位提升环保意识，加大治理力度，加快转型升级，减少污染物排放，助推生态文明建设。两年多来，环境保护税税制运行平稳，征管有序顺畅。

自2018年1月1日起，《中华人民共和国环境保护税法》施行，在全国范围内对大气污染物、水污染物、固体废物和噪声四大类污染物、共计117种主要污染因子进行征税，标志着中国有了首个以环境保护为目标的税种。依照规定，环境保护税按季申报缴纳，2018年4月1日至15日是环境保护税首个征期。2018年12月31日，环境保护税开征一周年为绿色发展提供新动力。2023年12月15日，财政部公布数据，1—11月累计，全国一般公共预算收入 200 131 亿元，同比增长 7.9%。其中主要税收收入项目情况显示，环境保护税 201 亿元，同比下降 2.2%。

（2）环境保护税纳税人

环境保护税的纳税人是在中华人民共和国领域和中华人民共和国管辖的其他海域，直接向环境排放应税污染物的企业事业单位和其他生产经营者。环境保护税主要针对污染破坏环境的特定行为征税，一般可以从排污主体、排污行为、应税污染物三个方面来判断是否需要缴纳环境保护税。

一是排污主体。缴纳环境保护税的排污主体是企业事业单位和其他生产经营者，也就是说排放生活污水和垃圾的居民个人是不需要缴纳环境保护税的，这主要是考虑到目前我国大部分市县的生活污水和垃圾已进行集中处理，不直接向环境排放。

二是排污行为。直接向环境排放应税污染物的，需要缴纳环境保护税，而间接向环境排放应税污染物的，不需要缴纳环境保护税。例如，向污水集中处理、生活垃圾集中处理场所排放应税污染物的，在符合环境保护标准的设施、场所贮存或者处置固体废物的，以及对畜禽养殖废弃物进行综合利用和无害化处理的，都不属于直接向环境排放污染物，不需要缴纳环境保护税。

三是应税污染物，共分为大气污染物、水污染物、固体废物和噪声四大类。应税大气污染物包括二氧化硫、氮氧化物等 44 种主要大气污染物。应税水污染物包括化学需氧量、氨氮等 65 种主要水污染物。应税固体废物包括煤矸石、尾矿、危险废物、冶炼渣、粉煤灰、炉渣以及其他固体废物，其中，其他固体废物的具体范围授权由各省、自治区、直辖市人民政府确定。应税噪声仅指工业噪声，是在工业生产中使用固定设备时，产生的超过国家规定噪声排放标准的声音，不包括建筑噪声等其他噪声。应税污染物的具体税目，可以查阅环境保护税法所附的《环境保护税税目税额表》和《应税污染物和当量值表》。

通过以上标准可以看出，大部分企业事业单位都不是环境保护税的纳税人。此外，随着排污许可制度的推行，今后所有排污单位均纳入排污许可管理，纳税人的判别将更加简化。一般来讲，纳入排污许可管理，并直接向环境排放应税污染物的单位，就需要缴纳环境保护税。

（3）环境保护税优惠政策

为充分发挥环境保护税的绿色调节作用，环境保护税法建立了"多排多缴、少排少缴、不排不缴"的激励机制，通过明显有力的优惠政策导向，有效引导排污单位治污减排、保护环境。具体来看，目前减免税规定主要集中在以下三个方面：

一是鼓励集中处理。对依法设立的城乡污水集中处理、生活垃圾集中处理场所排放相应应税污染物，不超过国家和地方规定的排放标准的，免征环境保护税。依法设立的生活垃圾焚烧发电厂、生活垃圾填埋场、生活垃圾堆肥厂，均属于生活垃圾集中处理场所。

二是鼓励资源利用。纳税人综合利用的固体废物，符合国家和地方环境保护标准的，免征环境保护税。

三是鼓励清洁生产。对于应税大气污染物和水污染物，纳税人排放的污染物浓度值低于国家和地方规定排放标准 30%的，减按 75%征税；纳税人排放的污染物浓度值低于国家和地方规定排放标准 50%的，减按 50%征税。

此外，对除规模化养殖以外的农业生产排放应税污染物的，机动车、铁路机车、非道路移动机械、船舶和航空器等流动污染源排放应税污染物的情形，均免征环境保护税。

2．绿色采购制度

绿色采购是指在采购活动中，推广绿色低碳理念，充分考虑环境保护、资源节约、安全健康、循环低碳和回收促进，优先采购和使用节能、节水、节材等有利于环境保护的原材料、产品和服务的行为。

（1）政府绿色采购

政府绿色采购是指政府通过庞大的采购力量，优先购买和使用符合国家绿色认证标准的产品和服务的采购活动，从而促进企业环境行为的改善，并对社会的绿色消费起到推动和示范作用。

政府绿色采购主要是通过以下几个方面实现的：首先，是因为绿色采购可以积极影响供应商，供应商为了赢得政府这个大客户，肯定会采取积极措施，提高企业的管理水平和技术创新水平，尽可能地节约资源能源和减少污染物排放，提高产品质量，降低对环境和人体的负面影响。其次，政府绿色采购还因其量大面广，可以培养扶植一大批绿色产品和绿色产业，有效地促进绿色产业和清洁技术的发展，进而形成国民经济的可持续生产体系。此外，政府绿色采购也可以引导人们改变不合理的消费行为和习惯，倡导合理的消费模式和适度的消费规模，减少因不合理消费对环境造成的压力，进而有效地促进绿色消费市场的形成。

政府绿色采购是公共财政的一个重要组成部分。从公共财政的特征来看，满足社会的公共需要是其主要目标和工作重心。而节能降耗和环保就是这种能够体现全社会整体利益的公共需要。因此，支持环保、购买节能降耗的产品是公共财政的重要职能。在这方面，除绿色采购外，公共财政还可以采取多种手段引导和支持企业、政府和民众节能降耗。例如，预算、国债、政府基金和专项基金、转移支付、市政债券等作为公共财政手段都可以发挥作用。

（2）政府绿色采购方法

目前，世界各国政府采购过程当中都倡导"绿色"，都希望能够通过政府采购在一定程度上达到促进节能与环保的目的。在实际操作中，各国的方式与方法有很大的不同。通常采用的方法有以下几种：

①绿色清单法。绿色清单法是指政府在工程、货物和服务的采购中，为了达成节能与环保等绿色目标，基于政府认定的节能与环保标准，收集和监测相关产品或服务的节能与环保功能，形成政府确认的节能与环保产品清单。政府采购人或采购机构在采购与节能和环保有关的产品时，需要参考或遵行这个清单的规定，优先或者按照清单列举的产品采购。

②绿色标准法。绿色标准法是指政府不直接列出节能环保清单，而是由国家相关标准管理部门从节能、增效、环保等多个方面对机械、电子、建筑、装饰、装修材料等制定明确的采购标准。规定政府采购必须遵循相关标准，限制或禁止采购节能、环保标准以下的产品或服务。

③绿色权值法。绿色权值法是政府不列具体节能环保采购清单，只有具体的政府采购节能与环保要求和标准。但在执行中并不完全取决于这种标准，而是一种相对比较法。我们知道，在政府采购评标的方法中有一种综合评分法。即将产品或服务的多种因素进行分类、分项打分，然后按不同因素在总标准中的重要度列出权值的方法。从我国目前情况看，在政府采购招标中使用综合评分法的情况比较普遍。绿色权值法就是要在综合评分法中增加节能与环保项目的评价，设置节能与环保分数，并增加节能与环保在总评价中的权值。

④绿色优惠法。绿色优惠法是指在政府采购中，对于节能和环保上有优势的产品和服务，可以给予优先采购或者更加优惠价格的方法。优惠可以通过政府的政策规定直接实现，还可以体现在优先签约和价格优惠上，从而在很大程度上鼓励供应商生产和提供节能与环保的产品。

⑤绿色成本法。政府采购不同于其他社会主体的采购，不能只关注货币成本，还必须关注其他如社会成本、环保成本、机会成本等因素，综合考虑政府采购和使用某些产品与服务所付出的代价，形成一种特定的成本概念，即"绿色成本"概念和标准。政府采购必须避免单纯考虑和计算的采购时所支付的货币成本，而是必须考虑"绿色"成本，特别是要降低"绿色成本"。

⑥绿色资格法。绿色资格法是指政府采购在对供应商资格审查过程中，通过对供应商参与政府采购资格的限制，发挥促进节能与环保的作用。政府采购一个基本的程序是对参与政府采购竞争的供应商进行资格审查，为了贯彻节能与环保政策，政府可以将供应商的节能与环保情况列入资格准入因素。也就是说，供应商不仅是其产品或服务要求达到国家的节能环保标准，而且其生产、流通、销售过程也必须达到国家节能与环保标准，否则就不能成为政府采购供应商。

⑦周期成本法。周期成本法是以产品发挥功能作用的整体寿命周期内的成本作为考核依据的。在采购学上，可以把产品或服务的成本分为购买（采购）成本、使用成本两部分。政府采购应该更多地关注寿命周期成本，而不仅仅是采购成本。采购成本与使用成本有多种组合方式，有些产品采购成本低而使用成本高，有一些产品采购成本高而使用成本低。因此，在权衡成本高低时，应该主要以整个寿命周期成本最低为依据，而不单纯是采购成本或使用成本。

3. 生态产品价值实现制度

生态产品，一般是指自然生态系统提供的产品和服务。生态产品价值实现实质上就是将绿水青山中蕴含的生态产品价值合理高效变现，合理是指生态产品的价格既应体现其稀缺性的溢价，又应包含其外部经济性的内部化；高效则是打破体制机制上的瓶颈制约，使生态产品的变现渠道和路径更加畅通便捷。生态产品价值实现主要依赖六大机制，其中建立生态产品调查监测机制和生态产品价值评价机制是生态产品价值实现的基础条件，健全生态产品经营开发机制和生态产品保护补偿机制是主要路径，健全生态产品价值实现保障机制和建立生态产品价值实现推进机制是根本保障。建立健全生态产品价值实现机制既需要用"生态是有价值的"理念改革生态保护补偿、推动生态产业化、实施生态资源权益交易等已有工作，也需要创新建立价值核算、评估考核、绿色金融支持、利益导向机制等新机制，是一项系统性的改革创新工程。

（1）生态产品价值实现的主要路径

生态产品价值实现的主要路径可以概括为生态产品经营开发和生态产品保护补偿两大类，对应市场化和政府主导两方面，其中生态产品经营开发又包含了发展生态产业和开展生态资源权益市场交易两种实现方式。一是通过经营开发生态产品获取收益。应立足自然生态禀赋，充分发挥市场在资源配置中的决定性作用，促进产业与生态"共生"发展，提升生态产品产业链、价值链。包括人放天养、自繁自养等原生态种养模式，生态产品精深加工模式，适度发展环境敏感型产业模式，旅游与康养休闲融合发展的生态旅游模式以及盘活废弃矿山、工业遗址、古旧村落等存量资源的开发模式等。二是通过生态资源权益市场交易。按照使用者付费的原则，社会主体需为消耗自然资源、破坏生态环境的行为"埋单"，进而形成林权、水权、草权等自然资源的使用权和经营权以及排污权、碳排放权、用能权等生态资源使用权的交易市场。三是通过生态补偿的形式购买生态产品。由于生态产品具有公共物品属性，需要政府代表全社会购买生态产品，以中央向地方的转移支付和地区间、流域上下游横向生态补偿等形式为主。

（2）建立健全生态产品价值实现机制的关键举措

一是防止过度开发和过度保护。绿水青山是实现生态产品价值的前提和基础，一方面，应坚决禁止打着生态产品价值实现的旗号，开展大规模产业开发的短视行为，防止生态产品价值的过度转化，丧失长久的生态效益；另一方面，也应防止过度保护的"一刀切"行为，在严格保护的前提下推动合理开发，如有的国家公园范围涉及当地居民生产生活的空间，可以采取特许经营的方式，在非核心区允许开展适度的生态产品经营开发活动。

二是健全生态保护补偿和生态环境损害赔偿标准。生态产品保护补偿机制主要包括纵向生态保护补偿、横向生态保护补偿、生态环境损害赔偿三方面内容，核心是应充分考虑生态产品的质量和价值，进一步健全补偿和赔偿标准。在尚未建立统一规范的生态产品价值评估体系的情况下，可以先以生态产品实物量和质量为标准，并在标准中增设各地区在国家生态安全体系中的敏感性系数，加大对生态脆弱区和生态功能重要地区的支持力度。在建立生态产品价值评估体系后，逐步转向依据生态产品价值制定补偿和赔偿标准。

三是摸清底数、明晰权属、评估价值，夯实生态产品价值实现基础。基础信息、权责归属和价值基准是决定生态产品价值能否实现和实现程度的基础。首先，可运用科技手段对生态产品基础数据进行捕捉、筛选、分类和整合，建立生态产品清单和信息云平台。其次，推动生态产品从公共物品转化为具有商品属性的可交易产品，明晰产权，形成完整的使用权、收益权、处置权等产权体系，通过产权的出让、转让、出租、抵押、担保、入股等方式，促进生态产品价值实现及增值。最后，建立一套各方认可的生态产品价值评价体系，包括行政区域单元生态产品总值和特定地域单元生态产品价值两方面的评价体系，前者为政府开展生态保护补偿和绩效考核提供价值衡量标准，后者为生态产品市场交易提供基准价格。

四是完善资源环境权益交易市场。健全资源环境权益交易市场的重点是在试点基础上，强化相关顶层设计，进一步扩大交易范围、提升交易规模、降低交易成本。第一，扩展生态资源权益交易范围。通过政府管控或设定限额的形式，创造权益交易的供给和需求，探索绿化增量责任指标交易、清水增量责任指标交易，并考虑将氮、磷等污染物纳入排污权交易体系等。第二，完善生态资源权益交易机制。在各地区试点基础上，尽快打破区域之间的壁垒，依托全国公共资源交易平台体系，搭建全国性权益交易市场，扩大生态资源权益交易量。第三，降低权益交易成本。充分利用区块链、物联网等新技术，通过有限数据的获取，运用模型或者算法得到相对准确的各主体权益利用数据，以克服确权、核算成本过高等难题。

五是融合数据链、产业链、金融链，推动生态产品可持续经营开发。畅通生态产品经营开发路径，关键是推动"三链融合"，以数据链为基础，构建并延伸生态产品产业链，并加大绿色金融对全产业链的支持力度。数据链是包含生态产品基础信息数据、产业链数据、企业数据、金融工具等的数据库，是促进生态产品经营开发供需有效对接的基础，也是构建生态产品认证和质量追溯体系的关键。生态产品产业链应在数据链的基础上，促进生态产品经营开发不断向下游延伸，推进一、二、三产业融合发展，将物质供给类生态产品、调节服务类产品和文化服务类产品捆绑经营，通过生态产品品牌建设、认证和质量追溯体系的构建，提升生态产品溢价价值。金融链应以数据链作为提供绿色金融支持的重要标准，创新绿色金融产品，加大金融服务支持力度，全面参与产业链发展的全过程，促进产业链高质量发展。

4．绿色金融制度

绿色金融有两层含义：一是金融业如何促进环保和经济社会的可持续发展，二是指金融业自身的可持续发展。前者指出"绿色金融"的作用主要是引导资金流向节约资源技术开发和生态环境保护产业，引导企业生产注重绿色环保，引导消费者形成绿色消费理念；后者则明确金融业要保持可持续发展，避免注重短期利益的过度投机行为。

绿色金融的定义包括以下三层意思：一是绿色金融的目的是支持有环境效益的项目，而环境效益包括支持环境改善、应对气候变化和资源高效利用；二是给出了绿色项目的主要类别，这对未来各种绿色金融产品（包括绿色信贷、绿色债券、绿色股票指数等）的界定和分类有重要的指导意义；三是明确了绿色金融包括支持绿色项目投融资、项目运营和风险管理的金融服务，说明绿色金融不仅包括贷款和证券发行等融资活动，也包括绿色保险等风险管理活动，还包括多种功能的碳金融业务。

> 2016年8月31日，人民银行等七部门发布的《关于构建绿色金融体系的指导意见》中指出，绿色金融定义为支持环境改善、应对气候变化和资源节约高效利用的经济活动，即对环保、节能、清洁能源、绿色交通、绿色建筑等领域的项目投融资、项目运营、风险管理等所提供的金融服务。

（1）作用机理

在工业化迅速发展阶段，自然资源被掠夺式开发，生态平衡被破坏，环境污染也越来越严重。之所以如此，是因为企业和金融机构都是追求私人利益最大化的经济人，而生态环境资源属于公共资源，企业不会考虑污染带来的负外部性，金融机构也不可能主动考虑贷款方的生产及其相关活动是否带来环境风险，由此导致环境污染治理的市场失灵。为了矫正市场失灵，就需要政府的干预，而政府为了追求经济增长速度和经济总量，会忽视环保问题，导致政府失灵。另外，污染企业为了逃避政府对其环境污染责任的追究，会想各种办法予以应对，导致政府的事前预防工作因覆盖面广而顾及不全。政府失灵使政府的事前监督收效不大，而事后惩罚已无法避免环境污染及破坏的发生，如果考虑到地方保护主义、法律法规不健全等因素，惩罚也就更难起到应有的警示作用。市场和政府的"双失灵"使无法通过传统的金融手段、金融政策等影响资源配置来实现环境与经济的可持续发展。

因此，需要有更好的金融模式来取代现行模式。而绿色金融模式就将环境风险纳入金融风险，将外部性的环境污染内在化，利用市场机制、借助完善的金融风险管理技术来管理包含环境风险在内的金融风险，在企业融资前就分析评估融资项目的环境风险，进而决定是否提供融资及其他金融服务。这样，将事后处罚变为事前预防、事中监督，一方面加强对节能环保型企业的融资支持，另一方面又对不符合产业政策和环境违法的企业和项目进行资金控制，扼住污染企业的资金"命脉"，从而制约高能耗、高污染企业的盲目扩张，倒逼其在防污治污上由被动变为主动，提高环保意识，完善环保设施，加大研发力度，突破环保技术瓶颈，减少环境风险。从而解决了市场和政府的"双失灵"，实现经济和环境的可持续发展。融资服务只是金融服务的一种，除了融资，绿色金融还可以从多方面市场化地控制环境污染，如绿色保险通过对参与企业进行严格的环境风险预防和控制，达到降低企业污染的目的，从而使保险公司能够规避市场风险。

（2）主要方式

绿色金融具体有以下几种方式：绿色信贷、绿色保险和绿色证券。所谓绿色信贷，是指金融机构（主要指银行）为促进企业削减污染对污染生产和污染企业新建项目进行贷款额度限制，并收取惩罚性高利率，而对从事生态保护与建设、研发、生产治污设施，从事循环经济、绿色经济生产的环保型企业提供优惠贷款。所谓绿色保险，又称环境污染责任保险，其标的为企业发生污染事故对第三者造成的损害依法应承担的赔偿责任。所谓绿色证券，是指通过实施上市公司环保核查制度和环境信息披露制度，对上市公司加以激励与约束机制，以遏制"双高"（高能耗、高污染）企业过度扩张，并促进上市公司持续改进环境。此外，绿色金融还可以采取绿色风险投资、绿色债券、绿色基金等方式。

EOD 模式

生态环境导向的开发（Eco-environment-oriented Development，EOD）模式，是以生态保护和环境治理为基础，以特色产业运营为支撑，以区域综合开发为载体，采取产业链延伸、联合经营、组合开发等方式，推动公益性较强、收益性差的生态环境治理项目与收益较好的关联产业有效融合，统筹推进，一体化实施，将生态环境治理带来的经济价值内部化，是一种创新性的项目组织实施方式。

EOD 模式是践行"绿水青山就是金山银山"理念的项目实践。习近平总书记指出，要正确把握生态环境保护和经济发展的关系，探索协同推进生态优先和绿色发展新路子。《关于建立健全生态产品价值实现机制的意见》鼓励将生态环境保护修复与生态产品经营开发权益挂钩，提出要形成保护生态环境的利益导向机制，将生态优势转化为经济优势。EOD模式通过生态环境治理项目改善生态环境质量，提升发展品质，推动生态优势转化为产业发展优势，实现产业的增值溢价，从项目层面践行了"绿水青山就是金山银山"的理念。

EOD模式是生态环境治理模式的重大创新。生态环境治理属于公益性事业，投入主要来源于政府财政资金，面临总体投入不足、投融资渠道不畅、自我造血功能不足、可持续发展能力有待提高等问题。《关于构建现代环境治理体系的指导意见》要求创新环境治理模式，鼓励采用"环境修复+开发建设"模式。《关于深化生态保护补偿制度改革的意见》提出要推进EOD模式项目试点，通过市场化、多元化方式，促进生态保护和环境治理。EOD模式将生态环境治理作为产业开发项目的重要组成部分，通过治理成效为产业开发带来增量收益，并依靠产业收益反哺生态环境治理的投入，有效地缓解了政府投入压力，并有利于企业（社会资本）和金融机构参与项目投入，在不依靠政府投入的情况下实现区域生态环境高水平保护和社会经济高质量发展，有效地破解了生态环境治理融资难的瓶颈。

EOD模式是发展绿色金融的重要举措。习近平总书记在全国生态环境保护大会上强调，要大力发展绿色金融，推进生态环境导向的开发模式和投融资模式创新。《关于加快推进生态文明建设的意见》要求完善经济政策，健全价格、财税、金融等政策，激励、引导各类主体积极投身生态文明建设。《关于深入打好污染防治攻坚战的意见》要求综合运用土地、规划、金融等政策，引导和鼓励更多社会资本投入生态环境领域。EOD模式是通过生态环境治理，引导绿色低碳产业发展，为金融机构和社会资本精准投入提供了重要途径。

（3）主要特点

从理论上讲，所谓"绿色金融"，是指金融部门把环境保护作为一项基本政策，在投融资决策中要考虑潜在的环境影响，把与环境条件相关的潜在的回报、风险和成本都要融入日常业务中，在金融经营活动中注重对生态环境的保护以及环境污染的治理，通过对社会经济资源的引导，促进社会的可持续发展。绿色金融就是金融机构将环境评估纳入流程，在投融资行为中注重对生态环境的保护，注重绿色产业的发展。随着人口增长、经济快速发展以及能源消耗量的大幅增加，全球生态环境受到了严重挑战，实现绿色增长已成为当前世界经济的发展趋势。在各国低碳经济不断发展的背景下，绿色金融遂成为全球多个国家着力发展的重点之一。

与传统金融相比，绿色金融最突出的特点就是其更强调人类社会的生存环境利益，将对环境保护和对资源的有效利用程度作为计量其活动成效的标准之一，通过自身活动引导各经济主体注重自然生态平衡。绿色金融讲求金融活动与环境保护、生态平衡的协调发展，最终实现经济社会的可持续发展。绿色金融与传统金融中的政策性金融有共同点，即绿色金融的实施需要由政府政策做推动。传统金融业在现行政策和"经济人"思想引导下，或者以经济效益为目标，或者以完成政策任务为职责，后者就是政策推动型金融。环境资源是公共品，除非有政策规定，金融机构不可能主动考虑贷款方的生产或服务是否具有生态效率。

思考与探索

1. 通过对生态文明建设体系的系统学习，你认为生态环境保护类规划的编制应该包括哪些主要内容？

2. 如何看待环境影响评价制度的必要性与重要性？

二、全面建立资源高效利用制度

首先，要健全自然资源资产产权制度。健全自然资源产权体系，推动自然资源所有权与使用权分离，加快构建科学的自然资源产权体系，明确自然资源使用者的具体责任和权利，划清各类自然资源使用权、所有权的边界，形成归属清晰、权责明确、监督有效的基础性生态文明制度。其次，要健全资源节约集约循环利用政策体系，实行资源总量管理和全面节约制度。在资源利用过程中，树立节约集约循环利用的资源观，提升人民群众资源节约和生态环境保护意识。落实资源有偿使用制度，采用强制性手段确保自然资源使用者在使用过程中支付相应费用，以确保合理配置自然资源，防止资源浪费现象。

（一）健全自然资源资产产权制度

自然资源资产产权是自然资源资产的所有权、用益物权、债权等一系列权利的总称。自然资源资产产权制度是关于自然资源资产产权主体、客体、内容（权利义务）和权利取得、变更、消灭等规定的总和，是生态文明建设的基础性制度，对完善社会主义市场经济体制、维护社会公平正义、建设美丽中国起着重要的基础支撑作用。党的十八大以来，我国自然资源资产产权制度逐步建立，在促进自然资源节约集约利用和有效保护方面发挥了积极作用。但同时仍存在自然资源资产底数不清、所有者不到位、权责不明晰、权益不落实、监管保护制度不健全等问题，导致产权纠纷多发、资源保护乏力、开发利用粗放、生态退化严重等问题，迫切需要进一步健全自然资源资产产权制度。有必要在完善自然资源产权体系、落实产权主体、调查监测和确权登记、促进自然资源集约开发利用、健全监督管理体系等方面加大改革力度，创新体制机制。

1. 自然资源权能

①占有权是对自然资源实际掌握和控制的权能；

②使用权是按照自然资源的性能和用途对其加以利用，以满足生活、生产需要的权能；

③收益权是收取由自然资源产生的新增经济价值的权能；

④处分权是依法对自然资源进行处置，从而决定自然资源命运的权能。

自然资源占有、使用、收益、处分的四种权能，既可以与所有权同属一人，也可以与所有权相分离。

2. 自然资源类别

①按自然资源权属的主体可分为自然资源国家所有权、集体所有权和个人所有权。

②按自然资源的种类可分为土地资源所有权、森林资源所有权、水资源所有权、草原资源所有权、矿产资源所有权、野生动植物资源所有权。

3. 健全自然资源资产产权制度

健全自然资源资产产权制度要以完善自然资源产权体系为重点，以落实产权主体为关键，以调查监测和确权登记为基础，着力促进自然资源集约开发利用和生态保护修复，加强监督管理，注重改革创新，加快构建系统完备、科学规范、运行有效的中国特色自然资源产权制度体系。

（1）健全自然资源产权体系

推动自然资源所有权与使用权分离，加快构建分类科学的自然资源产权体系，着力解决权利交叉、缺位等问题。处理好自然资源所有权与使用权的关系，创新自然资源全民所有权和集体所有权的实现形式。落实农村土地所有权、承包权、经营权"三权分置"，探索农村宅基地所有权、资格权、使用权"三权分置"，加快推进建设用地地上、地表和地下分别设立使用权。探索研究油气探采合一权利制度，加强探矿权、采矿权授予同相关规划的衔接，根据矿产资源储量规模，分类设定采矿权有效期及延续期限。探索海域使用权立体分层设权，构建无居民海岛产权体系，完善水域滩涂养殖权利体系。

（2）明确自然资源产权主体，加快统一确权登记

研究建立国务院自然资源主管部门行使全民所有自然资源所有权的资源清单和管理体制。探索建立委托省级和市（地）级政府代理行使自然资源所有权的资源清单和监督管理制度。完善全民所有自然资源收益管理制度，推进农村集体所有的自然资源所有权确权。完善确权登记办法和规则，加快自然资源统一确权登记，将全民所有自然资源所有权代表行使主体登记为国务院自然资源主管部门，逐步实现自然资源确权登记全覆盖，清晰界定全部国土空间各类自然资源的产权主体，划清各类自然资源所有权、使用权的边界。

（3）促进自然资源集约开发利用

深入推进全民所有自然资源有偿使用制度改革，加快出台国有森林资源和草原资源有偿使用制度改革方案。全面推进矿业权竞争性出让，有序放开油气勘查开采市场，完善竞争出让方式和程序。健全水资源产权制度，实施对流域水资源、水能资源开发利用的统一监管。完善自然资源分等定级价格评估制度和资产审核制度。完善自然资源开发利用标准体系和产业准入政策。完善自然资源使用权转让出租、抵押市场规则，规范市场建设。统筹推进自然资源交易平台和服务体系建设，健全市场监测监管和调控机制。

（4）自然资源资产有偿使用制度

全民所有自然资源资产有偿使用制度是生态文明制度体系的一项核心制度。制度改革对促进自然资源保护和合理利用、切实维护国家所有者和使用者权益、完善自然资源产权制度和生态文明制度体系、加快建设美丽中国意义重大。一是完善国有土地资源有偿使用制度，以扩大范围、扩权赋能为主线，将有偿使用扩大到公共服务领域和国有农用地。二是完善水资源有偿使用制度，健全水资源费差别化征收标准和管理制度，严格水资源费征收管理，确保应收尽收。三是完善矿产资源有偿使用制度，完善矿业权有偿出让、矿业权有偿占有和矿产资源税费制度，健全矿业权分级分类出让制度。四是建立国有森林资源有偿使用制度，严格执行森林资源保护政策，规范国有森林资源有偿使用和流转，确定有偿使用的范围、期限、条件、程序和方式，通过租赁、特许经营等方式发展森林旅游。五是建立国有草原资源有偿使用制度，对已改制国有单位涉及的国有草原和流转到农村集体经济组织以外的国有草原，探索实行有偿使用。六是完善海域海岛有偿使用制度，丰富海域使用权权能，设立无居民海岛使用权和完善其权利体系，并逐步扩大市场化出让范围。

（二）健全资源节约集约循环利用政策体系

人类对资源的开发利用既要考虑服务于当代人过上幸福生活，也要为子孙后代永续发展留下生存根基。改变传统的"大量生产、大量消耗、大量排放"的生产模式和消费模式，把经济活动、人的行为限制在自然资源和生态环境能够承受的限度内，使资源、生产、消费等要素相匹配、相适应，用最少的资源环境代价取得最大的经济效益和社会效益，形成与大量占有自然空间、显著消耗资源、严重恶化生态环境的传统发展方式明显不同的资源利用和生产生活方式，是既对当代人负责又对子孙后代负责的体现。落实这一制度，需要树立节约集约循环利用的资源观，实行资源总量管理和全面节约制度，强化约束性指标管理，实行能源、水资源消耗、建设用地等总量和强度双控行动，加快建立健全充分反映市场供求和资源稀缺程度，体现生态价值和环境损害成本的资源环境价格机制，促进资源节约和生态环境保护。

1. 环境使用权交易制度

在环境保护制度中，有一项被称为"环境保护的刺激"的制度，这一制度开始时主要包括"污染者负担"、国家环境保护的财政补贴、低息或无息贷款、价格优惠、税收优惠等行政措施，发展到后来，逐步发展为市场化的经济手段的运用，如资源的有偿使用、环境保护合同、排污交易制度等。

国际上，于1998年在美国芝加哥股市开始了"减少温室气体"的证券交易，出现了所谓世界环境服务市场。这些都表明，环境保护中的经济手段得到了广泛的运用，环境资源"服务"交易也已成为世界范围内的环境保护新热点。

（1）美国"排污交易"

环境使用权交易制度起源于美国，这一制度在我国有学者称为"排污交易"。该制度一直被认为是一项法律化的经济手段，其产生经历了由单项制度到综合性制度的发展过程。1986年11月18日，美国政府签发了EPA《排污交易政策总结报告书》，并于1986年12月4日起正式颁布。这份报告全面阐述了排污交易政策及一般原则，并取代了1979年颁发的"泡泡政策"，成为EPA在清洁空气法下指导"泡泡"削减污染物的主要依据。

美国"泡泡政策"

泡泡：将一个工厂的多个排放点、一个公司下属的多个工厂或一个特定区域内的工厂群视为一个"泡泡"。在泡泡内部，允许一些污染源增加排放，而其他污染源则要更多地削减以抵消排放量的增加。泡泡必须将泡泡内部的污染物削减到所规定的基准排放水平以上。在非达标地区，美国国家环境保护局要求只有在此基准排放水平再多削减20%的前提下，才能批准组合泡泡和实行排污交易。

总量控制：在泡泡内部实行污染物排放总量控制，并根据国家有关政策和法规，确定泡泡内污染物排放总量的控制标准或污染物的削减总量。在达到允许的排放总量的前提下，泡泡可以按照实际的技术经济条件，决定内部各个污染源的排放水平和削减水平。在泡泡内实行总量控制，可以充分发挥企业治理污染的积极性，因为它可使工厂企业（而不是政府管理部门）决定如何达到削减目标，从而避免了控制费用高的污染源的过度削减，减少污染控制的总费用。

排污补偿：在非达标区，新扩改的项目必须取得相应的排污削减量以"抵消"或补偿它们本身的排放，这种排污削减量既可以在本厂、本公司内部或在泡泡内调剂，也可以通过许可证交易市场或贮存排污削减信用的银行购买。这一政策在保证大气质量标准的实现和维护的同时，允许非达标地区的工业继续得到发展。

> 排污削减量的银行贮存：在排污交易活动中，工厂或公司可以将经过核准的"富余"削减量以信用卡的形式贮存在美国国家环境保护局认可的银行中，或以备后用，或通过交易活动出售或转让给其他需要排污的工厂或公司。排污削减信用的银行贮存，实质上是从法律角度承认了工厂企业的"富余"削减量，有利于交易活动的正常进行，避免潜在的法律问题；同时也有利于工业部门发展新的生产工艺和低费用治理技术，并从交易中获得经济效益和环境效益。

排污交易政策较之"泡泡政策"的进步在于它的进一步规范化，"它固定了一般的泡泡原则以及在初始达标区域内，即需有达标实证但尚无这种实证的区域内对泡泡的要求；它也要求这些区域内的泡泡在相当于严格的排放限度之外产生趋向达标的进展"。它"既然明确了国家环保局在所有区域内对泡泡的要求，就应当使环境上合理的各泡泡的拟定、审查及批准都更为迅速并更加可预测"。它不仅扩大了"泡泡政策"的适用范围，而且进一步明确了排放物交易的几种形式，特别是以法定形式确立了"排污削减信用"，为交易的开展奠定了基础。

排污交易制度最初在空气污染控制方面适用，后来从钢铁行业建立"泡泡"开始，逐渐推广至水污染控制领域和其他领域。20世纪90年代，美国在对《清洁空气法》《清洁水法》的修改中，都确立了这一制度。其他一些国家也不同程度地接受了这一制度，甚至发展成为世界范围内的一项交易政策。

（2）排污许可额交易机制

建立排污许可额交易体系，首先是排污许可额的明确，其次才是这些许可额的市场交易。在一个国家或一个地区，一定的自然环境系统有一定的自净能力；污染物对人体健康的影响及对自然环境的破坏，也有一定的阈值。国家环境管理机构便可以根据环境的自净能力和环境阈值，计算出该国或该地区可能允许的污染物排放总量，然后根据这一排放总量，在制定排污许可总额时，将其分解并分配给各个排污单位。政府在进行许可额初始分配后，便允许各个排污单位进行许可额的自由交易。每个单位可能将所分配的许可额留作自用，也可以在市场上卖掉；如果排放污染的公司购买许可额比自己控制合算，它也可能去购买而不是自己减少排污。这时，使污染控制成本最小化的厂商所面临的问题便要考虑自己的控制成本，购买许可额的花费和出让许可额的收益。也就是说，厂商在排污许可市场交易的情况下，自己所应采取的污染控制的优化战略是使污染控制成本与单位排污许可额的市场价格相等。这样便产生了服从排污总额的情况下双方均受益的交易。这种交易使全社会的污染控制总成本达到最低。

（3）信息与排污许可的初始分配

排污许可额交易有两个至关重要的前提：参与各方有充足的市场信息和初始分配的

公平性。

　　充足的市场信息从本质上讲是属于市场竞争的必要条件，但对于管理者和交易者，认识获取信息的成本有助于排污许可交易的实际管理与操作。

　　获取信息的交易成本实际上就是信息费用。一般而言，这种成本有三类：第一，基础信息寻求的直接成本。交易者首先要知道谁有或谁需要许可额、排放水平、控制成本、许可额的供给与需求关系等。这些是交易者所必须具有的市场的基础信息。第二，议价与决策成本。根据已掌握的基础信息，还要与交易各方讨价还价，协商市场价格，以便作出决策。这一过程也必然会有成本。第三，监测与执行费用。这是环境管理者可能要做的工作，但对于交易者而言，也需要了解有关情况。交易者可能找咨询公司或中介人，这样可能减少信息寻求费用，但交易成本是存在的。

　　交易成本的存在可能影响整个交易体系。斯塔文斯的研究结果表明，交易成本对双方都有影响，但这部分费用将主要由污染控制成本高的一方承受，不论其是许可额的出让者还是购买者。这是因为，由于控制的边际成本高，交易成本对交易数量的压抑，使其污染控制总成本相应提高，因而其对污染控制量极为敏感。

　　排污许可额交易的另一个前提是许可额的初始分配。1990年美国在《清洁空气法修正案》中提出了三类初始分配方案：公开拍卖、固定价格出售和免费分配。国会也对这三种方案进行了辩论，最终确立的是免费分配方案。拍卖作为与许可交易一致的一种方法，在20世纪70年代的理论分析中得到重视，当时所设计的方案多为以拍卖作为初始配置的方式，然后在市场上用户之间进行交易。对政府而言，拍卖的管理和交易成本都不高；对企业来说，其不仅要承受拍卖的价格，还要承受涉及有关信息的交易成本以及对生产影响的风险。因而在实际应用中，尽管有其理论上的优势，但很少被采用。标价出售与排污费（税）具有相似的特征，实践的阻力主要来自两个方面：一是政府需要了解足够的信息以合理标价，但需支出管理费用并且操作困难；二是政治阻力，企业和一些利益集团会反对这种收费的做法。应该说，不论是拍卖还是标价出售，均是对污染的外部成本内部化，是对市场价格扭曲的纠正；而且这种收入作为政府财源，也是有益的，因为它不像所得税或营业税那样，不会对市场产生扭曲性影响。但人们对收费的抵触心理，使这种有偿的初始分配遇到极大的政治阻力。因而，不论是在美国的实际应用还是在一些学术讨论中，都认为免费分配更具有实际可操作性。这样不仅企业易于接受，而且免费分配的排污许可额度作为企业的一笔资产，可以在市场上交易，不会影响其效率配置。

　　通过对排污许可交易的分析，可以清楚地发现其作为一种环境管理措施的意义。由于其兼有行政管理和市场机制的优点，尽管其结果不是帕累托最优，却是一种具有现实应用可能和可操作性的成本效益方法。对于具有不确定性和不可逆转性特征的环境问题来说，其是一种能够保障环境安全的效率方法。其对于中国的国情，更具有政策上的优势。

2. 能源双控制度

能源双控制度是指通过实行能耗总量控制与强制能源效率提升相结合的方法，达到有效控制能源消耗的目的。其中，能耗总量控制主要是指对各行业、各领域能源消耗总量进行限制，以实现全社会能源消耗总量的可持续控制。强制能源效率提升则是通过采取一系列措施，大力推进节能减排、优化能源结构、加强能源监管等方面的工作，以提高能源利用效率，降低单位能耗的目标。能源双控制度的实施可以有效推动我国实现经济发展和能源消耗的双赢。

3. "双碳"管理制度

2020年9月22日，国家主席习近平在第75届联合国大会一般性辩论上宣布，中国将提高国家自主贡献力度，采取更加有力的政策和措施，二氧化碳排放力争于2030年前达到峰值，努力争取2060年前实现碳中和。实现碳达峰、碳中和，是党中央统筹国内、国际两个大局作出的重大战略决策，是着力解决资源环境约束突出问题、实现中华民族永续发展的必然选择。

降碳是今后一个时期我国生态文明建设的重点战略方向。"双碳"的主要措施有调整产业结构、优化能源结构、提高能源资源利用效率、重点行业领域减污降碳协同增效、增强生态碳汇能力、强化科技支撑等。"双碳"相关管理制度主要包括碳排放强度和总量控制制度、碳排放统计核算制度、碳排放交易制度、碳排放报告和信息披露制度等。

（1）碳排放双控制度

碳排放"双控"包括对碳排放总量和强度进行控制。一方面，要控制碳排放总量，即限制企业或地区碳排放的总量，采取减少化石燃料的使用、增加清洁能源的比例等措施，降低碳排放的总量；另一方面，要控制碳排放强度，即单位产值或单位产品所产生的碳排放量，通过技术创新、生产工艺改进等方式减少碳排放，提高单位产值或单位产品的碳排放效益。

（2）碳排放交易制度

碳排放交易是指运用市场经济来促进环境保护的重要机制，允许企业在碳排放交易规定的排放总量不突破的前提下，可以用这些减少的碳排放量，使用或交易企业内部以及国内外的能源。

我国碳市场建设始于试点碳市场。2011年10月，按照"十二五"规划纲要关于"逐步建立碳排放交易市场"的要求，在北京、天津、上海、重庆、湖北、广东、深圳两省五市，分别启动了碳排放权交易试点工作，并于2013—2014年陆续开市。2016年9月，福建省成为国内第八个开展碳排放权交易试点工作的区域，并于同年12月开市。自此，我国试点碳市场格局形成并延续到现在。2021 年 7 月 16 日，全国碳市场正式启动线上交易。

2013 年，党的十八届三中全会明确，建设全国碳市场成为全面深化改革的重点任务之一，全国碳市场设计工作正式启动。2017 年 12 月，国家发展改革委提出将推进碳市场建设工作。2020 年 12 月，生态环境部发布《碳排放权交易管理办法（试行）》，明确重点排放单位纳入门槛、配额总量设定与分配规则、交易规则等。2021 年 7 月 16 日，全国碳市场开市，开盘价 48 元/吨，首日配额成交量 410 万吨，成交额 2.1 亿元。

①中国碳市场运行机制

全国碳市场采用履约周期的方式，周期为两年。全国碳市场第一个履约周期为 2021 年，完成 2019 年和 2020 年的配额履约。目前在第二个履约期，截止时间为 2023 年 12 月 31 日，完成 2021 年和 2022 年的配额履约。全国碳市场第二个履约期的总体框架基本沿革了第一个履约期。在覆盖范围上，全国碳市场覆盖行业为电力行业，温室气体种类为二氧化碳。在总量设定上，继续采用基于强度的总量设定方案。在配额分配上，仍采用无偿分配方式。在交易机制上，交易产品仍为碳配额。在抵消机制上，规定重点排放单位每年可以使用国家核证自愿减排量抵消碳排放配额的清缴，抵消比例不得超过应清缴碳排放配额的 5%。

依据各碳市场最新版《碳排放权交易管理办法》《碳排放权配额分配方案》《碳排放配额管理单位名单》，纳入行业方面：除全国碳市场目前仅纳入电力一个行业外，各试点碳市场均纳入多个行业，数量为 5～10 个不等，且纳入行业类型不一。除普遍纳入八大高耗能行业外，各试点碳市场还纳入交通、建筑、废弃物处理、食品饮料和服务业等行业。此外，电力行业除纳入全国碳市场管控外，未被纳入全国碳市场的发电企业还被纳入北京和福建试点碳市场。

配额分配方面：9 个碳市场中有 4 个提出以免费分配为主、有偿为辅；4 个提出以免费分配为主、适时引入有偿分配；只有福建试点碳市场为配额免费分配方式。

抵消机制方面：全国及各试点碳市场均可以使用国家核证自愿减排量（Chinese Certified Emission Reduction，CCER）进行碳排放量抵消。除 CCER 外，试点碳市场还能利用当地核证减排量抵消碳排放量。针对抵消比例，全国及各试点规定的抵消比例基准有所差异，抵消比例以 5%～10%居多。

②中国碳市场交易现状

全国碳市场：截至 2023 年 6 月底，全国碳市场交易量累计 2.35 亿吨，交易额 107.87 亿元，平均碳价 45.83 元/吨，收盘价 60 元/吨，相较于 7 月 16 日开盘价涨幅 25%。综观近两年的全国碳市场交易，全国碳市场运行总体平稳有序。

一是经过第一个履约期，全国碳市场打通了各关键流程环节。

二是交易方式多样，交易价格稳中有升，初步发挥了碳价发现机制作用。全国碳市场采用协议转让方式，包括挂牌协议交易和大宗协议交易。全国碳市场开盘价 48 元/吨，到 2021 年 11 月跌至平均约 40 元/吨，但从 2022 年 1 月开始成交价逐步回升，稳定在 50～60 元。

三是第一个履约期履约率基本达到预期。按照排放量计算，全国碳市场总体配额履约率为 99.5%。

四是碳排放数据质量问题得到高度重视。2021 年 10 月，生态环境部印发《关于做好全国碳排放权交易市场数据质量监督管理相关工作的通知》；2022 年 12 月，《企业温室气体排放核算与报告指南发电设施》明确了强化数据质量控制计划要求。

五是燃煤元素碳含量"高限值"得到及时修正。将燃煤单位热值含碳量缺省值从 0.033 56 吨碳/吉焦调整为 0.030 85 吨碳/吉焦，下调 8.1%。

试点碳市场：截至 2023 年 6 月底，试点碳市场累计成交量（不含远期）约 6.07 亿吨，累计成交额 167.8 亿元。其中广东累计成交量和成交额均最多，占比 1/3 以上；福建累计成交量和成交额均最少，分别占比 5% 和 4%。试点碳市场碳价均价在 20.05～47.37 元/吨，其中最高碳价出现在北京试点碳市场，最低碳价出现在重庆试点碳市场。

（三）健全自然资源监管体制

发挥人大、行政、司法、审计和社会监督作用，创新管理方式方法，形成监管合力，实现对自然资源开发利用和保护的全程动态有效监管，加强自然资源督察机构对国有自然资源的监督，国务院自然资源主管部门定期向国务院报告国有自然资源资产情况。各级政府按要求向本级人大常委会报告国有自然资源资产情况，接受权力机关监督。建立自然资源统一调查、评价、监测制度，统一组织实施全国自然资源调查，编制自然资源资产负债表，掌握重要自然资源的数量、质量、分布、权属、保护和开发利用状况。建立科学合理的自然资源管理考核评价体系，开展领导干部自然资源资产离任审计，落实完善党政领导干部自然资源损害责任追究制度。完善自然资源产权信息公开制度，强化社会监督。完善自然资源督察执法体制，加强督察执法队伍建设，严肃查处自然资源产权领域重大违法案件。

思考与探索

1. 如何理解自然资源统一确权登记的目的和意义？
2. 结合排污许可证交易，谈谈通过市场手段进行环境保护管理的重要性。

三、健全生态保护和修复制度

生态文明建设必须考察资源环境的承载能力，这就要求协同推动生态环境保护和修复，促进绿色可持续发展，实现人与自然和谐共生。一是强化自然资源整体保护。运用系统思维方法，统筹山水林田湖草一体化保护和修复，加强长江、黄河等大江大河生态保护和系统治理，维护自然生态系统的良好运转。二是健全国家公园保护制度。科学设置各类自然保护地，确保重要自然生态系统、自然景观和生物多样性得到系统性保护。建立统一规范高效的管理体制，制定自然保护地相关政策和制度，实行全过程统一管理。加强自然保护地生态环境监督考核，强化自然保护地监测、评估、考核、监督，逐步形成一整套体系完备、监管有力的监督管理制度。三是筑牢生态安全屏障。严惩毁林开荒、围湖造田等生态破坏行为，坚持"谁破坏、谁赔偿"的原则，形成严密高效的制度安排。

（一）强化自然资源整体保护

1. 生态保护红线制度

生态保护红线是我国环境保护的重要制度创新。生态保护红线的实质是生态环境安全的底线，目的是建立最为严格的生态保护制度，对生态功能保障、环境质量安全和自然资源利用等方面提出更高的监管要求，从而促进人口资源环境相均衡、经济社会生态效益相统一。生态保护红线是生态保护的核心制度，是生态安全的底线和生命线，是提高生态产品供给能力和生态系统服务功能的有效手段。生态保护红线从制度上实现一条红线管控重要生态空间，强化用途管制，确保生态功能不降低、面积不减少、性质不改变。

《环境保护法》规定，国家在重点生态功能区、生态环境敏感区和脆弱区等区域划定生态保护红线，实行严格保护。

《海洋环境保护法》规定在海域划定生态保护红线。

《湿地保护法》规定，重要湿地依法划入生态保护红线。

《固体废物污染环境防治法》规定，在生态保护红线等区域内，禁止建设工业固体废物、危险废物集中贮存、利用、处置的设施、场所和生活垃圾填埋场。

---

2. 生态功能区划制度

生态功能区划是指用生态学的理论和方法，根据生态环境特征、生态环境敏感性和生态服务功能在不同地域的差异性和相似性，通过相似性和差异性归纳分析，将区域空间划分为不同生态功能区的过程，称为生态功能区划。其目的是通过分区特征分析，掌握不同区域的生态系统类型及主导生态功能及其对区域社会经济发展的贡献。生态功能区划对于引导区域资源的合理利用与开发，充分发挥区域生态环境优势，并将生态优势转化为经济优势，提高生态经济效益，实现区域经济、社会、资源与生态环境的全面可持续发展具有重要作用。

3. GEP 核算制度

生态系统生产总值（Gross Ecosystem Product，GEP）又称生态产品总值，是指一定时期、一定区域内生态系统为人类福祉和经济社会可持续发展提供的最终产品与服务价值的总和，主要包括生态系统提供的物质产品价值、调节服务价值和文化服务价值。

GEP 的概念与生态系统服务（ecosystem services）相关。生态系统服务是指生态系统向人类提供的各种惠益。一般来说，生态系统服务功能主要包括：生命支持服务（如维持地球生命生存环境的养分循环）、产品供给服务（如提供食物和水）、生态调节服务（如控制洪水和疾病）、生态文化服务（如精神、娱乐和文化收益）等。按照生态服务功能的可利用特性，生态服务价值分为使用价值与非使用价值。

GEP 核算制度体系主要由三个要件组成：①GEP 核算本地技术规范，规定了本地涉及的主要生态产品、每种生态系统服务的核算方法、推荐的数据来源部门，以及适用于本地的参数、可比定价的设定、可比气象条件等；②GEP 核算统计报表制度，规定了每个数据的来源部门、数据格式和数据更新时间，以及其他一些调查工作要求；③GEP 自动化核算平台，其部署于政务云，提供了包括统计数据的在线填报、数据审查、自动核算、自动报表、结果地图化展示等功能，自动化平台建立的必要性在于可以对数据的提供进行追溯，可以减少传统烦琐计算过程的人工误差，极大地提高了计算效率。此外，在三个要件完备后，地方政府通常还发布"GEP 核算实施方案"，用于明确 GEP 核算工作中各部门的主要参与内容，以及核算与发布过程中的重要时间节点。

（二）健全国家公园保护制度

国家公园（National Park）是指由国家批准设立并主导管理，边界清晰，以保护具有国家代表性的大面积自然生态系统为主要目的，实现自然资源科学保护和合理利用的特定陆地或海洋区域。国家公园是保护区的一种类型，最早起源于美国，后为世界大部分国家和地区所采用。

2017 年 9 月，中共中央办公厅、国务院办公厅印发《建立国家公园体制总体方案》。2019 年 6 月，中共中央办公厅、国务院办公厅印发《关于建立以国家公园为主体的自然保护地体系的指导意见》。建立国家公园体制是党的十八届三中全会提出的重点改革任务之一，是中国生态文明制度建设的重要内容，能够保护自然生态和自然文化遗产的原真性、完整性，对重要生态系统进行更为严格的保护，对珍稀野生动植物进行长效保护，给子孙后代留下自然遗产。截至 2017 年 9 月 27 日，已有 100 多个国家建立了国家公园。2021 年 10 月，中国正式设立三江源国家公园、大熊猫国家公园、东北虎豹国家公园、海南热带雨林国家公园、武夷山国家公园首批 5 个国家公园。

国家公园保护制度主要目的是推动科学设置各类自然保护地，建立自然生态系统保护的新体制、新机制、新模式，建设健康稳定高效的自然生态系统，为维护国家生态安全和实现经济社会可持续发展筑牢基石，为建设美丽中国奠定生态根基。其重点工作有以下四项：一是按照自然生态系统的原真性、整体性、系统性及其内在规律，将自然保护地按生态价值和保护强度高低，依次分为国家公园、自然保护区、自然公园三类。二是理顺各类自然保护地管理职能，按照生态系统重要程度，将国家公园等自然保护地分为中央直接管理、中央与地方共同管理和地方管理三类，实行分级设立、分级管理。三是创新自然保护地建设发展机制，实现各产权主体共建保护地、共享资源收益，建立健全特许经营制度。四是强化自然保护地监测、评估、考核、执法、监督等，形成一整套体系完善、监管有力的监督管理制度。

（三）筑牢生态安全屏障

1. 生态保护修复制度

生态修复是指对受损和退化的生态系统进行恢复、重建和改进的过程。长期以来，受高强度的开发利用等因素影响，我国生态系统基础脆弱、欠账多，制止侵害和修复完善的任务艰巨，非一日之功可达成。因此，大力加强生态修复，实现生态系统稳定性和生态服务功能提升，事关生态文明建设和美丽中国建设的进程。《环境保护法》规定，国家加强对大气、水、土壤等的保护，建立和完善相应的调查、监测、评估和修复制度。《长江保护法》设专章对"生态环境修复"作了规定。《土壤污染防治法》从污染状况调查和土壤污染风险评估、风险管控、修复、风险管控效果评估、修复效果评估、后期管理等方面全面系统地规定了土壤及地下水污染的风险管控和修复。《森林法》《草原法》《湿地保护法》等法律也都规定了生态保护修复的内容。

2. 生物多样性保护制度

生物多样性是动物、植物、微生物与环境形成的生态复合体以及与此相关的各种生态过程的总和，包括生态系统、物种和基因三个层次。生物多样性是人类赖以生存的条件，是经济社会可持续发展的基础，是生态安全和粮食安全的保障。

（1）国际生物多样性保护制度

1992 年，签约在巴西里约热内卢举行的联合国环境与发展大会上签署了《生物多样性公约》《里约宣言》，在所发布的《地球宪章》中指出："地球提供了生命演化所必需的条件，生命群落的恢复力和人类的福祉依赖于：保护一个拥有所有生态系统、种类繁多的动植物、肥沃的土壤、纯净的水和清洁的空气的健全的生物圈。资源有限的全球环境是全人类共同关心的问题。保护地球的生命力、多样性和美丽是一种圣神的职责。"《生物多样性公约》于 1993 年 12 月 29 日正式生效，目前共有 196 个缔约方，中国是最早的缔约方之一。该公约具有法律约束力，旨在保护濒临灭绝的动植物和地球上多种多样的生物资源。

（2）国内生物多样性保护制度

《生物多样性公约》规定，每一个缔约国要根据国情，制订并及时更新国家战略、计划或方案。1994 年 6 月，经国务院环境保护委员会同意，国家环境保护局会同相关部门发布了《中国生物多样性保护行动计划》，其确定的七大目标已基本实现，26 项优先行动大部分已完成，行动计划的实施有力地促进了我国生物多样性保护工作的开展。

2021 年 10 月，中共中央办公厅、国务院办公厅印发了《关于进一步加强生物多样性保护的意见》。

2021 年 10 月 8 日，国务院新闻办公室发表《中国的生物多样性保护》白皮书。

2024 年 1 月 18 日，生态环境部发布《中国生物多样性保护战略与行动计划（2023—2030 年）》，明确我国新时期生物多样性保护战略部署、优先领域和优先行动，为各部门、各地区推进生物多样性保护提供指引。

思考与探索

1. 结合我国公布的第一批国家公园，谈谈国家公园的成立有哪些意义。

2. 结合当前生物多样性保护新形势，谈谈对国家、地方间生物多样性保护协同治理机制的想法。

四、严明生态环境保护责任制度

严格落实生态环境保护考责、履责和追责的环环相扣的制度链条是生态文明建设过程中的关键环节。严明生态环境保护责任制度，一是建立生态文明建设目标评价考核制度。领导干部要树立科学的政绩观，将环境破坏成本、生态资源消耗等一系列反映生态效益的指标纳入考核评价体系。建立体现生态文明要求的目标体系、考核办法、奖惩机制，根据生态环境责任的履行情况对相应主体进行责任追究，加大监管力度。二是落实中央生态环境保护督察制度。设立专职督察机构，对各省、自治区、直辖市党委和政府以及有关中央企业开展例行督察，并根据需要对督察整改情况实施"回头看"。三是落实生态补偿和生态环境损害赔偿制度。建立多元化生态补偿机制，逐步增加对重点生态功能区转移支付，完善生态保护成效与资金分配挂钩的激励约束机制。制定横向生态补偿机制办法，以地方补偿为主，中央财政给予支持。严格实行生态环境损害赔偿制度，健全环境损害赔偿方面的法律制度、评估方法和实施机制，强化生产者环境保护法律责任，大幅提高违法成本。

（一）建立生态文明建设目标评价考核制度

生态文明建设考核要把生态环境保护放在突出位置，改变传统"唯 GDP 论英雄"的观念。生态环境考核需要与环保督察协同发挥作用，实施过程需要刚柔并济，一方面要加大追责力度，另一方面要增加考核柔性，不能搞地方"一刀切"，要根据区域主体功能区职责进行细分，细化完善考核体系，进一步将考核落到实处。

（二）完善领导干部自然资源资产离任审计

生态环境保护能否落到实处，关键在领导干部。最严格的生态环境保护制度包括领导干部任期生态文明建设责任制。通过实行自然资源资产离任审计，认真贯彻依法依规、客观公正、科学认定、权责一致、终身追究的原则，明确各级领导干部责任追究情形。对造成生态环境损害负有责任的领导干部，必须严肃追责，纪检监察机关、组织部门和政府有关监管部门要各尽其责、形成合力。

（三）推进生态环境保护综合行政执法

推进生态环境保护综合行政执法，落实中央生态环境保护督察制度。织密最严格的生态环境保护制度要进一步完善相关法律内容，促进各项法律之间的统筹。中央生态环境保护督察要把握"既严又准、切中肯綮"原则，切实发挥生态环境保护督察长效机制的监管作用，进一步完善生态环境保护督察制度统筹，从单一的污染督察转到全域范围的污染防范，各项生态环境保护督察政策制定和执行不应各自为政，而应环环相扣，形成协同效应。

（四）健全生态环境监测和评价制度

生态环境监测和评价是了解、掌握、评估、预测生态环境质量状况的基本手段，是生态环境信息的主要来源，也是生态治理科学决策的重要依据，在生态文明建设中具有基础性作用。环境监测数据是客观评价环境质量状况、反映污染治理成效、实施环境管理与决策的基本依据。针对部门之间的环境监测点位（断面）存在重复设置、监测信息发布渠道过多、导致相互矛盾等问题，《环境保护法》"化零为整"，规定统一规划国家环境质量监测站（点）的设置，建立监测数据共享机制；统一发布国家环境质量、重点污染源监测等信息。监测数据质量是环境监测工作的"生命线"。环境监测数据一旦造假失真，不仅会让企业在虚假数据的掩护下不加节制地排污，而且会误导监管部门的决策和应对。因此，谁弄虚作假，谁就触碰了这条"生命线"，就要受到严惩。通过篡改、伪造监测数据等方式逃避监管违法排放污染物的，对其直接负责的主管人员和其他直接责任人员处以拘留；环境监测弄虚作假已纳入《刑法修正案（十一）》，适用"提供虚假证明文件罪""出具证明文件重大失实罪"。要进一步扩大环境监测领域和监测范围，统筹部门环境监测数据，提高环境监测数据质量，加强生态环境监测制度与统计制度、评价制度、责任追究制度、奖惩制度等评价考核制度的衔接，提升生态环境监测和评价综合效能。

（五）完善生态环境公益诉讼制度

1. 环境信息公开和公共参与制度

环境问题与人们日常生活、身心健康息息相关。因此，解决好环境问题尤其需要发挥公众力量。要打破原来由政府"唱独角戏"的管理模式，要形成政府主导、企业主体、公众参与的环境治理模式。信息公开和公众参与作为社会监督机制，有利于在源头上解决社会矛盾，有利于防止行政监督缺位、失效等问题，有利于以信任化解"邻避效应"。《环境保护法》在确立公众参与原则的基础上，还就信息公开和公众参与作专章规定，明确公众获取环境信息、参与和监督环境保护的权利和方式，为公众通过法治渠道参与环境保护打开方便之门。其他生态环境保护法律也都通过具体规定体现了公众参与的原则。

2. 生态环境公益诉讼制度

生态环境公益诉讼制度是保护环境的重要武器。《环境保护法》规定，符合条件的社会组织，可以对污染环境、破坏生态，损害社会公共利益的行为向法院提起诉讼。这是在《民事诉讼法》原则性规定的基础上，首次具体规定了环境公益诉讼的主体、条件和内容，使环境公益诉讼制度有效落地实施，使环境公共利益切实得到保障。之后，环境公益诉讼制度又不断向前推进。2017 年，修改了《民事诉讼法》和《行政诉讼法》，增加了检察机关提起生态环境和资源保护等公益诉讼的规定，扩大了提起环境公益诉讼的主体范围，并在环境民事公益诉讼的基础上增加了环境行政公益诉讼。环境公益诉讼制度是公益诉讼制度在生态环境和资源保护领域的适用。完善生态环境公益诉讼制度，要积极构建环境公益诉讼案件处理法律体系，填补相关法律空白。同时，推进环境公益诉讼主体多元化发展，构建以检察机关、社会公益组织和群众共同参与的制度实施体系，明确职责，提升制度实施效果和效率。

（六）落实生态补偿和生态环境损害赔偿制度

生态补偿是"绿水青山"转变为"金山银山"的重要途径之一。完善生态文明制度必须以生态补偿和生态环境损害赔偿制度为保障。建立市场化的生态补偿机制，要明晰市场准入规则、市场竞争规则和市场交易规则，确立市场化的生态补偿标准。多元化的生态补偿机制则要从生态补偿参与主体多元、补偿标的多元等方面入手，允许民间组织和资金参与其中，创新生态产品，可以以实物、技术、项目等多种方式推进生态补偿工作开展。

1. 生态保护补偿制度

生态保护补偿是指生态受益者给予生态保护者因其保护生态的投入或失去可能的发展机会而进行的补偿。通过受益地区对为生态保护付出代价、作出贡献的地区提供补偿，达到生态环境改善的目的。生态保护补偿是关系民生的重大社会问题，是落实生态保护权责、调动各方参与生态保护积极性的重要手段。

（1）主要类别

生态保护补偿制度包括三个方面：一是纵向补偿。《环境保护法》规定，国家建立健全生态保护补偿制度；国家加大对生态保护地区的财政转移支付力度；有关地方人民政府应当落实生态保护补偿资金，确保其用于生态保护补偿。二是横向补偿。《环境保护法》规定，国家指导受益地区和生态保护地区人民政府通过协商或者按照市场规则进行生态保护补偿。《长江保护法》规定，国家鼓励相关主体之间采取自愿协商等方式开展生态保护补偿。三是发挥市场机制作用，加快推进多元化补偿。《长江保护法》规定，国家鼓励社会资金建立市场化运作的长江流域生态保护补偿基金。

（2）重点领域

从国情及环境保护实际形势出发，目前我国建立生态补偿机制的重点领域包括以下四个方面：

①自然保护区的生态补偿。要理顺和拓宽自然保护区投入渠道，提高自然保护区规范化建设水平；引导保护区及周边社区居民转变生产生活方式，降低周边社区对自然保护区的压力；全面评价周边地区各类建设项目对自然保护区生态环境破坏或功能区划调整、范围调整带来的生态损失，研究建立自然保护区生态补偿标准体系。

②重要生态功能区的生态补偿。推动建立健全重要生态功能区的协调管理与投入机制；建立和完善重要生态功能区的生态环境质量监测、评价体系，加大重要生态功能区内的城乡环境综合整治力度；开展重要生态功能区生态补偿标准核算研究，研究建立重要生态功能区生态补偿标准体系。

③矿产资源开发的生态补偿。全面落实矿山环境治理和生态恢复责任，做到"不欠新账、多还旧账"；联合有关部门科学评价矿产资源开发环境治理与生态恢复保证金和

矿山生态补偿基金的使用状况，研究构建科学的矿产资源开发生态补偿标准体系。

④流域水环境保护的生态补偿。各地应当确保出界水质达到考核目标，根据出入境水质状况确定横向补偿标准；搭建有助于建立流域生态补偿机制的政府管理平台，推动建立流域生态保护共建共享机制；加强与有关各方协调，推动建立促进跨行政区的流域水环境保护的专项资金。

2. 生态环境损害赔偿

生态环境损害是指因污染环境、破坏生态造成大气、地表水、地下水、土壤、森林等环境要素和植物、动物、微生物等生物要素的不利改变，以及上述要素构成的生态系统功能退化。生态环境损害赔偿制度以"环境有价、损害担责"为基本原则，以及时修复受损生态环境为重点，是破解"企业污染、群众受害、政府埋单"的有效手段，是切实维护人民群众环境权益的坚实制度保障。

2022 年 4 月 28 日，经中央全面深化改革委员会审议，生态环境部会同最高人民法院、最高人民检察院等 13 个部门联合印发《生态环境损害赔偿管理规定》，具体内容见表 8-1。

表 8-1　《生态环境损害赔偿管理规定》相关规定

赔偿权利人	《生态环境损害赔偿管理规定》第六条　国务院授权的省级、市地级政府（包括直辖市所辖的区县级政府，下同）作为本行政区域内生态环境损害赔偿权利人。赔偿权利人可以根据有关职责分工，指定有关部门或机构负责具体工作
赔偿义务人	《生态环境损害赔偿管理规定》第八条　赔偿义务人即违反国家规定，造成生态环境损害的单位或者个人。赔偿义务人应当依法积极配合生态环境损害赔偿调查、鉴定评估等工作，参与索赔磋商，实施修复，全面履行赔偿义务
生态环境损害赔偿磋商	《生态环境损害赔偿管理规定》第二十二条　赔偿权利人及其指定的部门或机构，应当就修复方案、修复启动时间和期限、赔偿的责任承担方式和期限等具体问题与赔偿义务人进行磋商。 第二十三条　经磋商达成一致意见的，赔偿权利人及其指定的部门或机构，应当与赔偿义务人签署生态环境损害赔偿协议
赔偿范围	《生态环境损害赔偿管理规定》第五条　生态环境损害赔偿范围包括： （一）生态环境受到损害至修复完成期间服务功能丧失导致的损失； （二）生态环境功能永久性损害造成的损失； （三）生态环境损害调查、鉴定评估等费用； （四）清除污染、修复生态环境费用； （五）防止损害的发生和扩大所支出的合理费用。 第八条　违反国家规定，造成生态环境损害的单位或者个人，应当按照国家规定的要求和范围，承担生态环境损害赔偿责任，做到应赔尽赔
赔偿方式	《生态环境损害赔偿管理规定》第九条　生态环境损害可以修复的，应当修复至生态环境受损前的基线水平或者生态环境风险可接受水平。赔偿义务人根据赔偿协议或者生效判决要求，自行或者委托开展修复的，应当依法赔偿生态环境受到损害至修复完成期间服务功能丧失导致的损失和生态环境损害赔偿范围内的相关费用。 生态环境损害无法修复的，赔偿义务人应当依法赔偿相关损失和生态环境损害赔偿范围内的相关费用，或者在符合有关生态环境修复法规政策和规划的前提下，开展替代修复，实现生态环境及其服务功能等量恢复

思考与探索

1. 结合环境要素的基本特征，谈谈区域联合执法的必要性和重要性。
2. 如何理解环境管理中"有为政府"与"有效市场"的关系？

参考文献

[1] 张天培. 我国生态文明制度体系不断完善[N]. 人民日报，2023-08-17.

[2] 聂晓葵. 筑牢生态文明体系的"四梁八柱"[N]. 经济日报，2020-11-10.

[3] 中共中央. 中共中央关于坚持和完善中国特色社会主义制度 推进国家治理体系和治理能力现代化若干重大问题的决定，2019.

[4] 成长春. 完善促进人与自然和谐共生的生态文明制度体系[J]. 红旗文稿，2020（5）.

[5] 易家林，郭杰，欧名豪，等. 国土空间用途管制：制度变迁、目标导向与体系构建[J]. 自然资源学报，2023，38（6）：1415-1429.

[6] 刘琨，李永峰，王璐. 环境规划与管理[M]. 哈尔滨：哈尔滨工业大学出版社，2010.

[7] 环境保护部环境工程评估中心. 环境影响评价技术方法（第 9 版）[M]. 北京：中国环境出版社，2016.

[8] 陈蕃. 我国环境影响评价制度研究[D]. 长沙：湖南大学，2018.

[9] 黄志，李永峰，丁睿. 环境法学[M]. 哈尔滨：哈尔滨工业大学出版社，2015.

[10] 孙明烈，肖彦山. 污染防治法基本制度研究[M]. 北京：中国海洋大学出版社，2016.

[11] 王丽媛，孙洁梅，王娜. 排污许可制度实施与监管效果评估体系研究[J]. 环境科学与管理，2024，49（2）：172-177.

[12] 刘海涛. 生态环境保护法律制度. 中国人大网，2022-06.

[13] 穆虹. 坚持和完善生态文明制度体系. 人民网，2020-01-02.

[14] 李巧玲. 完善我国政府绿色采购制度的思考[J]. 招标采购管理，2023（6）：42-45.

[15] 高国力，刘峥延. 为什么强调生态产品价值实现. 中华人民共和国国家发展和改革委员会，2022.

[16] 单伟. 更好发挥绿色金融引领能源低碳发展作用[N]. 中国电力报，2024-02.

[17] 中国人民银行 财政部 发展改革委 环境保护部 银监会 证监会 保监会关于构建绿色金融体系的指导意见[Z]. 中国人民银行，2016-08-31.

[18] 生态环境部有关负责同志就《生态环境导向的开发（EOD）项目实施导则（试行）》答记者问. 中华人民共和国生态环境部，2024-01-03.

[19] 张平. 绿色金融的内涵、作用机理和实践浅析[D]. 成都：西南财经大学，2013.

[20] 刘毅. 自然资源资产产权制度改革研究[J]. 金陵法律评论，2023：197-220.

[21] 田欣，刘露迪，闫楠. 我国排污权交易制度运行进展、挑战与对策研究[J]. 中国环境管理，2023，

15（2）：66-72.

[22] 王科. 中国碳市场建设成效与展望[J]. 中国经济报告，2024（1）：107-119.

[23] 石敏俊，陈岭楠. GEP核算：理论内涵与现实挑战[J]. 中国环境管理，2022（2）：5-10.

[24] 首批五个国家公园正式设立[N]. 光明日报，2021-10-13.

[25] 张强，黄玮祎，叶天一. 我国国家公园"最严格保护"制度研究[J]. 温带林业研究，2023，6（3）：
83-87，95.

[26] 中华人民共和国国务院新闻办公室. 中国的生物多样性保护[M]. 北京：人民出版社，2021.

[27] 张孝德，何建莹. 实行最严格的生态环境保护制度[N]. 学习时报，2020-08-19.